航空电子设备与飞行模拟实验

刘中　富立　张磊　任建新　张婷　编著

北京航空航天大学出版社

内容简介

本书简要介绍了航空电子设备的组成、原理及使用方法，较为通俗地介绍了一些基础的飞行原理与操纵方法。配合虚拟仿真实验对航空仪表、导航、姿态及罗盘系统、自动飞行系统等的使用方法进行了简要介绍。通过在飞行模拟实验中的实际使用，深入分析了主要航空电子设备从基本原理到实物应用的全过程。本书共6章：第1章概述，介绍了航空电子系统的组成及飞行模拟软件；第2章航空仪表系统，介绍了航空仪表的发展及几种重要的典型仪表原理和使用方法；第3章大气数据计算机系统，介绍了大气数据计算机的组成及相关参数的测量原理；第4章姿态与罗盘系统，介绍了姿态及航向的测量原理与方法；第5章自动飞行系统与飞行管理系统，介绍了自动控制飞机的原理与方法；第6章导航系统与雷达，介绍了导航系统的原理与相关设备的使用及雷达的相关知识。

本书可作为高等工科院校本科相关专业的教材或参考书，也可作为航空爱好者的入门读物。

图书在版编目(CIP)数据

航空电子设备与飞行模拟实验 / 刘中等编著. -- 北京：北京航空航天大学出版社，2019.5
ISBN 978-7-5124-2983-3

Ⅰ.①航… Ⅱ.①刘… Ⅲ.①航空电气设备②飞行模拟—模拟试验 Ⅳ.①V242②V211.73

中国版本图书馆CIP数据核字(2019)第066727号

航空电子设备与飞行模拟实验
刘 中 富 立 张 磊 任建新 张 婷 编著
责任编辑 王慕冰
*
北京航空航天大学出版社出版发行
北京市海淀区学院路37号(邮编100191) http://www.buaapress.com.cn
发行部电话：(010)82317024 传真：(010)82328026
读者信箱：copyrights@buaacm.com.cn 邮购电话：(010)82316936
艺堂印刷（天津）有限公司印装 各地书店经销
*
开本：710×1 000 1/16 印张：13.25 字数：282千字
2020年3月第1版 2020年3月第1次印刷
ISBN 978-7-5124-2983-3 定价：49.00元

序

随着近些年我国航空航天事业的蓬勃发展，尤其是近几年民航及民用无人机产业的迅速发展，航空领域相关产业及科研院所对系统掌握航空知识及理论的综合型人才的需求越来越迫切。因此培养既具有扎实的航空领域专业知识及跨学科知识，又能综合运用知识和理论解决现有的及未来可能出现的问题的新型人才就成为相关高校的重要任务。

航空电子设备是现代飞机的重要组成部分，对飞机的性能和安全具有举足轻重的作用，对航空电子设备的了解有助于对现代飞机及飞行的全面认识。航空电子设备不仅仅是机务人员和驾驶员需要掌握的知识，对于航空相关设计和应用者来说也是必不可少的专业知识。一方面，不掌握航空电子设备的组成和基本原理就无法有效地操纵现代飞机，无法针对航空领域相关产品与技术进行深入研究与开发；另一方面，掌握航空电子设备的基本原理有利于对航空领域相关知识和理论的理解，有利于对飞机操控方法的深入理解及故障判断的指导。

微电子技术、传感器技术、计算机技术、自动化技术等相关技术的飞速发展对航空电子技术的发展起到了重要的推动作用。航空电子设备的研究与使用必然涉及相关技术与理论，所以该领域涉及多学科和技术的交叉融合，有利于对综合型人才的培养。

北京航空航天大学自动化科学与电气工程学院自动化与电气教学研究实验中心是在原有自动控制与测试教学实验中心的基础上，通过整合学院各专业教学实验室而成立的。中心立足于专业基础实验及专业实验的教学工作；与国内外知名企业深度合作，建立了一流的实验教学软硬件资源；不断进行教学改革与研究，取得了多项教学成果，并获批了国家级虚拟仿真实验教学中心，实现了中心的跨越式发展。本书是在中心多年从事国家级精品课“航空航天概论”现场课、“航空电子系统概论”以及北京市开放性科学实践活动的基础上进行总结和凝练的，兼顾了理论原理与实际操作，并结合飞行模拟虚拟仿真实验，对飞机的相关知识从深度和广度两个维度进行深入浅出地介绍。

本书的作者是多年从事教学和科研工作的教师，具有丰富的工程研制经验和较高的专业理论水平，相信会对读者有不小的帮助。

本书主要针对航空电子设备和飞行模拟实验，但对于航天方面的内容如火箭与导弹等也具有较好的参考意义。

范耀祖

2020年1月24日

前　言

近年来，随着航空产业的快速发展，尤其是我国大飞机的研制与生产及无人机产业的迅速发展，对于相关专业人才的需求不断增加，国内很多高校都相继成立了航空航天学院及相关专业。全国范围内模拟飞行航空科普教育活动也在积极开展，目前已建立了多个全国航空特色学校示范校、全国及各省市航空特色学校。对航空基础知识的掌握以及对飞机整体的了解是航空相关专业必要的基础，尤其是对机载航空电子系统及设备的了解更有助于后续的专业学习与就业。

航空电子设备是飞机的重要组成部分，对航空电子设备的了解有助于对现代飞机及飞行的全面认识。航空电子设备不仅仅是机务人员和驾驶员需要掌握的知识，对于航空相关设计和应用者来说也是必不可少的专业知识。

本书是在编者多年从事航空航天概论课程、航空电子系统概论课程的教学中不断总结和整理的基础上编写的。早在2000年就开始使用飞机模拟器进行教学实验，这部分历来是同学们最感兴趣的部分，但目前缺乏此方面的教材，学生在有限的课时内很难充分理解理论原理和设备使用方法。一本通俗易懂的航空电子设备及飞行模拟教材或自学参考书是不可或缺的。目前国内航空电子系统、机载设备等方面的书籍，或是以理论原理为重点，或是以飞机维修、适航等为主要内容，缺乏一本从整体介绍航空电子设备及使用的书籍。本书从航空电子设备的功能和使用出发，逐渐引出基础理论与原理，并结合飞行模拟虚拟仿真实验，让读者从直观上对相关设备进行了解，逐渐深入理解理论原理，从深度和广度两个维度对飞机的相关知识、原理和使用进行深入浅出的介绍。本书以航空电子设备为主要内容，同时介绍在实际飞行中的基本使用方法，通过虚拟仿真的方式进行相关的实验项目，避免了枯燥理论原理的单一介绍，通过具体使用与操作更深刻地理解设备的理论原理。

本书由北京航空航天大学刘中、富立、张磊，西北工业大学任建新，北京理工大学张婷联合编写。富立教授负责导航部分内容的编写，张磊老师负责航空仪表部分内容的编写，刘中负责其他章节的编写及全书的统稿，任建新教授负责导航部分内容的审阅与修改，张婷负责自动飞行系统部分的审阅与修改。本书相关章节的编写得到了北京青云航空仪表有限公司设计部总师的专业指导，保证了内容的科学性与权威性。编者承担过北京市中学生开放性科学实践活动的教学工作，针对中学生的特点在教材的编写上也进行了相应设计，兼顾了内容的通俗性。

本书在编写过程中参考了大量书籍及电子资料，对这些资料的作者表示衷心的感谢！但限于篇幅及考证出处的难度，有些资料没有在参考文献中一一列出，对此编者表示深深的歉意。

编　者

2020 年 1 月于北京航空航天大学

目　录

第 1 章　概　述 …… 1

1.1　航空及飞行基础概述 …… 1
1.1.1　飞机的发展历史概述 …… 1
1.1.2　飞行基础概述 …… 2
1.2　航空电子概述 …… 6
1.2.1　航空电子技术的发展历程 …… 6
1.2.2　航空电子系统的组成 …… 6
1.2.3　航空电子系统的结构 …… 7
1.2.4　航空电子系统的关键技术 …… 11
1.3　飞行管理系统 …… 12
1.4　电子综合仪表显示系统 …… 13
1.5　电子对抗系统 …… 14
1.6　前景展望 …… 14
1.7　飞行模拟软件简介及飞机基本操作实验 …… 15
1.7.1　飞行模拟软件简介 …… 15
1.7.2　飞机基本操作实验 …… 17

第 2 章　航空仪表系统 …… 19

2.1　航空仪表概述 …… 19
2.1.1　飞行中人的因素 …… 19
2.1.2　航空仪表的发展 …… 22
2.2　基本仪表 …… 23
2.2.1　空速表 …… 24
2.2.2　地平仪 …… 25

2.2.3 高度表…… 26
2.2.4 转弯侧滑仪…… 26
2.2.5 航向指示器…… 27
2.2.6 升降速度表…… 27
2.2.7 下滑指示器…… 27
2.2.8 航道指示器…… 28
2.2.9 自动定向仪指示器…… 29
2.3 电子仪表系统…… 29
2.3.1 电子仪表系统的组成…… 31
2.3.2 电子仪表系统的原理…… 31
2.4 电子飞行仪表系统的控制和显示…… 33
2.4.1 EFIS 控制板 …… 33
2.4.2 EFIS 转换板 …… 34
2.4.3 EFIS 的显示 …… 35
2.5 电子集中监控系统的控制和显示…… 54
2.5.1 ECAM 控制板 …… 54
2.5.2 ECAM 转换板 …… 55
2.5.3 ECAM 的显示 …… 56
2.6 模拟飞行实验…… 58
2.6.1 通过仪表获取飞机的状态…… 58
2.6.2 通过仪表控制飞机的状态…… 59
2.6.3 转　弯…… 59
2.6.4 基本仪表飞行航线…… 60
复习思考题 …… 60

第 3 章　大气数据计算机系统 …… 61

3.1 概　述…… 61
3.1.1 大气层…… 62
3.1.2 飞机升力…… 64
3.1.3 大气数据计算机的组成和类型…… 65
3.2 大气参数及其测量…… 66
3.3 模拟式大气数据计算机…… 73
3.3.1 组　成…… 73
3.3.2 模拟式传感器…… 74
3.3.3 解算装置及原理…… 75
3.4 数字式大气数据计算机…… 78

3.4.1 组 成 …… 78
3.4.2 压力传感器 …… 79
3.4.3 计算装置及原理 …… 79
3.5 大气数据计算机相关指示仪表 …… 82
3.5.1 电气式大气数据仪表 …… 82
3.5.2 综合显示仪表中大气数据信息显示 …… 85
3.6 飞行模拟实验 …… 86
复习思考题 …… 87

第 4 章 姿态与罗盘系统 …… 88

4.1 姿态测量 …… 88
4.1.1 姿态角的描述及测量 …… 88
4.1.2 陀螺仪及基本特性 …… 89
4.1.3 陀螺地平仪与垂直陀螺 …… 93
4.1.4 姿态指引指示器 ADI …… 97
4.1.5 姿态系统 …… 98
4.2 航向测量 …… 99
4.2.1 磁罗盘 …… 100
4.2.2 航向陀螺仪 …… 101
4.2.3 陀螺磁罗盘 …… 101
4.2.4 罗盘系统 …… 102
4.3 飞行模拟实验 …… 105
复习思考题 …… 106

第 5 章 自动飞行系统与飞行管理系统 …… 107

5.1 概述及自动驾驶仪 …… 107
5.1.1 概 述 …… 107
5.1.2 自动驾驶仪 …… 108
5.2 飞行指引系统 …… 112
5.2.1 飞行指引仪概述 …… 112
5.2.2 飞行姿态指引仪的组成 …… 114
5.2.3 飞行姿态指引仪的工作原理 …… 115
5.2.4 自动飞行指引系统 AFDS …… 115
5.3 自动俯仰配平系统与自动油门系统 …… 121
5.3.1 自动俯仰配平系统概述 …… 121
5.3.2 自动俯仰配平系统的组成 …… 123

5.3.3 自动俯仰配平系统的工作原理 …… 125
5.3.4 自动油门系统概述 …… 126
5.3.5 自动油门系统的组成 …… 127
5.3.6 自动油门系统的工作原理 …… 129
5.4 飞行管理系统概述 …… 129
5.4.1 飞行管理系统的组成 …… 130
5.4.2 飞行管理系统的功能 …… 131
5.4.3 飞行管理系统的传感器设备 …… 133
5.5 飞行管理计算机系统 …… 135
5.5.1 飞行管理计算机 …… 135
5.5.2 飞行管理计算机双系统工作原理 …… 137
5.5.3 飞行管理计算机控制显示组件 …… 139
5.5.4 飞行管理计算机数据库 …… 142
5.5.5 飞行管理计算机的三种功能 …… 144
5.5.6 飞行管理计算机系统的控制设备 …… 147
5.6 飞行模拟实验 …… 149
复习思考题 …… 151

第 6 章 导航系统与雷达 …… 152

6.1 导航的基本概念 …… 152
6.1.1 确定飞机瞬时位置的方法 …… 152
6.1.2 飞机导航系统的分类 …… 153
6.2 无线电导航 …… 154
6.2.1 自动定向仪 …… 154
6.2.2 甚高频全向信标系统 …… 158
6.2.3 测距系统 …… 159
6.2.4 无线电高度表 …… 160
6.2.5 仪表着陆系统 …… 161
6.2.6 卫星导航系统 …… 162
6.2.7 其他卫星导航定位系统 …… 164
6.3 惯性导航系统 …… 165
6.3.1 概　述 …… 165
6.3.2 平台式惯导系统 …… 166
6.3.3 捷联式惯导系统 …… 167
6.3.4 激光陀螺惯性基准系统 …… 167
6.3.5 惯导技术的发展 …… 168

6.4 飞机上的导航设备 …… 169
6.4.1 大气数据惯性基准系统的控制与显示 …… 169
6.4.2 无线电导航设备的控制与显示 …… 173
6.4.3 备用导航设备 …… 178
6.5 雷达概述 …… 181
6.6 雷达的分类 …… 181
6.7 雷达的基本组成 …… 182
6.8 雷达的工作原理 …… 183
6.9 雷达方程 …… 184
6.10 雷达在飞机上的应用 …… 185
6.11 彩色气象雷达 …… 185
6.11.1 彩色气象雷达的功能 …… 185
6.11.2 气象雷达的基本原理 …… 187
6.11.3 气象雷达的工作方式 …… 188
6.11.4 气象雷达的基本组成 …… 189
6.12 无线电高度表 …… 190
6.12.1 工作原理 …… 191
6.12.2 系统组成与显示 …… 192
6.13 飞行模拟实验 …… 193
复习思考题 …… 197

参 考 文 献 …… 199

第1章 概述

1.1 航空及飞行基础概述

1.1.1 飞机的发展历史概述

像鸟一样在空中自由飞翔是人类从古至今的一个梦想。在古代很早就有飞行的相关记载,早在中国晋朝(公元265—420年)葛洪所著的《抱朴子》一书中就有这样的记述:“或用枣心木为飞车,以牛革结环剑,以引其机。或存念作五蛇六龙三牛、交罡而乘之,上升四十里,名为太清。太清之中,其气甚罡,能胜人也。”其中的“飞车”被一些人认为是关于竹蜻蜓的最早记载,并认为该玩具通过贸易传入欧洲。而正是这个小小的简易飞行装置,成为现代飞机发明的开始。

奥维尔·莱特(第一架飞机的发明者)曾说:“我们的成功完全要感谢那位英国绅士乔治·凯利,他写的有关航空的原理,他所出版的著作,可以说毫无错误,是科学上最伟大的文献。”西方一些研究空气动力学的专家称乔治·凯利为空气动力学之父。乔治·凯利1773年12月27日出生于英国一个绅士家庭,凯利早期受过很好的教育。父母为了满足他的求知欲望,聘请英国当时著名的数学家乔治·瓦克作他的家庭教师。瓦克在教学过程中发现凯利聪明过人,勤奋好学,有意识地向他灌输自然科学领域各学科的知识,为他以后在航空科学上做出开创性贡献和在自然科学诸多领域均有建树打下了良好的基础。

1792年,凯利开始用一种玩具作一连串的试验,这就是从中国传到欧洲的“竹蜻蜓”。

1796年,凯利在科学计算的基础上制作出第一个飞行器——相对旋转的模型直升机。

1799年,凯利设计出几乎已具备现代飞机主要部件的飞行器草图。

1804年,凯利研究鸟的推动力,在旋转臂上试验了一架滑翔机模型。不久,他把带翼的抛射体发射到海上。几乎与此同时他还设计了一架复合式飞机,轮车上装有固定翼,在翼尖上有扑翼。

1807年,凯利研究热气发动机和另外一种采用火药的发动机。1808年,凯利研制了“旋翼”和“桨轮”飞机,并于同年设计了一架扑翼机。

1809年,凯利成功地制造出航空史上第一架全尺寸滑翔机并进行试飞。这一年，他的题为《论空中航行》的论文在自然哲学杂志上发表。在该论文中，他提出了十分重要的科学论断：

① 为作用在重于空气的飞行器上的 4 种力——升力、重力、推力和阻力下定义。

② 确定升力的机理是与推力机理分开的。

1903 年 12 月 17 日，莱特兄弟带着他们的“飞行者 1 号”飞机在美国北卡罗莱纳州的小镇基蒂霍克进行了试飞。在第一次飞行的留空时间很短，只有区区 12 s，飞行了大约 36.6 m。而当天最后一次飞行是由威尔伯·莱特驾驶的，这次飞行取得了当天的最好成绩，留空时间 59 s，飞行距离 260 m。虽然其与今天的飞机无法相提并论，但正是这次伟大的飞行推动了人类飞行的发展，被公认为是人类的第一架飞机，被永久载入史册。更准确地说是第一架载人、可操纵、有动力的飞机。

“飞行者 1 号”是一种双翼飞机，翼展为 13.2 m，升降舵在前，方向舵在后，两副两叶推进螺旋桨由链条传动，着陆装置为滑橇式，装有一台 70 kg 重，功率为 8.8 kW 的四缸发动机，操纵索集中连在操纵手柄上。发动机由莱特自行车公司的技师查理·泰勒设计制造。

中国第一架飞机的发明者是冯如。冯如，原名冯九如，字鼎三，号树垣，广东恩平人，12 岁随父漂洋过海到美国谋生。1903 年，莱特兄弟发明了飞机后，冯如得到当地华侨的赞助，于 1907 年在旧金山以东的奥克兰建立飞机制造厂，1909 年正式成立广东飞行器公司，冯如任总工程师。公司于当年便投入飞机制造。1909 年 9 月 21 日进行首次试飞，1910 年在奥克兰进行的飞行表演大获成功，并受到孙中山先生和旅美华侨的赞许，同时获得美国国际航空学会颁发的甲等飞行员证书。

1.1.2 飞行基础概述

要理解飞机及航空电子设备的组成与原理及使用等方面的知识，就必须对飞机的基本原理有所了解。飞机与在地面驾驶的汽车不同，它的受力及运动特性更为复杂。一般可以认为飞机在空中受到 4 种力，分别是重力、升力、推力和阻力，如图 1.1 所示。

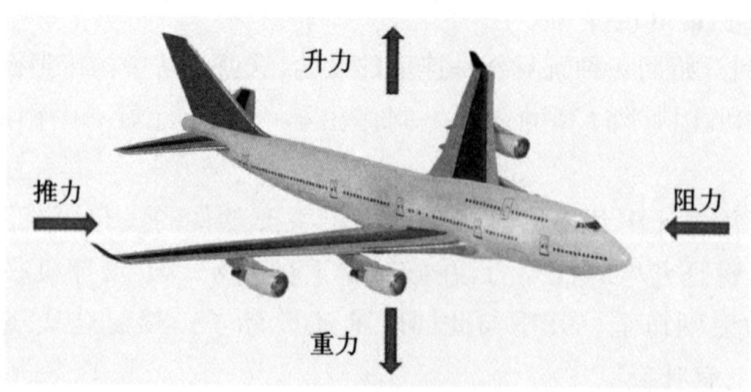

图 1.1　飞机受到的 4 种力

升力是作用在机翼上的空气动力合力的一个分力，作用方向垂直于相对气流，其中相对气流是指相对于机翼的气流流动方向，也就是说，升力并不一定是竖直向上的。升力的作用点在平均压力中心 CP(Center of Pressure)，常称为升力中心。该点是在翼弦上的一点，所有的空气动力都会作用在该点上。升力的大小与空速、空气密度、翼型大小和形状以及迎角有关。不考虑空气阻力等其他因素时，飞机在直线平飞状态下升力与重力相等。

重力是地球引力表现出来的一个对飞机的拉力，它的大小与飞机自身质量及搭载的人员和货物质量有关。通过飞机的重心 CG(Center of Gravity)作用在飞机上，方向垂直于地面向下。这里重心与升力中心并不是一个概念，重心与飞机的结构及载重相关，一般不会变化，而升力中心会受到速度等因素的影响而发生改变，如超音速时飞机的升力中心会后移。一般在飞机下降时，重力要大于升力；飞机爬升时，升力要大于重力。

推力是一个推动飞机在空气中运动的力，一般由发动机提供。该力平行于推力中心线，克服阻力提供给飞机向前的加速度。

阻力是一个纯空气动力，与相对气流平行，一般由两部分组成：诱导阻力和废阻力。诱导阻力伴随升力的产生而产生，随空速的增加而增加。它是垂直于翼弦的升力在飞机运动方向上的分力。因此，如果机翼不产生升力，那么诱导阻力为零；反之，速度越大，诱导阻力越大。非产生升力而引起的各类阻力统称为废阻力。它是由飞机的表面对平滑气流的扰动以及产生的涡流所引起的，这些阻力与升力的产生无关，而是由于物体在大气中运动造成的。废阻力随着空速的增加而增加，它包括摩擦阻力、干扰阻力和压差阻力。

升力方向与相对气流和飞机横轴垂直，并不以地面作为参照，所以升力并非总是与重力方向相反的。随着飞机姿态的变化，升力的方向相对于地面是会不断变化的。升力的大小与空气密度、机翼表面积和空速成正比，并且与机翼的类型和迎角密切相关。当迎角增加到临界迎角(失速迎角)前，升力随迎角的增大而增大。此后如果迎角继续增大，将会造成升力急剧衰减。因此，对于固定翼飞机，可以通过改变迎角和速度来控制升力的大小。

在控制飞行轨迹和空速时，俯仰姿态与动力之间存在着密切的关系。为了保持升力不变，当速度减小时，需要增大飞机的仰角。可以通过控制升降舵来改变俯仰姿态及迎角大小。向后拉杆，升降舵会向上偏转，产生一个让飞机向上抬头的力矩，迎角会逐渐增加进而增加升力。推力是通过油门来控制的，其作用是获得或保持所需的空速。控制飞机飞行轨迹最精确的方式是在控制姿态的同时，使用推力来控制空速。改变飞机俯仰时，为了保持升力不变，需要同时改变动力。如果飞机在高度不变的情况下进行加速，则必须增加推力来克服阻力，推力大于阻力才能产生向前的加速度。随着飞机速度的增加，升力也开始增加，如果不采取其他措施，则由于升力大于重力，于是会产生向上的加速度，飞机的高度也会增加。为了保持原有高度，俯仰角必须减小，以减小仰角，保持高度。在保持高度不变的情况下进行减速时，必须减小推力，使其小于阻力。随着速度的减小，升力随之减小。为了防止掉高度，俯仰角必须增大，通过增大迎角来保持高度不变。

和所有移动的物体一样，飞机需要一个侧向力的作用才能实现转弯。通常的转弯中，飞机通过压坡度将升力向转弯一侧倾斜，这样升力就可以分解为互相垂直的两个分力。与重力作用方向相反的向上的分量是升力的垂直分力，水平方向的升力分量产生向心力。升力的水平分力正是使飞机转弯的侧向力。与升力水平分力大小相等、方向相反的力是惯性离心力。理解飞机空速、坡度与转弯率、转弯半径之间的关系对于仪表飞行来说非常重要。对于某一转弯率，有其对应使用的坡度大小，以及切入航道时所需要的坡度大小。飞机转弯中的几个力如图 1.2 所示。

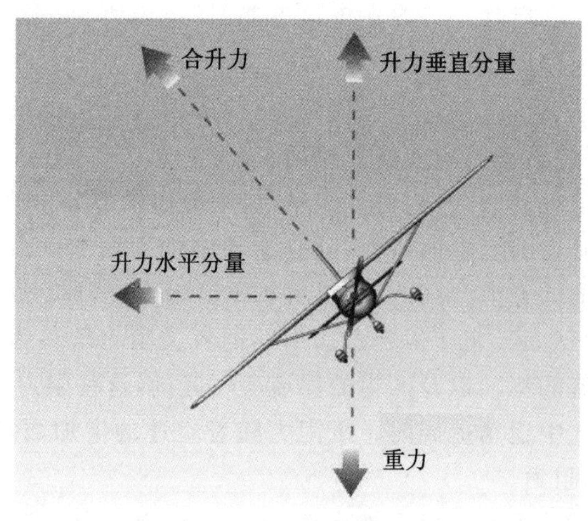

图 1.2　飞机转弯中的几个力

转弯率是表示飞机转弯快慢的一个参数，单位一般是(°)/s，它的大小决定于设定的空速和坡度。只要其中一个参数发生改变，转弯率就会改变。如果坡度不变，飞机速度增加，则转弯率就会减小；反之，转弯率就会增加。改变坡度而速度不变也会引起转弯率的改变。在速度不变的条件下增加坡度，转弯率会增加；反之，转弯率减小。标准转弯率为 3(°)/s，所以一般在转弯侧滑仪上有“2 min”的标识，也就是说，按照标准转弯率转过一周 360°，所需要的时间是 2 min。图 1.3 表明了保持坡度不变或空速不变的情况下，转弯参数之间的关系，以及对转弯率和转弯半径的影响。

相同坡度下，速度越快其转弯半径越大，转弯率越小。相同速度下，坡度越大其转弯半径越小，转弯率越大。如果以一个较大的速度切入航路，则需要较长的距离，即在切入转弯之前需要一个更大的提前量。如果为了进入等待或进近，速度明显减小，则转弯的提前量会比巡航时的转弯提前量小。

任何情况下使用副翼都会产生反方向的偏航，如图 1.4 所示。飞机右转时，右侧副翼向上偏转，左侧副翼向下偏转，左侧机翼升力增加，而右侧机翼升力减小，飞机逐渐向右倾斜。左侧升力的增加会使左侧的诱导阻力也随之增加，由于阻力的作用，左

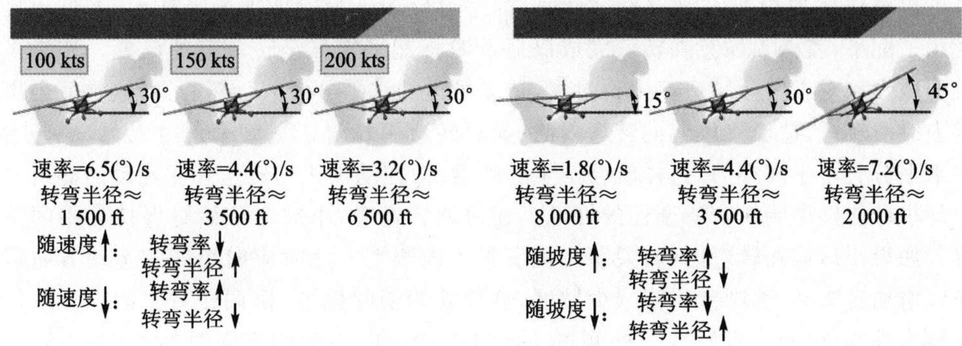

注：1 ft=30.48 cm；1 kts=1 nmile/h。.

图 1.3 飞机转弯

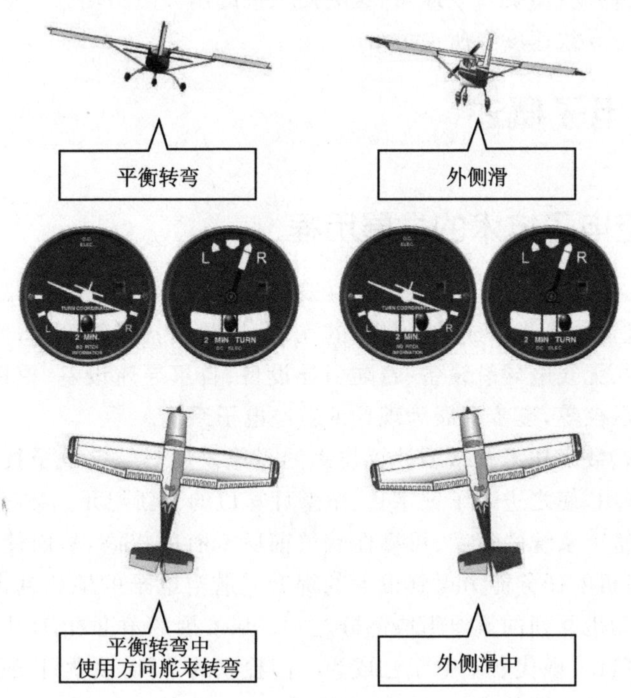

图 1.4 反向偏航

侧机翼速度减小，促使机头向转弯的反方向转动产生偏航，从而产生侧滑。仪表飞行时当进入或退出转弯时，要精准地控制飞机，必须使用方向舵来修正反向偏航。通过转弯侧滑仪中小球的位置，飞行员可以很方便地看出转弯是否协调。当飞机压坡度进入转弯时，机翼上垂直升力的一部分变成了水平分力，而垂直于地面的升力减小。因此，如果不增大向后的带杆力，飞机就不能在转弯过程中保持高度。垂直升力的损失可以通过增加约2.5°来补偿。此时，配平可以用于消除增加的带杆力，不过一旦使用了配平，就必须注意在转弯完成以后及时将配平恢复至转弯前的设置。如果飞机的坡度相对于实际转弯率来说过大，造成升力的水平分力大于离心力，这样就会出现内侧滑转弯，造成飞机偏向转弯内侧；如果转弯率相对于坡度来说过大，造成升力的水平分力小于离心力，这样就会产生外侧滑，即拖动飞机向转弯外侧运动。侧滑仪中的小球能够说明转弯协调性的好坏。在协调转弯时，小球应该始终保持在中间位置。如果小球偏在转弯内侧，说明飞机发生了内侧滑。此时应向小球的运动方向蹬舵以增加转弯率；否则就应当减少坡度，这样才能消除侧滑，协调转弯。如果小球偏在转弯外侧，说明飞机发生了外侧滑。此时仍然应向小球的方向蹬舵，以减小转弯率；否则就应当增大坡度，以达到协调转弯的目的。如果飞机操纵正确，坡度改平时，小球还应该保持在中间位置。在转弯过程中，可以使用方向舵和副翼配平。为了在转弯过程中保持高度，需要增大迎角，这会使飞机的诱导阻力增大。如果此时不相应地增大功率，则会导致速度有所损失。

1.2 航空电子概述

1.2.1 航空电子技术的发展历程

航空电子(avionics)是研究电子技术在航空工程中应用的学科，是在航空技术和电子技术发展过程中逐步形成的。早期的飞机，机载设备非常简单，经过不断发展，装备了机载雷达、无线电导航设备、着陆引导设备、自主导航设备、模拟计算机、平视显示仪、下视显示仪等，逐步发展为现代的航空电子系统。

微电子技术、数字技术及微型计算技术的飞速发展对航空电子技术的发展产生了巨大的推动作用，使之进入了数字化、微型计算机的全新纪元。数字计算机代替了模拟计算机，使整个系统的精度、可靠性获得前所未有的提高，从而使整个航空电子系统的性能及飞机的任务能力得到很大的提升。航空电子的地位越来越重要，成为和飞机机体、发动机并列的重要组成部分之一。从发展的角度看，航空电子甚至比其他部分更引人注目。现代航空电子已成为一门独立的学科，该学科发展迅速，更新换代快，其发展给飞机的性能带来了巨大的影响。

航空电子系统已成为飞机的“耳目”和“大脑”，对于飞机的性能及使命的完成具有决定性的作用。可以说，没有先进的航空电子，就没有先进的飞机，就无法实现安全、可靠、舒适、低成本和高密度的飞行。

1.2.2 航空电子系统的组成

为了完成飞行任务所需的各种电子设备的总称为航空电子系统，一般可以分为通用电子系统和任务电子系统两大类。

(1) 通用电子系统

飞机为完成正常飞行任务所必需装备的电子系统称为通用电子系统。属于这种系统的有以下几种：

- 无线电通信系统——用于进行空地、空空联系及大型飞机乘员之间的联系。
- 导航系统——用于确定飞机瞬时位置，并引导飞机沿一定航线到达预定地点。
- 飞行控制系统——用来全部或部分地代替飞行员控制和稳定飞机的角运动和重心运动，并能改善飞行品质。除具备自动驾驶仪功能外，还能改善飞机的操纵性和稳定性，实现轨迹控制、自动导航、地形跟踪、自动瞄准和武器投放、自动着陆和编队飞行等功能。

(2) 任务电子系统

飞机为完成某种特定任务而装备的电子系统称为任务电子系统，通常包含有如下系统：

- 目标探测系统——执行不同任务的飞机装备不同功能的探测系统，如雷达和红外光学探测系统。
- 电子战系统——现代作战飞机为提高作战效能和自身的生存能力都需要装备电子战系统。目标探测系统、导弹制导系统、火力控制系统、反辐射导弹，用于电子战的电子干扰飞机携带宽频带电子侦察和大功率电子干扰设备。
- 敌我识别系统——辨别敌我是实施对空或对地目标攻击时的首要问题，包括应答器和询问器。

1.2.3　航空电子系统的结构

航空电子系统的发展经历了漫长的过程，经过了几次大的变革，而每一次变革都使飞机的性能得到大幅提高。在航空电子系统发展中系统结构不断演变，因此航空电子系统的结构成为划分时代的主要依据。航空电子系统结构既不是单纯的硬件，也不是单纯的软件，而是两者的有机融合。通过对航空电子系统进行逻辑组合，最终达到改进性能及降低费用的目的。航空电子系统的发展趋势如图 1.5 所示。

(1) 分立式结构

早期的航空电子系统为分立式结构，系统由许多“独立的”子系统组成，每个子系统必须依赖于驾驶员的操作(输入)，驾驶员不断从各子系统接收信息，保持对武器系统及外界态势的了解，20 世纪 50 年代的战斗机 F－100、F－101 等使用了典型的分立式结构。

(2) 混合式结构

混合式结构是向综合化过渡的一种结构形态，它出现了部分子系统之间的综合，如火控计算机、平显、火控雷达等之间的综合，大气数据计算机、高度表、空速表、垂直速度表、攻击传感器、大气温度传感器的组合，飞行指引计算机、航恣系统、塔康等结合。各分系统通过广播式数据传输总线(如 ARINC429)连接。

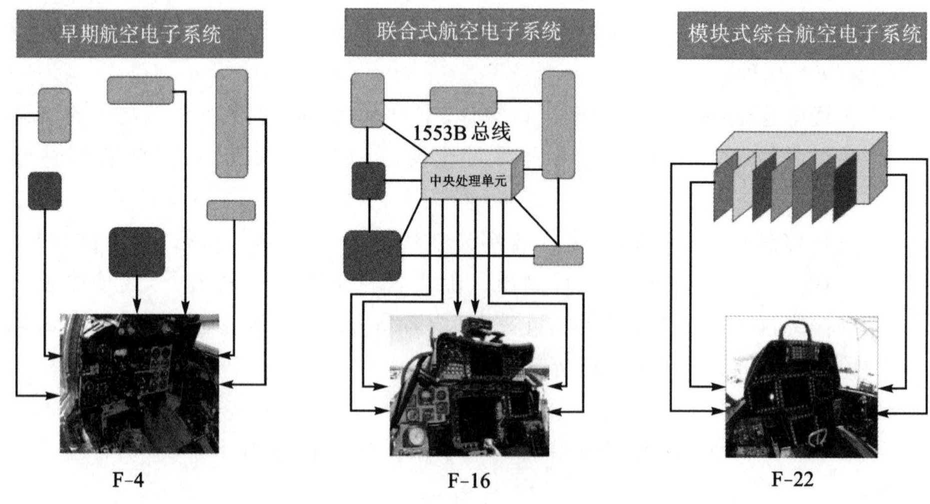

图 1.5　航空电子系统的发展趋势

(3) 联合式结构

联合式结构(也称综合化结构)是美国空军莱特实验室在 20 世纪 70 年代提出的 DAIS(Digital Avionics Information System,数字式航空电子信息系统)研究计划的主要成果,它通过 1553 总线将大多数航空电子分系统交联起来,实现信息的统一调度。这一时期的另一重要特点是,电子技术开始应用于飞行的关键部位,如飞行控制及地形跟随,同时,传感器和分系统的能力不断增加,如雷达的能力、红外传感器、激光测距、电子战设备等。美国现役战斗机都使用这种结构,如 F-16C/D、F/A-18、F-15E 等。这种结构在美国等国家已成为成熟技术,很多飞机的改型、更新大多采用这种系统。

(4) 综合化结构

由于航空电子设备越来越多,体积及总质量大为增加,设备之间的电磁干扰问题日趋严重,各独立的分系统的显示控制设备都要求在座舱中占有一席之地,使拥挤的座舱几乎无法安置,使驾驶员的负担超出了极限。电子技术的发展为解决这一问题提供了合理的途径,这就是航空电子系统的综合化,使航空电子系统成为一个综合化的整体,从而缓解了系统质量、体积膨胀的矛盾,使驾驶员的负担降低到合理的程度。综合化航空电子系统的出现是航空电子发展的一个重要的里程碑。

随着微电子技术与计算机技术的成熟,机载航空电子系统正向综合航空电子系统的方向发展,顾名思义,综合航空电子系统将飞机的所有航空电子功能综合起来,以便充分利用系统的信息和资源,提高系统的可靠性。

新一代航空电子系统结构(即更高程度的综合化结构)是以美国"宝石柱(Pave Pillar)"计划为基础建立起来的结构概念。该计划完成于 20 世纪 80 年代,实现"宝石柱”系统结构的第一架战斗机是美国的 F-22 战斗机，RAH-66 轻型攻击/侦察直升机也使用了这种结构，各分系统间以 1553 和 HSDB(高速数据总线)相连接。采用了模块式综合航空电子系统，其特点是用电子模块来取代电子部件，进行综合处理和综合显示，在综合处理机中可以处理雷达、显示、火力控制、导航等功能。但部分重要处理功能失效时，可通过系统重构，将用于某些次要功能的处理改用于重要功能的处理，这种系统的各部分之间通过高速的光纤数据总线进行互连。波音 777 客机就采用了这种先进的综合模块式电子结构。

F-22 是世人瞩目的美国第四代战斗机，它的综合航空电子系统是以“宝石柱”设计思想为基础，采用了上述三项计划研究成果的高度综合的航空电子系统，它代表了当前航空电子系统的发展趋势。F-22 飞机综合航空电子系统构型由航空电子系统、飞机管理系统、飞机控制系统和飞机保障系统四部分组成，如图 1.6 所示。

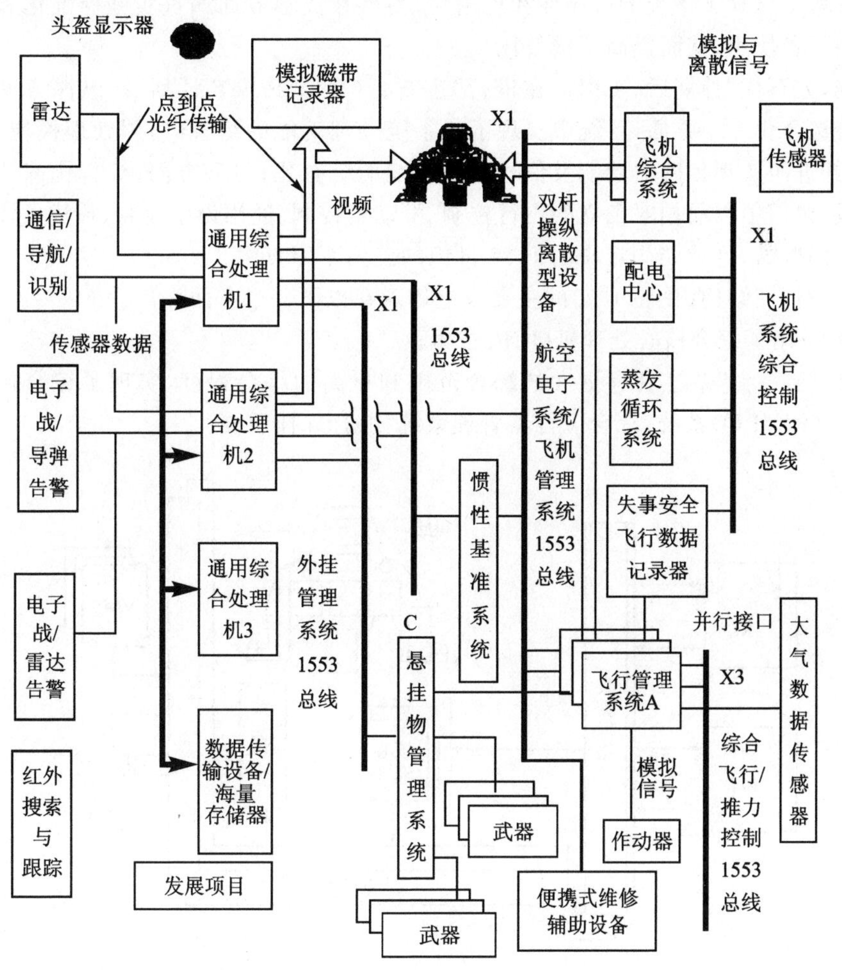

图 1.6 F-22 飞机综合航空电子系统结构

从图 1.6 中可以将 F-22 飞机综合航空电子系统构型归纳为：通过数据总线进行信息传送；通过下显、平显和(或)头盔瞄准具进行综合显示；采用模块化结构实现结构的简化和资源共享；通过传感器数据融合获取丰富、准确、高质量的目标信息；通过机内自检测(BIT)、系统重构和容错能力，提高系统可靠性和维修性。

F-22 飞机综合航空电子系统以 Intel 80960MH 32 位精简指令系统计算机(RISC)、SEM-E 模块和连接器、PI 总线、TM 总线和 SAE4074 线性高速串联数据总线为基础，从而构成了最新的通用化、模块化、数字式和高度综合的航空电子系统。它通过硬件和软件的多重应用实现了系统的通用化，通过把硬件划分成小型的易于更换的基本硬件实现了系统的模块化，而且通过资源共享、互连和信号源中信息的融合实现了系统综合化。F-22 的综合航空电子系统由于减轻了飞机驾驶员的工作负担，提高了对情况的了解、远距探测能力和识别能力，从而提高了系统效能；而采用可重构模块又提高了系统的可靠性和可用性；另外在成本方面通过实施标准化和有效地控制经费使用，从而提高了费效比。

继“宝石柱”计划后，美国正在推行“宝石台(Pave Pace)”计划，在纵深方向上继续推行综合化。一方面，系统中实现了各系统处理功能的综合(通用处理模块、动态重构)并进而实现传感器功能及信号处理功能的综合化；另一方面，综合化的范围也在扩展，包括了以前相对独立的飞行控制、发动机控制、通用设备控制，形成了飞机管理系统的概念，这种结构将应用于 21 世纪的美国军用飞机。

“宝石台”结构(见图 1.7)的主要改进体现在以下三个方面：

- 采用了综合核心处理机(ICP)技术；
- “宝石台”系统具有更大的综合范围和更高的综合程度，实现了综合传感器(RF/EO)系统、综合飞行器管理系统、综合外挂系统。

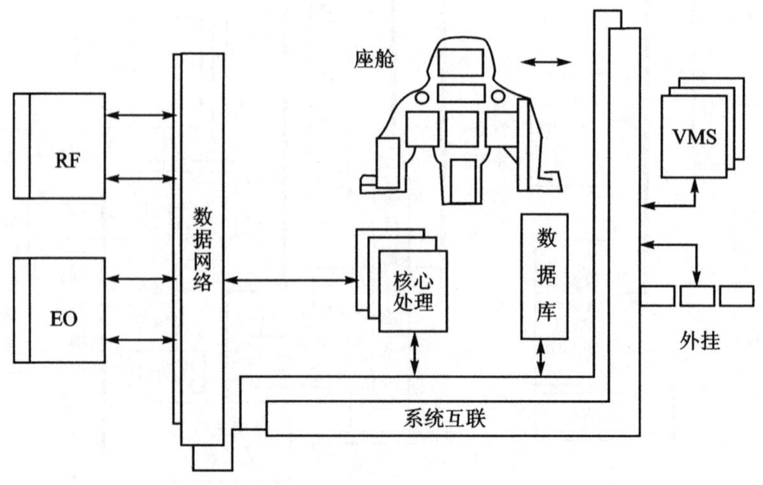

图 1.7 “宝石台”系统结构图

- 使用了综合的座舱/驾驶员与飞机接口，减轻了驾驶员的负担，同时提供威胁、目标、地形/地貌、战术协同、飞机完好状况的全面情况。

综合航空电子系统是现代化战斗机的一个重要组成部分，战斗机的作战性能与航空电子系统密切相关。可以说，没有高性能的航空电子系统，就不可能有高效能作战的战斗机。

航空电子系统的发展历程已证明，综合化是航空电子发展的灵魂和核心，综合化能压缩航空电子系统的体积和重量，减轻飞行员的工作负担，提高系统可靠性，降低全寿命周期费用。下一代航空电子系统将继续朝着数字化、微型化、综合化和智能化的方向发展。通过对各分离的电子设备进行综合，能使整个系统性能达到更高的水平。最近 20 多年，综合航空电子技术已经有了很大发展，它能最有效、最充分地利用各种分系统和设备的信息，最佳地完成设计者所赋予航空电子系统的使命。

1.2.4 航空电子系统的关键技术

(1) 微电子技术

现今的高性能集成电路可以在一片小小的芯片上集成 $10^5 \sim 10^6$ 个晶体管，集成电路规模和速度的不断增加主要是由于组成集成电路晶体管的体积及其内部连线的线宽在不断缩小，目前已达到零点几毫米。0.762 cm×0.762 cm 的芯片可做 $10^5 \sim 10^6$ 个晶体管。

目前，美国正在执行两项重要的集成电路计划，即超高速集成电路(VHSIC)计划和微波/毫米波单片集成电路(MIMIC)计划。这两项计划对电子设备，尤其是军用电子设备的发展起着重要作用。线宽可达 0.1～0.2 μm。

(2) 微处理机

在 20 世纪 80 年代后期，32 位微处理机开始在航空电子系统中应用。目前，64 位微处理机也已经应用于航空电子系统中。

(3) 存储器

目前在飞机上使用的存储器主要有磁芯存储器、半导体存储器和磁泡存储器等类型。未来航空电子系统采用海量存储大量任务数据，如光盘存储器。

(4) 数据总线

以前多采用 1553 数据总线，现代航空电子系统广泛采用光纤传输总线。

(5) 显示技术

飞机仪表经历了从机械仪表到机电仪表再到电子式综合仪表的漫长发展过程。目前先进的飞机都采用液晶显示器作为综合仪表的显示设备。

(6) 软件开发

对于处理机的选择及软件语言的选择是设计航空电子系统的重要环节。目前广泛流行的是自上而下的设计方法。在最顶层用逻辑方式对系统的要求进行分解。

1.3 飞行管理系统

飞行管理系统是航空电子系统中的重要子系统。飞行管理系统是综合性系统，它将导航、制导、控制、动力、气动力以及其他信息高度综合，实现飞机最佳性能飞行。飞行管理系统主要是由 4 个分系统组成的，分别是飞行管理计算机系统、惯性基准系统、自动飞行控制系统和自动油门系统，其中飞行管理计算机系统是系统的中枢，由高速数据总线连接起来。

飞行管理计算机系统由飞行管理计算机和控制显示组件组成，它建立在各个系统之上，集导航、制导、控制和性能优化与管理于一体，它是能对各个子系统实行管理控制、故障检测和状态显示的综合机载计算机系统。

飞行管理系统(FMS)使用现代数字技术，综合自动飞行控制、发动机推力控制和电子显示仪表的功能，以最佳性能为机组提供飞机管理的功能。飞行管理系统减轻了驾驶员的负担，实现了全自动制导。经飞行管理计算机提供从起飞到进近着陆的横向最优飞行剖面与垂直最优飞行剖面，飞机将按优化飞行轨迹从起飞机场到目的机场。

(1) 飞行管理计算机系统

飞行管理计算机系统(FMCS)是飞行管理系统(FMS)的核心与中枢，由飞行管理计算机(FMC)和控制显示组件(CDU)组成。

飞行管理计算机是飞行管理系统的关键部件，它除包含有本身的操作程序和数据库外，还含有用于自动飞行控制和自动油门系统的指令逻辑以及其他软件。飞机上的多种传感器设备向计算机提供大气数据、导航数据和性能数据等。飞行计算机接收到这些数据以后，首先进行检查，然后用来进行连续的导航信息和性能信息更新，最后用于控制自动飞行控制系统、自动油门系统和无线电导航系统进行自动调谐。接收的数据还用于飞行计划管理。

(2) 惯性基准系统

惯性基准系统(IRS)可以认为是飞行管理系统一个特殊的、连接机上其他系统、输出多种飞行参数的传感器。以往惯导系统可以作为一个独立系统应用。

惯性导航是通过测量飞机的加速度来推算飞机的位置的自主式导航系统，这种导航方法既不向外界辐射电磁波，也不借助外来的信息。利用安装在惯性平台的 3 个加速度计测出飞机在惯性空间的加速度，投影到由 3 个陀螺构建的参考基准中，经过计算可以得出飞机的准确即时位置。根据 3 个陀螺构建参考基准的方式不同，一般可以分为平台式惯性导航系统和捷联式惯性导航系统两类。还有一种先进的激光陀螺惯性基准系统，实际上是采用激光陀螺的捷联式惯导系统。

(3) 自动飞行系统

自动飞行控制系统(AFCS)实际上也是飞行管理系统(FMS)的操作系统，它对自动驾驶、飞行指引系统、安定面配平、自动油门等提供综合控制。自动飞行控制系统(AFCS)由两台或三台飞行控制计算机(FCC)、一个方式控制板(MCP)以及一些其他部件组成。飞行控制计算机(FCC)接收来自飞机各传感器的信号,根据要求的飞行方式对这些信号进行处理,形成指令,输送指令到副翼、升降舵和航向舵机系统,控制相应的操纵面。它们装在飞机电气电子设备舱内。方式控制板(MCP)安装在正、副驾驶员正前方的驾驶舱遮光板上,它提供飞行员与 AFCS 之间的联系,飞行员通过 MCP 进行自动驾驶衔接控制、工作方式选择控制以及与自动驾驶、飞行指引和 FMCS 有关的控制数据的选择等。自动油门的控制也在其上进行。

(4) 自动油门系统

自动油门系统(Autothrottle System,A/T)也是 FMS 的执行部件,也有一台安装在电气电子设备舱的自动油门计算机,它接收来自各传感器和方式控制板(MCP)上的工作方式和性能选择数据,把它们进行运算处理,输出操纵指令到油门机构。油门机构主要由伺服电动机和油门杆组成,它执行操纵指令,把油门杆置于恰当的位置。

1.4 电子综合仪表显示系统

早期的飞机航空仪表很少,飞行员基本上是凭借视觉、听觉和其他感觉飞行。这个时期的航空仪表是航空发展史上的第一阶段,即“机械仪表”阶段。采用机械式仪表显示的系统大多数都是单一功能的仪表,所以在座舱仪表板上装有许多仪表,有的飞机多达上百种,不仅仪表板非常拥挤,对于飞行员来说,要记住所有仪表的功能也是非常不容易的。

20 世纪 30 年代以后,随着电气、电子技术等近代科学技术的发展,圆满地解决了非电量转换为电量和电气远距离传送两个主要问题,航空仪表进入了“电气仪表”阶段。

由于飞机性能迅速提高,各种系统设备日益增多,所需指示和监控仪表数量大量增多,人们对仪表的准确性、可靠性和自动化程度提出了更高的要求。20 世纪 50 年代以后,航空仪表进入了“综合自动化仪表”阶段。从 20 世纪 60 年代起,利用荧光屏显示的平视显示器等仪表也开始得到应用。

20 世纪 70 年代,航空仪表进入了“电子显示”仪表阶段。电子仪表采用彩色阴极射线管或液晶显示器,并且广泛使用微处理器进行信息处理,从而使航空仪表发生了革命性的变革,电子仪表系统用电子显示取代传统的机械仪表指示,在现代飞机上被广泛采用。此系统的特点是所用信息全部输入显示管理计算机或符号发生器,通过控制盘选择需要显示的所有信息。

1.5 电子对抗系统

电子战是现代战争的一个重要组成部分。从广义上讲，信息战也可以说是电子战的一部分，电子战包括电子进攻和电子防御两个对立方面。电子防御与电子进攻设备已成为战斗机上的重要设备。电子进攻是指通过电子侦察和其他手段获取敌方的雷达和通信设施的位置与信号频率等参数，采用反辐射导弹与精确制导武器实施攻击，将其摧毁；或采用电子干扰的方法，发射干扰信号和欺骗信号，使雷达或通信设施无法工作或找不到目标，更新的手段是用石墨炸弹破坏敌方的电网，或用微波武器产生的强电磁脉冲破坏敌方的电子设备。战斗机上安装的电子自卫系统也是一种进攻性电子设备，它采用雷达告警接收机探测敌机的雷达信号，并用干扰机或释放箔条等方法进行干扰。

电子防御是指乙方的雷达和通信等电子设备设计得尽可能不受电子进攻的影响，如雷达和通信设备采用频率跳变，提高电子设备的抗电磁脉冲能力等。

现代空战方式更多地采用“作战包”作战，即每次攻击除出动战斗/攻击机群外，还将同时使用和出动侦察卫星、高空侦察机、信息收集飞机和电子战飞机。

未来的空战将发展为空天战，航天的各种卫星将承担相当一部分侦察、信息收集和分配、战场监视和对空中其他侦察手段进行支援的任务。

1.6 前景展望

人类进入21世纪，回顾过去的20世纪，这100年来的科技进步是过去几千年都难以比拟的。历史已经证明，科技进步并不是时间的线性函数，通过某些重大的突破之后，它往往以平方、立方甚至高次方的规律向前发展。随着各种新飞机发展需求的牵引和不断涌现的新技术推动，未来的航空电子肯定将向更加综合化、模块化、通用化和智能化的方向发展。

(1) 综合化

航空电子系统通过综合，其性能可以达到更高水平，它能最佳和最充分地利用各子系统的信息资源，最有效地完成设计者所赋予的任务。

(2) 模块化

模块化是综合化的基础，更高程度的模块化将带来更高程度的综合化。

(3) 通用化

通用化的含义是在系统中最大限度地使用相同类型的模块，以达到提高系统的重构能力、后勤保障能力和降低费用的目的。

(4) 智能化

智能化航空电子系统应能实现：为飞行员提供实时决策咨询；对各种目标进行

自动分类和识别；极低的可观测性；对各种威胁的告警，并能实施有效的电子对抗；为各种武器提供所需目标参数，发送给控制计算机和引导控制；机载计算机增加到64位，采用浮点预算，以提高系统精度。

1.7 飞行模拟软件简介及飞机基本操作实验

1.7.1 飞行模拟软件简介

目前市面上常见及容易获取的飞行模拟软件包括微软公司的模拟飞行、洛克希德·马丁公司的 Prepar3D（购买微软飞行模拟 FSX 的商业版本平台）、X-Plane、FlightGear 等。

微软模拟飞行（Microsoft Flight Simulator）是一个能在 Windows 中运行的飞行模拟器。微软模拟飞行是微软公司的早期产品之一，事实上微软模拟飞行是目前该公司历史最悠久的项目，比 Windows 操作系统历史还要早 3 年。一个世纪以来，人类使用机器来推动、牵引，把自己送上了蓝天，而过去的 20 年里，Microsoft 的 Flight Simulator 使人们能够坐在家里，用电脑实现做飞行员的梦。Flight Simulator 2004：A Century of Flight 据称是为了纪念人类发明飞机 100 周年和 Flight Simulator 发行 20 周年而出品的，它提供了更多的飞行器、更好的图形效果和更多的控制选项。Flight Simulator X 是微软飞行模拟发布的最后一个版本，是首款以 DVD 作为介质的飞行模拟类软件。与上一个版本相比，Flight Simulator X 在三维显示方面更加逼真。

Prepar3D 是由洛克希德·马丁公司购买微软飞行模拟（FSX）的商业版本平台，P3D 是面向专业领域的实时三维仿真引擎。

Flight Gear 是一款开源的飞行模拟软件，支持包括 Windows、Mac、Linux 等多种平台，整个项目的源代码是开放的，遵循 GNU 通用公共许可协议。Flight Gear 是一款完全开源的模拟飞行软件，这个项目起源于 1996 年一次互联网上的讨论，之后由许多狂热的飞行模拟和编程爱好者共同完成。发展至今，软件仍然不停地在更新、完善着各项功能，最新版本发布于 2017 年 1 月。Flight Gear 飞行模拟器使用C++语言开发，主要具有如下多项特点：

(1) 针对民用航空

Flight Gear 主要针对民用航空模拟，适用于通用航空和民用客机，其长远的发展计划是希望成为 FAA 许可的飞行训练设备。但军用的相应特性并未明确排除在外。

(2) 跨平台

开发者尝试让 Flight Gear 运行在更多的硬件和系统之上，目前项目代码能够支持 Linux、Windows NT/2000/XP（Intel/AMD 平台）、Windows 95/98/ME、BSDUNIX、

Sun－OS、Macintosh 等平台。

(3) 多场景、多机型

Flight Gear 目前已经集成了全球绝大部分区域(海洋除外)的三维地景和主要的机场信息,这些地景数据是基于美国地质勘探局发布的卫星数据,而且现已支持数百种飞行器模型。

(4) 开放性

Flight Gear 中的地景、飞行器的格式、内部变量、API 等都是用户可以访问的,并且源代码公布在其官方网站,地景数据文件和飞行器数据文件也对外开放。

(5) 用户可拓展性

开放者构建的这个 Flight Gear 基础引擎可以让地景设计者、仪表工程师、声音设计师等有着不同需求的人参与到项目的建设中,对 Flight Gear 进行拓展开发。

X－Plane 是一款模拟飞行软件,由 Laminar Research 公司开发,公司位于美国卡罗来纳州哥伦比亚。Laminar Research 的创始人是 Austin Meyer。软件的桌面版本支持操作系统 Mac OS X、Windows、Linux,移动版本支持 Android、iOS、WebOS。X－Plane 软件包中包括一些轻型飞机、商用飞机以及军用飞机,还有包括几乎全球的地景。同时该软件扩展性非常好,支持开发人员任意扩展功能,如添加自己设计的飞机,或者自己制作的地景。流畅的飞行体验、逼真的气流影响、各种飞行器的模拟、漂亮的灯光和水面表现、详细的地表细节、丰富的免费资源,这些都是 X－Plane 的优点。X－Plane 对外提供数据接口,以实现逼真的三维视景显示。当把 X－Plane 作为视景显示时,只需要通过一条网线,同时 X－Plane 模拟器支持客户端/服务器(Client/Server)模式的 UDP 通信方式。按照 X－Plane 规定的数据格式,将要发送的数据放在网络数据对应的数据段上,X－Plane 即可对数据做出响应。通过该数据接口可以实现控制 X－Plane 中数字飞机的控制,犹如接入飞行摇杆一样,还可以直接控制 X－Plane 中飞行器的位置、姿态,可以控制一架也可以同时控制多架。另外,还可以控制 X－Plane 输出指定文件夹下的音频文件。现在 X－Plane 的两个主要版本为 X－Plane9 和 X－Plane10。

本书的目的主要是通过模拟飞行让读者对航空电子设备的原理、使用及飞行的相关知识有所了解,所以采用了相对比较完善和逼真的微软模拟飞行软件,其他的相关飞行模拟软件也可以采用。以塞斯纳 172 系列飞机为主,配合大型民机共同介绍航空电子设备的原理与使用。

塞斯纳 172 系列飞机是塞斯纳飞机公司研制生产的 4 座单发活塞发动机轻型螺旋桨飞机,是世界上最成功和生产量最大的轻型通用飞机。从 1955 年 11 月开始首飞,1956 年开始批量生产。但由于美国法律的限制,塞斯纳飞机公司不得不在 1985 年全面停产塞斯纳 172 飞机,而此时已经生产了 7 万架,它坚固耐用、性能优良,符合民航仪表飞行法规要求,容易驾驶与维护。塞斯纳飞机对起降场地要求很低,几乎可以在海拔 3 000 m 以下的任何一片稍平坦的地面起降,购买成本和使用成本与一辆高级轿车相似,全世界几乎到处可以看到它的身影。

1996 年,在停产 10 年后,塞斯纳飞机公司重建生产线,恢复生产经过改进的新一代天鹰飞机,型号为 172R。它的新一代发动机、仪表、燃油系统、供电系统及内部装饰,提高了飞机的安全性和舒适性,重新占据了世界私人飞机和初级训练飞机市场的主导地位。

1.7.2 飞机基本操作实验

1. 舵面操作实验

运行模拟飞行软件,分别向前、后、左、右移动操纵杆,观察几个舵面的变化情况,通过左右脚蹬脚舵,观察方向舵的偏转情况。对于小型飞机如塞斯纳,舵面的偏转可以通过切换视角,在驾驶舱外合适的位置观察副翼、升降舵、方向舵的偏转,如图 1.8 所示;对于大型民机,可以采用观察多功能显示器的方式,获取舵面偏转信息,如图 1.9 所示。

图 1.8 飞行模拟软件飞机模型舵面情况

副翼和升降舵是通过驾驶杆来操纵的:向后拉杆,升降舵向上偏转,这时会产生一个让飞机抬头的力矩,飞机的俯仰角一般会增加;向前推杆,升降舵向下偏转,这时会产生一个让飞机低头的力矩,飞机的俯仰角一般会减小;向左推杆,会控制副翼的偏转,左侧副翼向上偏转,右侧副翼向下偏转,这时会产生一个让飞机向左倾斜的力矩,飞机会向左倾斜,同时会产生向左的偏航;向右推杆,会控制副翼的偏转,左侧副翼向下偏转,右侧副翼向上偏转,这时会产生一个让飞机向右倾斜的力矩,飞机会向右倾斜,同时会产生向右的偏航。脚蹬是用来控制方向舵的:踩左脚会控制方向舵向左偏转,产生一个让飞机向左偏航的力矩,飞机会逐渐向左偏航;踩右脚会控制方向舵向右偏转,产生一个让飞机向右偏航的力矩,飞机会逐渐向右偏航。

在大型民机的多功能显示器中,有一个页面就是显示飞机的几个舵面的偏转情况。上部左右两侧表示副翼,下部左右两侧表示升降舵,中间表示方向舵,绿色的小三角表示舵面实时的位置。通过驾驶杆和脚蹬的动作,可以控制三个舵面的偏转。

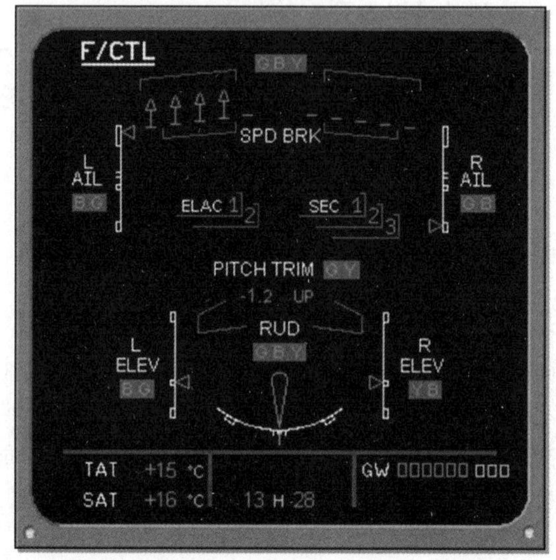

图 1.9 多功能显示器中舵面的偏转情况

油门的操作一般是向前推油门杆会增加推力，向后拉油门杆会减小推力。一般推力的改变会影响飞机速度及姿态。

2. 改变飞机姿态及速度实验

在飞机稳定平飞状态下，分别向左和向右推杆并保持一定的控制量，观察飞机姿态和运动状态的变化。同样，在稳定平飞状态下，分别向前和向后推杆并保持一定的控制量，观察飞机姿态和运动状态的变化。控制方向舵向左和向右偏转，观察飞机的姿态和运动状态的变化。在飞机平稳飞行状态下，向前推油门杆，观察飞机速度和姿态的变化；同样，向后拉油门杆，观察飞机速度和姿态的变化。

(1) 平直飞行

平直飞行是飞行中最基础的科目之一，通过对飞机的控制让飞机朝某一个指定的航向飞行，航向不变，同时，飞机的机翼与地平线保持水平，高度既不上升也不下降。在平直飞行中，机翼应该同地平线保持平行。在实际飞行中，可以通过转头很轻松地以目视的方式观察机翼的情况与姿态。

(2) 转　弯

升力的水平分力是由飞机的倾斜角度(又叫坡度——bank angle)决定的。如果需要转弯，则只需要向需要转弯的方向慢慢地压杆，直到达到一个理想的坡度。飞机进行转弯时，升力在垂直方向上的分力会随着倾角的增大而减小，而这个垂直方向上的分力正是需要来抵消飞机重力的。所以，如果飞机的质量保持不变，则飞机就会产生向下的加速度，飞机会掉高度。所以转弯时，如果还需要保持高度，那么就要想办法增加飞机的升力，如可以轻轻地向后拉杆，增加飞机的升力。

第 2 章

航空仪表系统

2.1 航空仪表概述

自从 1903 年 12 月 17 日莱特兄弟成功试飞第一架飞机(可操纵、载人、有动力的飞机)以来,仪表就开始逐渐出现在飞机上。早期飞机飞行速度慢、飞行高度低,所以可以通过人的感觉进行控制。一旦天气条件不好或者夜晚的时候就无法飞行。随着各种传感器和仪表的大量出现,现代飞机可以完成全天候的飞行,对于绝大多数不利的气象条件也不会受到影响。另外,随着飞机动力装置功率的增强,飞行速度和机动性不断提高,仅凭人的感觉是无法准确获取飞行状态信息的。现代飞机在飞行过程中有大量的数据要进行采集与监测,如高度、速度、姿态、温度、压力等。这些数据一方面要提供给飞机系统进行自动控制与自动驾驶,另一方面要提供给驾驶员进行判读与操作。

航空仪表的功能是测量、计算和自动调节飞机的运动状态以及动力装置的工作状态。航空仪表按功能可以分为三类:驾驶领航仪表(或称飞行仪表)、发动机仪表和其他设备仪表(或称辅助仪表)。用来反映或调节飞机运动状态的仪表,叫做驾驶领航仪表,主要包括高度表、空速表、地平仪、磁罗盘、陀螺半罗盘、陀螺磁罗盘、罗盘系统、惯性导航系统、自动飞行系统等。这些仪表又可划分为大气数据仪表、姿态仪表、航向仪表等几类。用来检查或调节飞机动力装置的仪表,叫做发动机仪表,主要包括燃油(滑油)压力表、推力表、温度表、转速表、油量表、振动指示器等。用来检查液压、冷气、氧气、座舱增压系统等其他设备工作状态的仪表,叫做其他设备仪表,如弹簧管压力表、指位表、座舱高度表等。从工作原理看,航空仪表又可分为测量仪表、计算仪表和调节仪表三类。

2.1.1 飞行中人的因素

随着科技水平的飞速发展,飞机的安全性、可靠性不断提升。而由于人的因素引发的事故发生率在递增。据有关调查显示,与人的因素有关的事故占了总数的 80% 以上。早期飞机的驾驶基本是靠人通过视觉、听觉、触觉等感觉器官对飞行状态进行监控,完成对飞机的控制。这种方式一方面控制精度比较低,另一方面由于人类感知器官的机理,会出现不可避免的误差和错误。

如图 2.1 左图所示，彩色魔方的上表面和侧面中心的两个正方形区域(图中箭头所指)对于一般人的直观感受，二者颜色是不一样的。上面的偏暗，呈褐色；侧面的偏亮，呈橙黄色。但如果用挡板遮挡周围的区域，只留下这两部分时，结果就大不相同，如图 2.1 右图所示。这主要是明暗对比度对人眼造成的错觉。

图 2.1　彩色魔方明暗错觉

如图 2.2 所示，多数人会感觉左侧的桌子比右侧的要长，但实际如果用尺子测量的话，二者的长度是一样的。

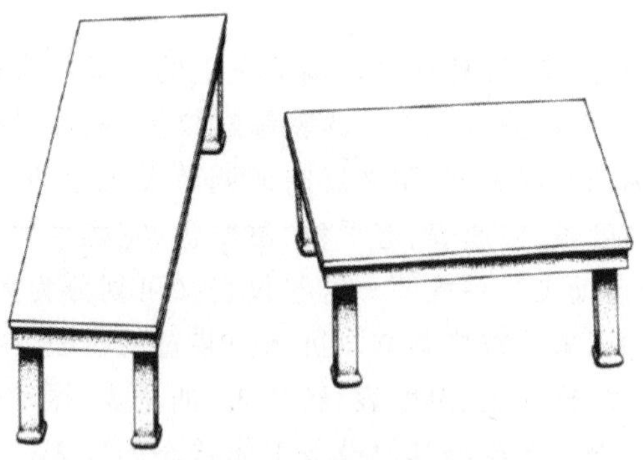

图 2.2　桌子长短错觉

半规管(semicircular canals)是维持姿势和平衡有关的内耳感受装置。内耳的组成部分为三个互相垂直的半圆形小管，与飞机的俯仰、偏航、横滚三个轴向运动相对应，可以感受绕三个轴的角加速度。在半规管的膜管内充满了内淋巴液，随着角加速度的产生，内淋巴液会在膜管内流动，带动膜管内的纤毛弯曲，从而感受到转弯。半规管感受加速度如图 2.3 所示。

耳石是控制人身体平衡的重要器官，正常的耳石在三个半规管中，如图 2.4 所示。在头部的移动下，耳石在球囊椭圆囊中，三个半规管就相当于三维，刺激三个半

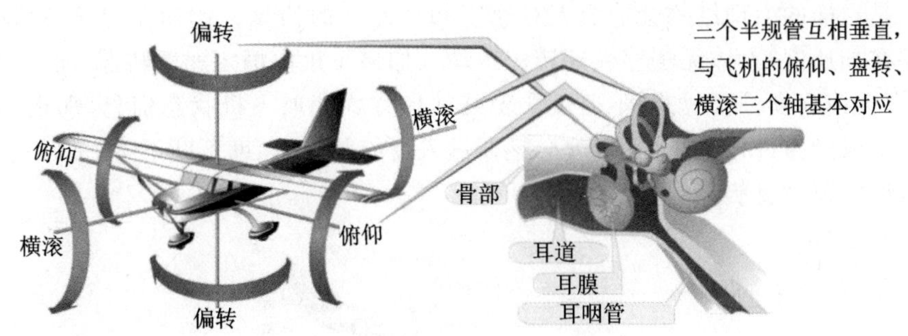

图 2.3 半规管感受加速度

规管，使我们大脑感到了平衡，使大脑可以控制身体平衡。

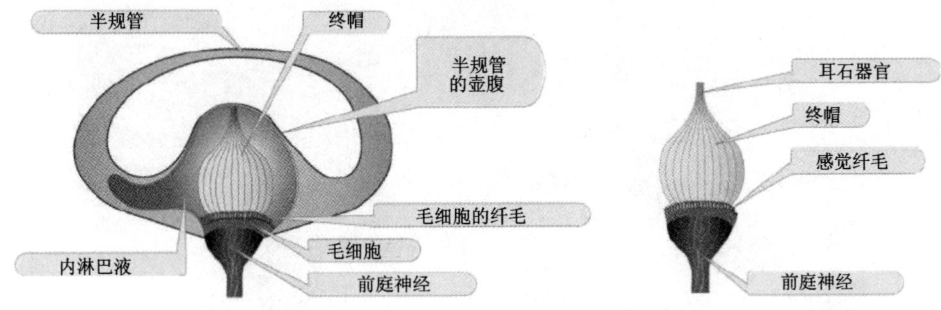

图 2.4 耳石器官

当产生直线加速度时，耳石器官会带动纤毛向前或向后弯曲，从而感受到速度的变化，如图 2.5 所示。

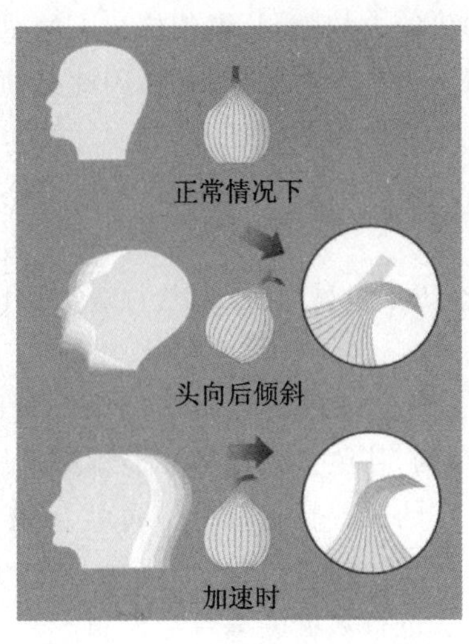

图 2.5 人体感受线加速度

正是这样的生理结构会造成人对速度和加速度的错觉。比如在匀速转弯时，由于不存在加速度，人体无法感受到转弯运动。如果飞机以恒定速率转弯，而一般情况下，转弯会掉高度，所以如果不通过仪表或其他方式获取飞机状态信息，那么驾驶员就不会采取措施进行修正，飞机就会逐渐进入盘旋状态，高度不断下降，最后坠毁，这就是所谓的死亡盘旋，如图 2.6 所示。

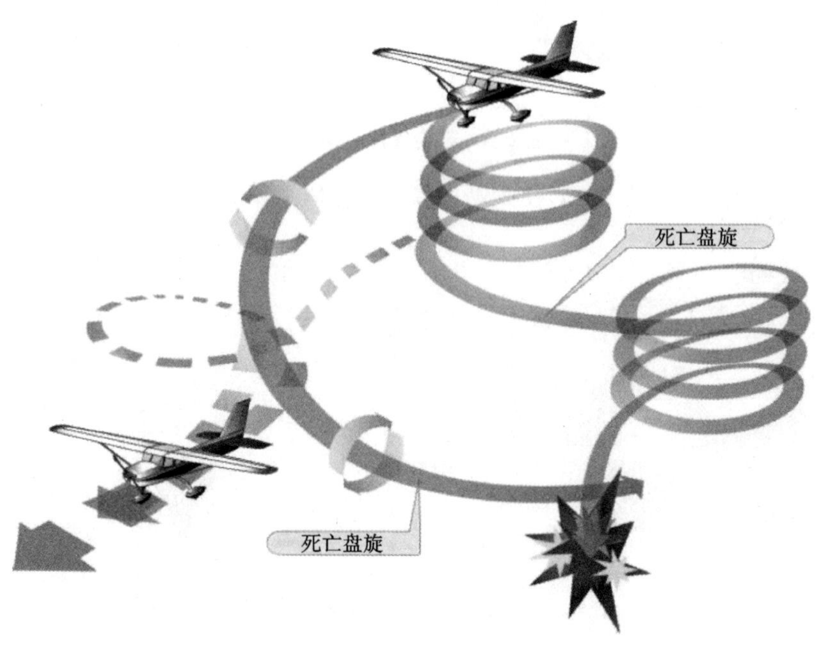

图 2.6　死亡盘旋

可见，由于受到结构和机能上的限制，仅仅依赖人的感觉器官感受飞机状态的变化是不可靠的，而且有些状态人是无法感觉到的，因此必须依赖于航空仪表进行测量与显示。

2.1.2　航空仪表的发展

航空仪表的发展大体经历了机械仪表、电气仪表、综合自动化仪表和电子显示仪表 4 个阶段。

20 世纪 30 年代之前，是航空仪表发展史上的第一阶段。这个时期的仪表基本上都采用分立整体直读式结构，从测量到计算和显示都采用机械结构，不需要电能的消耗，即“机械仪表”阶段。它的主要特点是结构简单、工作可靠、成本低，但同时又有灵敏度低、精度低等缺点。而且，这些仪表一般都是只进行参数的指示，无法将参数传递给其他设备或系统，无法进行数据的综合与控制。

20 世纪 30 年代以后，随着电气、电子技术和计算机技术等近代科学技术的发展，圆满地解决了非电量转换为电量和电器远距离传送两个主要问题，航空仪表进入了“电气仪表”阶段。这个时期仪表的主要特点是将原来机械仪表所测得的参数转换为电信号，由于电信号的传输比较简单，通过导线、电缆等即可，因此可以实现远距离传输，可以将显示仪表和测量信号用的传感器等装置分开，便于仪表板的布局。

由于飞机性能迅速提高，各种系统设备日益增多，所需指示和监控仪表数量大量增多，采用传统单功能分立式仪表结构已经无法在仪表板上进行安排，人们对仪表的准确性、可靠性和自动化程度提出了更高的要求。20 世纪 50 年代以后，航空仪表进入了“综合自动化仪表”阶段，将功能相同或类似的仪表指示器进行组合，在一个仪表上显示多种参数，这样就减少了仪表的总数。

从 20 世纪 60 年代起，出现了电子显示仪表，利用荧光屏显示的平视显示器等仪表也开始得到应用，逐渐取代了传统的指针式机电仪表。随着电子技术、计算机技术等的飞速发展，20 世纪 70 年代航空仪表进入了“电子综合显示仪表”阶段。电子仪表最初采用彩色阴极射线管，后来采用液晶显示器以及 OLED 显示器，并且广泛使用微处理器进行信息处理，从而使航空仪表发生了革命性的变革。电子综合显示仪表与传统的指针式仪表的显示方式截然不同，也不再是传统意义上的仪表，采用显示屏以图形、符号、数字等方式对参数进行显示。采用分时的显示方式，在需要时将信息显示出来，不需要时可以将屏幕显示面积让给其他信息进行显示，这样在理论上可以显示无限丰富的信息，极大地提高了人机接口的效能。另外，电子综合显示仪表采用微处理器以软件的方式编制程序进行显示，便于系统的升级与维护，显示的方式更为灵活。

20 世纪 70 年代波音 747－200 客机驾驶座舱有仪表 132 个，指示灯 555 个，开关 284 个，总数近千个。这对于驾驶员来讲是非常重的劳动负荷，驾驶员必须熟悉各仪表的位置及读取方法，及时获取各仪表数据。而在飞行中出现故障时，有时驾驶员还需要在读取仪表的同时执行检查单，这样的循环时间比较慢，会产生安全隐患。而采用电子综合显示仪表以后，主要的显示器只有 6 个，座舱的布局大为改观，一方面减轻了驾驶员的劳动负荷，另一方面提高了系统的安全性。

2.2 基本仪表

小型飞机一般飞行速度比较慢、飞行高度比较低，机载设备相对比较少，仪表数量少，所以很多采用了传统指针式仪表，有一些采用了综合显示仪表。不同型号飞机的仪表外观有所不同，但基本功能和形式都是一样的。下面以塞斯纳飞机为例介绍飞机的基本仪表，如图 2.7 所示。

塞斯纳飞机主要的仪表包括空速表、地平仪（姿态仪）、气压高度表、转弯侧滑仪、航向指示器（陀螺半罗盘）、升降速度表、发动机转速表、下滑指示器、航道指示器、自动定向仪指示器等，可以为驾驶员提供最基本的飞行参数。

图 2.7　塞斯纳飞机的仪表板

2.2.1　空速表

空速表从名称上看似乎是显示速度的仪表，但实际上它直接反映了飞机升力情况，如图 2.8 所示。详细内容可以参见本书第 3 章大气数据计算机系统相关章节。

图 2.8　空速表

空速表的单位是节(kts)，1 节(kts)＝1 海里/小时(nmile/h)＝1.852 千米/小时

(km/h)。一般用不同颜色的区域表示速度范围,白色区域范围是 33～85 nmile/h,表示襟翼全张开的安全速度范围;绿色区域范围是 44～129 nmile/h,表示飞机正常使用速度范围;黄色区域范围是 129～163 nmile/h,表示速度比较大,可在平稳气流中短暂飞行。空速表最低的刻度线也就是白色区域的下沿是 V_{s0},表示着陆结构下的失速速度,也就是襟翼全部放开、起落架放下的情况下,飞机能保持安全飞行的最小速度。低于这个速度就会产生失速。绿色区域的下沿是 V_{s1},表示最大总重、收起襟翼、起落架、发动机怠速状态下的失速速度,也就是正常飞行状态下的最低速度。白色区域的上沿是 V_{fe},表示襟翼可以打开时的最高速度。绿色区域的上沿是 V_{n0},表示最大结构巡航速度,也就是一般情况下飞机巡航阶段的最大速度。黄色区域的上沿是 V_{ne},这里一般会有一条红线,表示最大速度,超过此速度会造成飞机结构损坏。

具体测量原理可参见本书第 3 章大气数据计算机系统相关章节。

2.2.2 地平仪

地平仪(姿态仪)主要用来测量和显示飞机的俯仰角和倾斜角,也就是飞机的姿态,如图 2.9 所示。地平仪采用一个代表飞机的标志和背景间的相对运动来表示飞机的姿态。背景一般采用蓝色和土黄色相间的球体、圆柱体或圆形挡片表示,蓝色表示天空、土黄色表示大地,实际就是用来代表地球。飞机的标志一般是固定不动的,地球可以上下滚动、左右倾斜,用二者的相对位置形象地表示飞机的姿态。

图 2.9 地平仪

俯仰刻度位于地球标志的中央区域,每一个小格(一般用细线或短线表示)表示 5°,每一个大格(一般用粗线或长线)表示 10°,蓝色和土黄色交界即地平线的俯仰刻度为 0°,蓝色区域的刻度表示飞机向上仰,土黄色区域的刻度表示飞机向下俯,与飞机标志相交的刻度线即为俯仰角度。倾斜刻度位于圆盘的上方,呈扇形分布,每一个小格表示 10°。

具体测量原理可参见本书第 4 章姿态与罗盘系统相关章节。

2.2.3 高度表

这里的高度表一般指气压高度，通过测量大气的压力（静压），转换为飞机的高度（海拔高度）。飞机上还有一种测量高度的仪表——无线电高度表，二者的原理和应用范围不同，无线电高度表的相关内容可以参见本书第 6 章相关章节。

气压高度表一般使用英尺（feet，1 ft＝30.48 cm）作为测量单位，用长短不同的三个指针指示具体的数值，如图 2.10 所示。最粗的指针一个大格表示 10 000 ft，次粗的指针一个大格表示 1 000 ft，最细的指针一个大格表示 100 ft。所以图 2.10 中的气压高度表的读数应为 27 020 ft。

图 2.10　气压高度表

具体测量原理可参见本书第 3 章大气数据计算机系统相关章节。

2.2.4 转弯侧滑仪

转弯侧滑仪主要显示飞机转弯和侧滑的情况，如图 2.11 所示，它的表盘与地平仪有类似之处，但二者显示的数据截然不同，前者飞机标志的左右倾斜并不表示飞机

图 2.11　转弯侧滑仪

的倾斜角。也就是说，即使从转弯侧滑仪上看到飞机的标志倾斜了，也有可能机身并没真正倾斜，只是用这样一种方式表示飞机转弯的情况。

如果飞机标志向左倾斜，那么说明飞机在向左转弯；如果飞机标志向右倾斜，那么表示飞机在向右转弯。在表盘中央一般会有“2 MIN”(2 分钟)的字样，表示飞机如果以3(°)/s 的角速度(标准角速度)进行转弯，若无侧滑，则飞机转过 360°的时间是 2 min。一般情况下，飞机转弯时都是以这样的标准加速度进行的。仪表盘下方的小球表示飞机侧滑的情况，小球向左移动，表示飞机产生了左侧滑；小球向右移动，表示产生了右侧滑。

具体测量原理可参见本书第 4 章姿态与罗盘系统相关章节。

2.2.5 航向指示器

航向指示器又称为罗盘，是飞机上指示航向的仪表，如图 2.12 所示。除了航向指示器以外，一般还会配置磁罗盘作为备份仪表。用 E、W、N、S 分别表示东、西、北、南 4 个方向，表盘刻度360°，表示飞机机头所指的方向。这里的北是指地磁北极的方向。

具体测量原理可参见本书第 4 章姿态与罗盘系统相关章节。

图 2.12　航向指示器

2.2.6 升降速度表

图 2.13　升降速度表

升降速度表主要显示飞机高度的变化快慢，单位一般用 100 ft/min 表示。指针向上偏转表明飞机高度在增加，向下偏转表明高度在下降，如图 2.13 所示。

具体测量原理可参见本书第 3 章大气数据计算机系统相关章节。

2.2.7 下滑指示器

下滑指示器主要是与仪表着陆系统(ILS)配合使用，指示飞机在进近着落阶段偏离理想航道和下滑道的情况，如图 2.14 所示。竖直的白色杆是航道偏差杆，表示飞机偏离跑道中心延长线的程度。如果航道偏差杆向左偏转，则表示飞机位于跑道中心延长线的右侧。反之，如果航道偏差杆向右偏转，则表示飞机位于跑道中心延长线的左侧。水平的白色杆是下滑偏差杆，表示飞机偏离理想下滑道的程度。下滑偏差杆移动到中心线的下方，表示飞机高度位于理想下滑道的上方。反之，下滑偏差杆移动到中心线的上方，表示飞机高度位于理想下滑道的下方。通过下滑指示器的引导可以完成在能见度条件不利的情况下进行盲降。

图 2.14　下滑指示器

具体使用方法可参见本书第 6 章导航系统与雷达相关章节。

2.2.8　航道指示器

航道指示器主要指示巡航阶段飞机偏离预选航道的程度，如图 2.15 所示。一般用飞机的起飞位置与地面 VOR 台的连线作为预选航道，或者以两个 VOR 之间的连线作为预选航道。如果中间竖直的航道杆偏左，则表示飞机位于预选航道的右侧，应该向左修正；如果航道杆偏右，则表示飞机位于预选航道的左侧，应该向右修正。白色的小三角表示朝向 VOR 台飞行还是背离 VOR 台飞行。

图 2.15　航道指示器

具体使用方法可参见本书第 6 章导航系统与雷达相关章节。

2.2.9 自动定向仪指示器

自动定向仪(ADF)指示器主要用来指示地面无方向信标(NDB)台的位置进行导航,如图 2.16 所示。黄色的指针指向接收到来自地面站调幅信号的 NDB 台方向,表示地面导航台相对于飞机纵轴的方位。

具体使用方法可参见本书第 6 章导航系统与雷达相关章节。

图 2.16 自动定向仪指示器

2.3 电子仪表系统

电子仪表系统 EIS(Electronic Instrument System)是用电子显示取代传统的机械仪表指示,在现代飞机上已被广泛采用。它把电信号转换成电子显示器的光信号以显示需要的信息,显示的信息可以是数字、符号、图形及其组合形式等。因电子显示器容易实现综合显示,故又称为电子综合显示仪。此系统的特点是所有信息全部输入显示管理计算机或符号发生器,通过控制板选择需要显示的所有信息。只需修改软件就可以增加或更新显示信息,显示精度高。由于没有机械驱动部分,可靠性相对比较高。电子综合显示仪有以下特点:

- 显示灵活多样,适应多任务的需要。可以显示字符、图形、表格等,还可以进行彩色编码,在光栅扫描情况下,可以把雷达、前视红外、电视摄像等探测器的视频图像单独或叠加显示在字符上,有助于驾驶员进行分析与评估。
- 实现信号的综合显示,大大减少了仪表的数量。仪表板的布局简洁、清晰,在综合仪表显示器上可以显示多种数据和信息,便于驾驶员进行观察。
- 电子综合显示仪使用中不增加误差,显示精度高,可靠性高,寿命长。
- 性价比高,符合航空电子设备数字化的发展方向。

电子仪表系统一般采用 6 个相同的显示组件(DU)进行显示,可分为电子飞行仪表系统 EFIS(Electronic Flight Instrument System)和机载电子集中监控系统 ECAM(Electronic Centralized Aircraft Monitorng)两部分。EFIS 主要包括主飞行显示器 PFD (Primary Flight Display)和导航显示器 ND (Navigation Display)。有的飞机上称为电子姿态指示器 EADI 和电子水平状态指示器 EHSI。电子飞行仪表在主飞行显示器和导航显示器上显示飞行参数和导航数据。ECAM 主要包括发动机与警告显示器 E/WD(Engine and Warning Display)和系统显示器 SD(System Display)。有的飞机上称为发动机指示和机组警告系统 EICAS(Engine Indication and Crew Alerting System),其功能与 ECAM 的功能大致相同。有的飞机上可能安装了 EADI 和 EHSI,有的飞机上可能只安装了 EHSI。ECAM 在发动机与警告显示器(E/WD)和飞机系统显示器(SD)上显示的数据有:

- 发动机主要指示、燃油量指示、襟翼和缝翼指示。
- 警告及警戒或备忘录信息。
- 飞机系统简图和状态信息。
- 固定的飞行数据。

本章主要以 A340 飞机上的 EIS 为例进行介绍。在驾驶舱中,电子仪表系统的布局如图 2.17 所示。左仪表板上装有 PFD1、ND1,右仪表板上装有 PFD2 和 ND2,中央仪表板上装有 E/WD 和 SD,如图 2.17 所示。

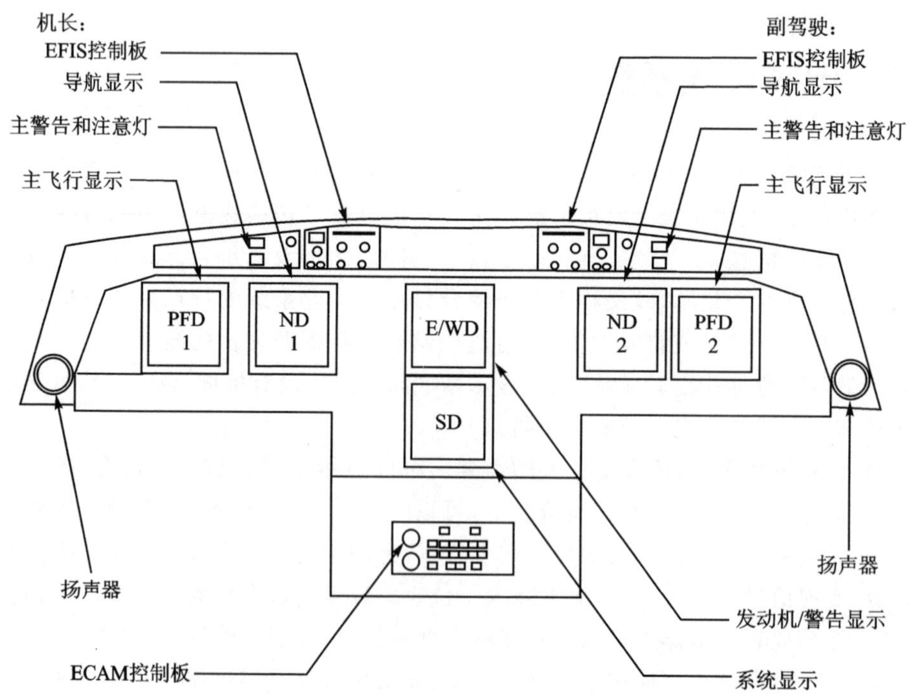

图 2.17 电子仪表系统的驾驶舱布局

2.3.1 电子仪表系统的组成

电子仪表系统主要由 6 个相同的显示器(DU)、3 台相同的显示管理计算机 DMC(Display Management Computer)、2 台相同的飞行警告计算机 FWC(Flight Warning Computer)和 2 台相同的系统数据采集集中器 SDAC(System Data Acquisition Concentrator)、控制板、系统转换板等组成。在有的飞机上,显示管理计算机 DMC 又称为符号发生器 SG(Symbol Generator)。DMC 包括两个独立部分:一个用于 EFIS,一个用于 ECAM。

EIS 组成方块图如图 2.18 所示。

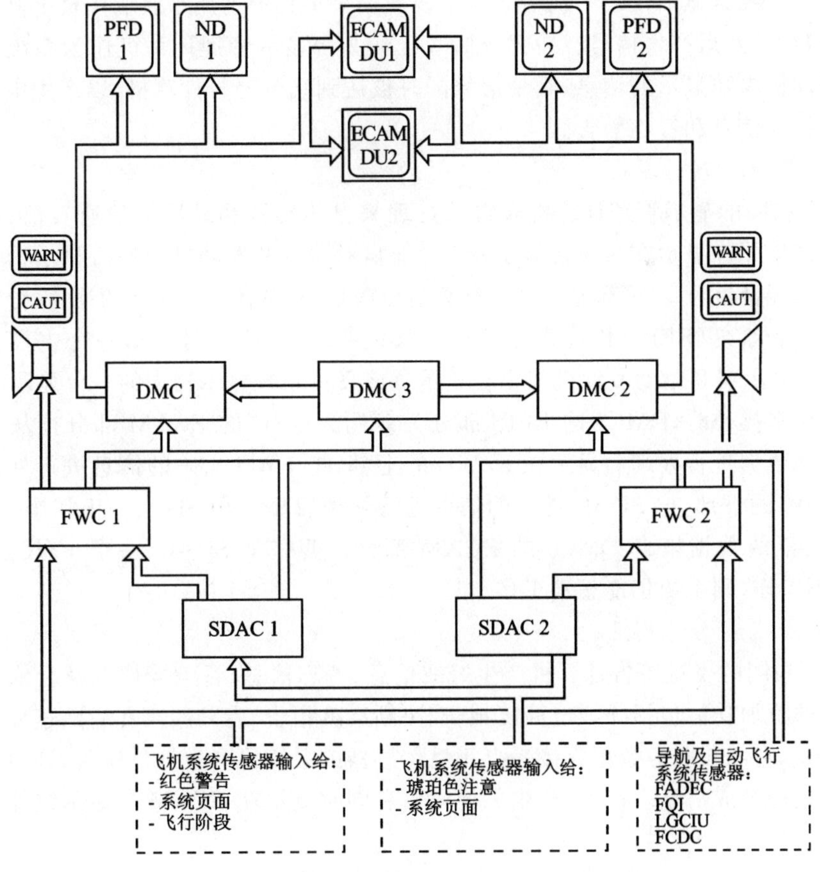

图 2.18 EIS 组成方块图

2.3.2 电子仪表系统的原理

电子综合显示仪所需的原始信息均来自飞机上其他机载设备,如大气数据计算机、惯性导航系统、雷达、航空火力控制系统等。原始信息经数据接口进入显示信息处理机，由处理机进行处理并产生字符-图形发生器所需的信息。再由字符-图形发生器产生驱动电子显示器件所需的信息，最后由电子显示器件在屏幕上显示所需的画面。因此，以计算机为核心的电子综合显示仪实际上是一个机载计算机的终端数据图形显示设备。

（1）显示组件

在飞机仪表板上装有6个相同的显示器，早期产品采用阴极射线管（CRT）显示器，后来采用体积更小和质量更轻并且更安全的液晶显示器（LCD），对显示管理计算机提供的数据、图形和符号进行显示。

（2）系统数据采集集中器

在电子综合显示仪表中包括2台系统数据采集集中器用来获取飞机上其他机载设备的数据，然后产生信号。一部分信号送到3台显示管理计算机作为系统页面显示及发动机参数显示的信息，其余信号同时被送到飞行警告计算机，以产生电子中央飞机监控器信息和音响警告。

（3）显示管理计算机

3台相同的显示管理计算机获得并处理来自传感器和计算机的所有信息，进行处理后产生图像显示在主飞行显示器、导航显示器以及发动机与警告显示器和飞机系统显示器（SD）上。每部显示管理计算机（DMC）上都有2个独立的通道，分别是电子飞行仪表系统（EFIS）和机载电子集中监控系统，并能同时驱动一个主飞行显示器、导航显示器和驱动发动机与警告显示器或飞机系统显示器中的一个显示。

在正常操作时，DMC3 的 EFIS 部分为备用。DMC 的 ECAM 部分把从飞机系统接收的数据进行处理后显示在 E/WD 的上部，把 FWC 送来的信息进行处理后显示在 E/W 的下部，把 SDAC 送来的信息进行处理后显示在 SD 上。正常操作时，E/WD 和 SD 的数据来自 DMC3 的 ECAM 部分。若一个 SDAC、一个 FWC 或一个 DMC 不工作，则系统仍能正常工作。

（4）飞行警告计算机

2台相同的飞行警告计算机产生警戒信息、备忘信息、音响警戒以及合成声音信息。它的附加功能包括无线电高度报告、决断高度报告、着陆距离和着陆速度增量计算。因此，它们获取的数据直接来自飞机传感器或系统以产生红色警告，通过 SDAC 产生琥珀色警戒信息。FWC 产生的警戒信息同时显示在 ECAM 的显示组件上。

（5）引起注意装置

FWC 也驱动引起注意装置。每个飞行员前的遮光板上有一套装置——警告灯和注意灯。

- MASTER WARN（主警告）灯闪，红色，表示警告。
- MASTER CAUT（主注意）灯闪，琥珀色，表示注意。

2.4 电子飞行仪表系统的控制和显示

电子飞行仪表系统的控制包括 EFIS 控制板和 EFIS 转换板。EFIS 的显示包括主飞行显示器和导航显示器的显示。

2.4.1 EFIS 控制板

EFIS 控制板分为 PFD 控制部分和 ND 控制部分,控制显示内容、显示方式、显示范围等。如图 2.19 和图 2.20 所示,左边是 PFD 控制部分,右边是 ND 控制部分。

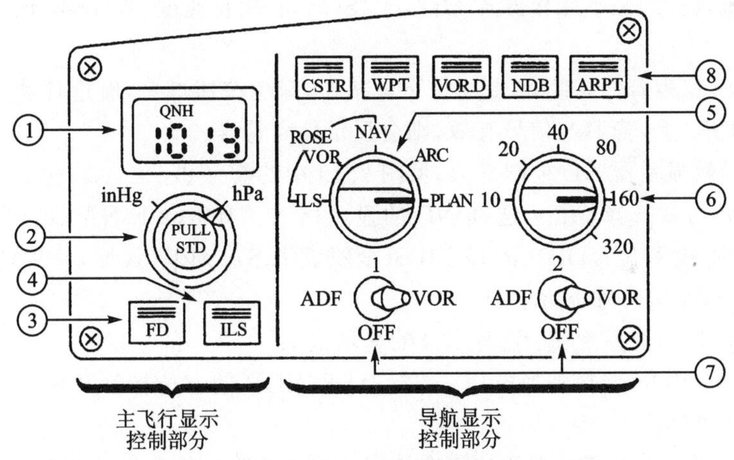

图 2.19 EFIS 控制板

图 2.20 EFIS 控制板位置

左边 PFD 控制部分，见图 2.19 中的①～④：

① 气压基准选择窗：显示选择的基准气压值，范围 745～1 050 (hPa)。

② 气压基准选择钮：外圈旋钮用来选择在气压基准窗中显示的气压测量单位，单位为百帕(hPa)或英寸汞柱(inHg)；内圈旋钮可在气压基准窗显示所选择的参考值，并且在 PFD 上高度刻度下方也显示该参考值。在启动 FCU 时，选择基准气压值显示单位，根据所选的单位显示 1 013 hPa 或 29.9 inHg，在 PFD 上显示“STD”。

③ FD(飞行指引仪)按钮：按下该按钮，绿色按钮灯亮，飞行指引杆在相关的 PFD 上显示。再按一次，按钮灯灭，飞行指引杆在相应的 PFD 上消失。

可获得两个完全不同的飞行指引方式，每个方式都有独特符号。显示的符号相当于飞行员选择的基本操作方式 HDG V/S(航向-垂直速度)或 TRK FPA(航迹-飞行航径角)。

④ ILS(仪表着陆系统)按钮：按下该按钮，绿色按钮灯亮，航道杆和下滑道刻度会显示在 PFD 上，若 ILS 信号有效，则会显示偏离符号。

右边导航显示器 ND 控制部分，见图 2.19 中的⑤～⑧：

⑤ 显示方式选择旋钮：选择 ND 的显示格式。有 ROSE NAV(全罗盘导航)、ROSE VOR(全罗盘 VOR)、ROSE ILS(全罗盘 ILS)、ARC(弧形)、PLAN(计划)和 ENG(发动机备用)6 种显示方式。

⑥ 显示范围选择旋钮：选择 ND 的显示范围。

⑦ ADF/VOR 选择转换电门：选择 ADF/VOR 的方位指针及相应的导航源信息显示在相关 ND 上。

⑧ 数据库显示按钮：按压这 5 个按钮可使一些附加信息显示在 ND 上。这 5 个按钮均为带灯按钮，按下，灯亮。可单选、多选或不选。按下 ARPT、NDB、VOR/DME、WPT 、CSTR 按钮，可在 ND 上显示不在飞行计划之列，但在导航数据库内，且在显示范围以内的机场、NDB 台、VOR/DME 台、航路点和航路点的限制数据。

2.4.2 EFIS 转换板

EFIS 转换板有两块，分别供正副驾驶使用，如图 2.21 和图 2.22 所示。

① EFIS DMC 选择器：用来选择由哪一个 DMC 向本侧的 EFIS 送信号。都置于 NORM 位时，DMC1 向机长的 PFD 和 ND 送信号，DMC2 向副驾的 PFD 和 ND 送信号，DMC3 为备用。若 DMC1 失效，则可将左座的选择器转至 2 或 3；同样，若 DMC2 失效，则可将右座的选择器转至 1 或 3，选择另外的 DMC。

② PFD/ND 显示转换按钮：每按一次该按钮，PFD 和 ND 上的显示图像互换。

③ PFD 和 ND 亮度调节按钮：调节 PFD 和 ND 的显示亮度。

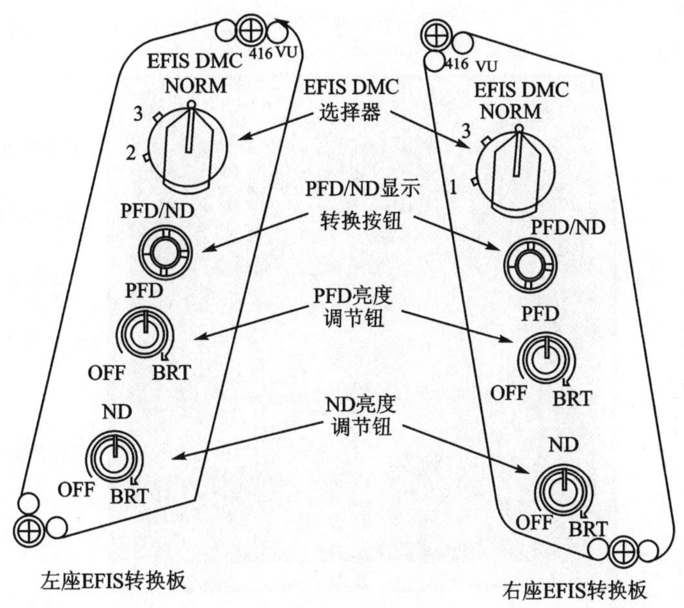

图 2.21 EFIS 转换板

图 2.22 EFIS 转换板位置

2.4.3 EFIS 的显示

1. 主飞行显示器 PFD 的显示

主飞行显示器上的显示内容如图 2.23 所示。

飞行方式通告牌
SPEED
ALT
HDG
CAT 2
DH 100
AP1
横滚刻度
横滚指针
速度带
气压高度带
升降速度带
飞机符号
俯仰刻度
气压基准数据
盲降频率
DME信息
航向刻度
无线电高度
280
260
240
220
20
10
230
9
10
12

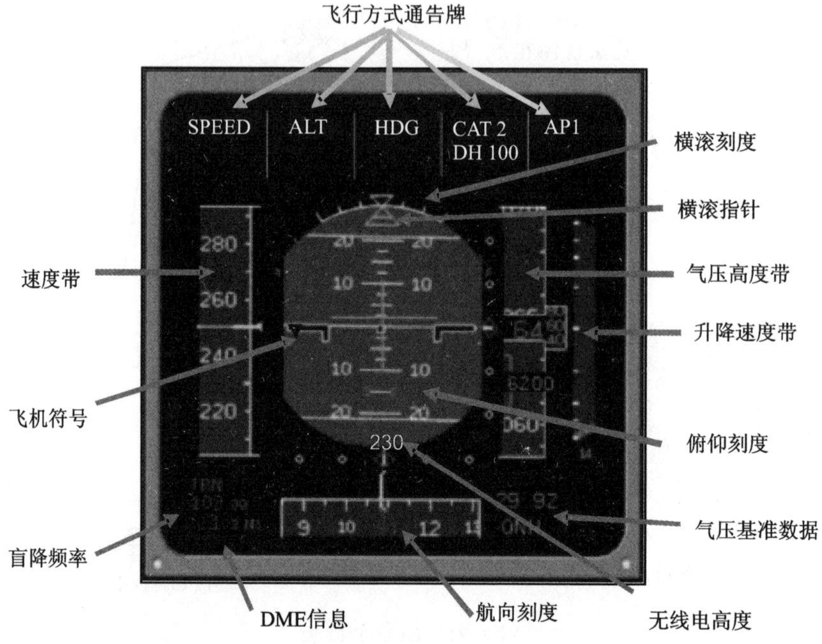

图 2.23　PFD 的显示

PFD 的主要功能是显示飞机的姿态和姿态指引、空速、高度(气压高度及无线电高度)及垂直速度、航向及航迹、飞行管理制导系统(FMGS)飞行方式通告牌、垂直速度和横向偏差、无线电导航信息,还可显示一些附加信息,如图 2.24 所示。

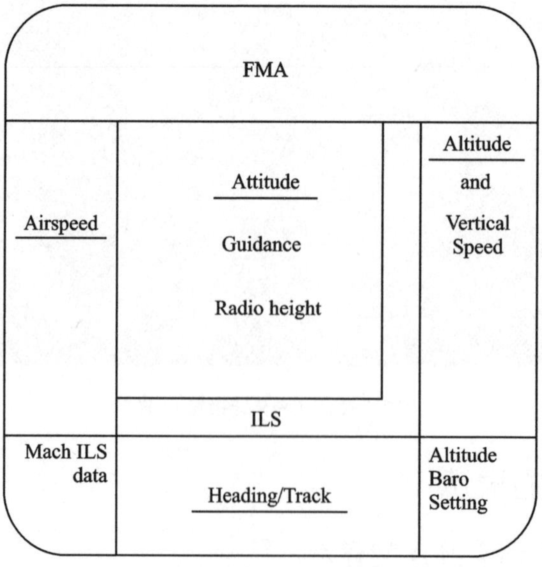

FMA
Airspeed
Attitude
Guidance
Radio height
Altitude
and
Vertical
Speed
ILS
Mach ILS
data
Heading/Track
Altitude
Baro
Setting

图 2.24　PFD 的内容显示区域

(1) 特定的地面指令

PFD 的特定的地面指令如图 2.25 所示。

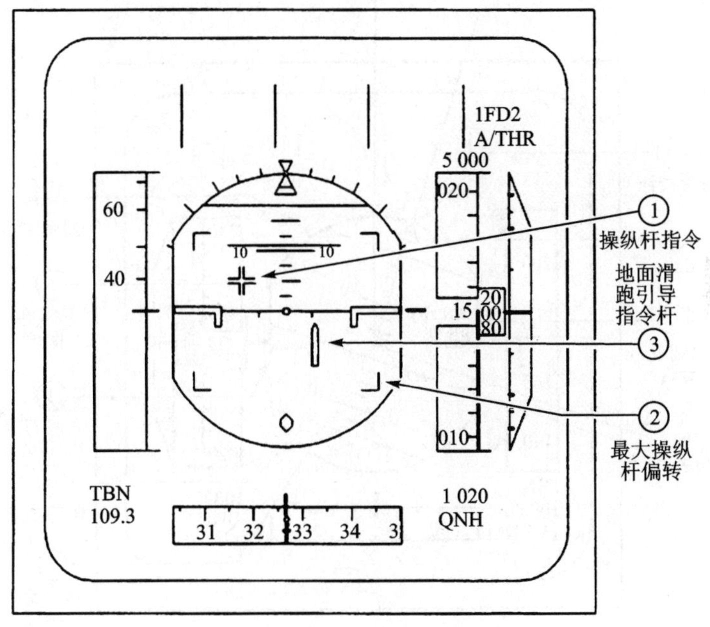

图 2.25 PFD 的特定的地面指令

① 操纵杆指令(白色):在地面启动第一台发动机后显示。指示机长/副驾驶叠加的操纵杆指令(左机翼向下,机头上仰)。

② 最大操纵杆偏转(白色):在地面启动第一台发动机后显示。

③ 地面滑跑引导指令杆(绿色):只要航道信号可用,飞机在地面或低于 30 ft 无线电高度时显示此符号。它表示指引仪边行指令,以保持跑道中心线。

(2) 姿态数据

PFD 上的圆形区域显示飞机姿态数据,如图 2.26 所示。

① 圆形区域中心两个固定的飞机符号:颜色为黑色、轮廓为黄色,如果机组选择 TRK-FPA,则黄色轮廓变暗。

② 横滚刻度:坡度为 0°、10°、20°、30°和 45°的白色刻度盘。

③ 横滚指针(黄色△):该指针指示坡度角,当坡度角超过 45°时,除姿态、速度、航向、高度和升降速度外,所有 PFD 符号消失;当坡度减少至 40°以下时,该指示恢复正常。

④ 中心白色刻度:表示俯仰刻度,上仰 80°和下俯 80°之间每 10°为一刻度(在下俯 10°及上仰 30°之间递增刻度为 2.5°)。当俯仰角大于上仰 25°或下俯 13°时,所有 PFD 符号除姿态、速度、速度趋势、航向、高度及升降速度外都消失。超过 30°,出现红色大箭头(V 形)指示过渡的姿态以及需要跟随的方向以减小姿态。当俯仰角小

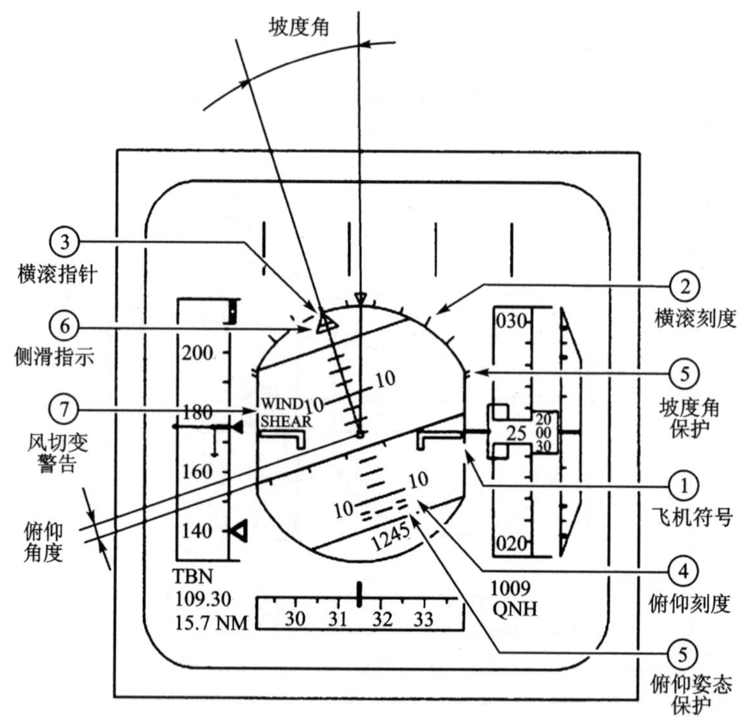

图 2.26　PFD 的姿态数据显示

于上仰 22°或下俯 10°时，显示恢复正常。

⑤ 飞行操纵保护符号：在横滚刻度±67°的位置处出现坡度指示，为绿色符号；在俯仰刻度下俯 15°或上仰 30°的位置处出现俯仰姿态极限指示，为绿色符号。若相应的保护失去，则琥珀色“×”符号代替以上符号。

⑥ 侧滑指示标：侧滑指示梯形标在横滚表下方移动。它表示飞机在地面时的横向加速和飞行中的侧滑指示，1 cm 的偏转指示 0.2 g。侧滑指示在 0.3 时达到止动点。若起飞或复飞时发动机失效，则侧滑标由黄变蓝。在一些特定情况下，侧滑标也可由黄变蓝。

⑦ 风切变警告。

(3) 空速带(速度带)

PFD 的左边为速度带。数据来自大气数据计算机，在速度带上，指针不动，速度带滚动。速度带上，除显示飞机的空速外，还可以显示起飞时的 V_1、V_R，指令速度、最小机动速度、抖杆速度、最大速度、襟翼标牌限制速度、起落架放下时的最大空速限制和着陆时的基准速度 V_{ref} 等。

PFD 的空速带显示 1 如图 2.27 所示。

① 实际空速基准线及刻度：实际空速由灰色背景上的白色刻度指示。该白色刻度在一条固定的黄色基准线前移动，基准线旁有一个黄色三角形。空速指示从

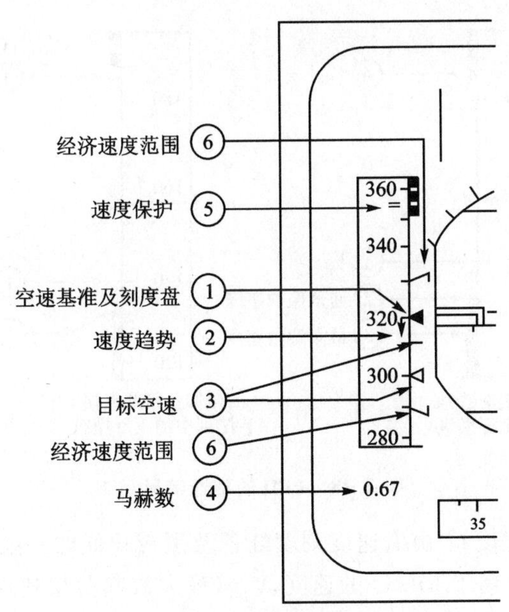

图 2.27　PFD 的空速带显示 1

30 nmile/h 开始。

② 速度趋势(黄色)：指针从速度符号开始，若加速度保持恒定，则箭头的末端给出 10 s 后获得的加速度值。这个箭头只有当大于 2 nmile/h 时才出现，并且在小于 1 nmile/h 时消失。在 FAC(飞行增稳计算机)失效时，箭头消失。

③ 目标空速(洋红色或蓝色)：这个符号给出目标空速值或相当于目标马赫数的空速。目标空速值由 FMGC 计算(洋红色)，或在选择空速方式中由人工在 FCU 上调置(蓝色)。与经济速度范围相关时，目标速度为(=)洋红色或蓝色。当超出刻度值时，目标空速值在速度刻度范围上方或下方以数字显示。

④ 马赫数(绿色)：当速度为 0.5 马赫时出现。

⑤ 超速保护符号(绿色)：该符号显示速度(VMO＋6 nmile/h 或 MMO＋0.01 nmile/h)，达到该值时，超速保护启动。

⑥ 经济速度范围(洋红色)：在下降方式使用 ECON/AUTO(经济/自动)速度方式中，选择的速度符号由两个半块三角形代替，表示由 FMGC 计算的上限及下限。

PFD 的空速带显示 2 如图 2.28 所示。

① 最小可选速度(V_{LS})：由沿着速度刻度的琥珀色带的顶部标定。V_{LS} 是合适的失速域时的最小可选速度，V_{LS} 信息在接地至离地后 10 s 内受抑制。

② 迎角保护速度：由沿着速度刻度的黑色及琥珀色带的顶部标定。它表示相应于迎角保护开始工作时迎角的速度。在俯仰正常法则时显示。

③ 迎角最大速度：由沿着速度刻度红带的顶部标定。它表示相应于迎角正常法则中最大迎角的速度。在俯仰正常法则时显示。

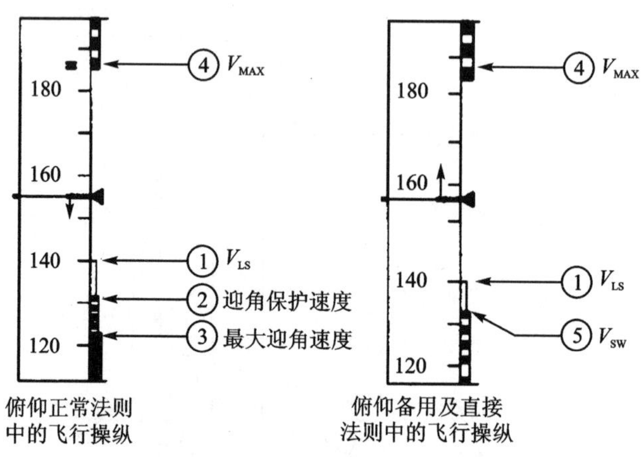

图 2.28　PFD 的空速带显示 2

④ V_{MAX}(最大速度)：由沿速度刻度红带及黑带较低的一端标定。V_{MAX} 代表下列最低值：V_{MO} 或相当于 MMO 的速度，V_{LE}(最大放起落架速度)，V_{FE}(最大放襟翼速度)。

⑤ 失速警告(V_{SW})：由沿速度刻度红色及黑色的顶部标定。它代表于相应失速警告的速度，V_{SW} 信息从接地至离地后 5 s 被抑制。俯仰备用或俯仰直接法则时显示。

PFD 的空速带显示 3 如图 2.29 所示。

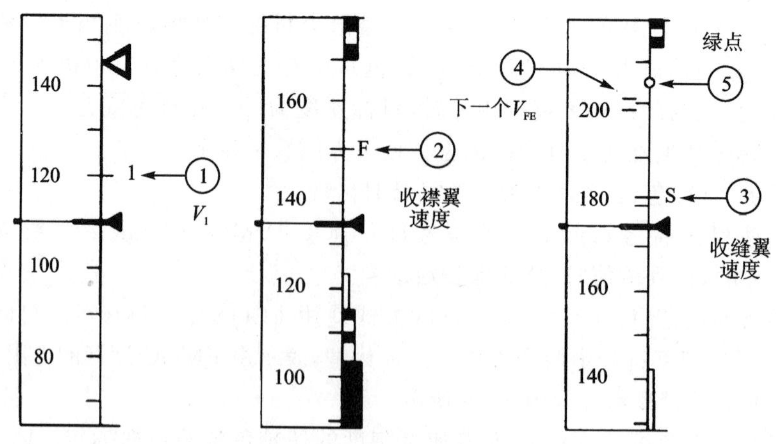

图 2.29　PFD 的空速带显示 3

起飞降落阶段显示信息：

① 决断速度(V_1)：蓝色符号数字 1，由机组通过 MCD 人工输入。当超出指示范围时，它在刻度上部以数字方式显示。离地后消失。

② 最小收襟翼速度：符号是绿色字母 F,当襟翼选择在位置 3 或 2 时显示。

③ 最小收缝翼速度：符号是绿色字母 S,当襟翼选择在位置 1 时显示。

④ 下一个 V_{FE}：相当于下一个襟翼手柄的 V_{FE}(最大的放襟翼速度),符号是琥珀色"="。当高度低于 15 000 ft 或 20 000 ft 时显示。

⑤ 绿点：光洁机身的单发飞行速度,在光洁机身飞行中该绿点符号出现,代表相应于最佳升阻比的速度。

(4) 高度带和升降速度带

PFD 的右边为飞机的气压高度和升降速度带。PFD 的高度带显示如图 2. 30 所示。

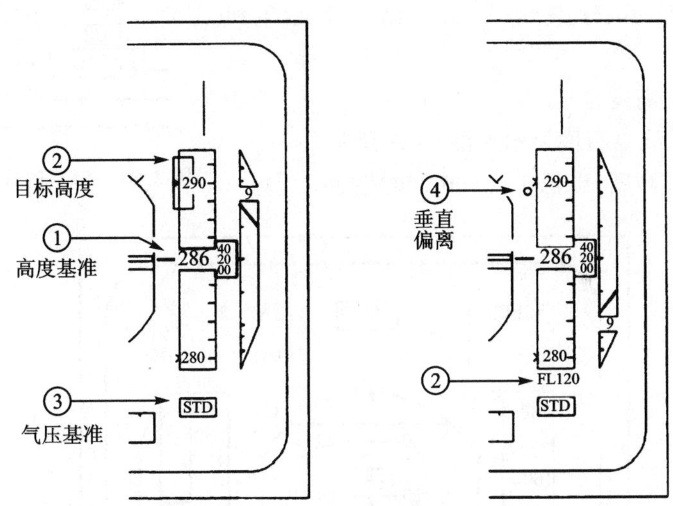

图 2. 30　PFD 的高度带显示

① 高度指示：在高度显示带中主要以颜色区分不同的高度值。正常情况下,显示带以灰色背景显示,白色移动刻度和高度窗中的绿色数字都能指示高度。NEG(负)出现在窗口中表示负高度值。若飞机偏离 FCU 选定的高度/高度层,则高度层会由黄色变为琥珀色。在接近输入到 FMGS 的 MDA(最低下降高度)的过程中,高度数值由绿色变为琥珀色(表明飞机低于 MDA)。

② 目标高度：目标高度或选择的高度层符号用蓝色表示。若目标高度或高度层值在刻度上,则此符号数值显示在该符号内。若不在刻度上,则符号不显示且数值显示在刻度上方或下方。当 FMGC 在垂直管理方式并且该符号以洋红色显示时,表示 FMGC 将遵循飞行计划高度限制。

③ 气压基准符号 STD 或 QNH 单位为百帕或英寸汞柱。当飞行员选定的值不正确时,该值闪动(爬升时在过渡高度以上未选择 STD(标准)或者在低于过渡高度层或 2 500 ft 无线电高度),进近时如果不能获得过渡高度层,则仍显示 STD。

④ 垂直偏离(洋红色符号)：此符号显示在 FMGC 计算的理论垂直剖面所对应

的高度旁边。它从下降定点一直到最终截获高度都显示。飞行员可以从高度上直接读出 VDEV，范围为±500 ft，如果 VDEV 超过±500 ft，则符号停留在范围最顶端，而精确的值显示在进程页面中。

1）公制高度指示

如果在 FCU 上选择的是公制高度基准，则 PFD 上会增加 2 个符号显示，如图 2.31 所示。

① 目标高度或选择的高度层（红色或蓝色）：显示公制的选择高度。

② 高度指示（绿色）：显示公制的实际飞机高度。

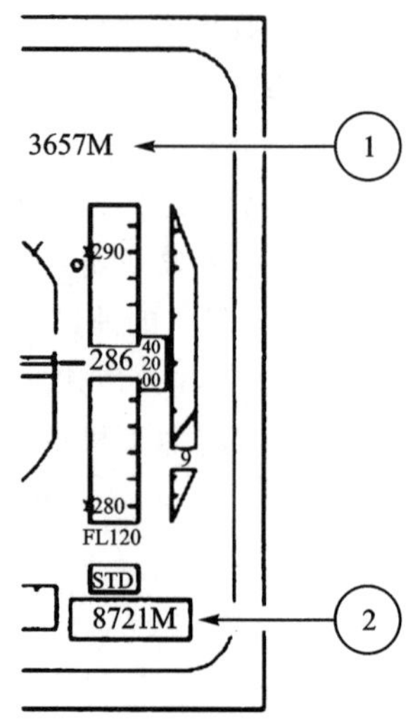

图 2.31　PFD 的公制高度显示

2）无线电高度显示

PFD 的无线电高度显示如图 2.32 所示。

① 无线电高度，当低于 2 500 ft 时显示。

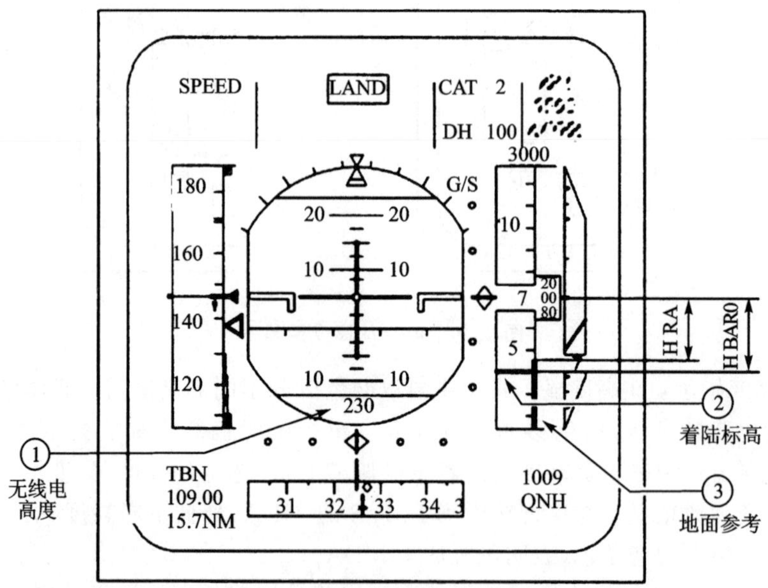

图 2.32　PFD 的无线电高度显示

若已经输入 DH(决断高度)，则下列方式显示无线电高度：

- 当 DH＋100 ft＜无线电高度＜2 500 ft 时为绿色。
- 当无线电高度＜DH＋100 ft 时为琥珀色。

若没有 DH(决断高度)或在两部 FMGC 失效情况下：

- 当 400 ft＜无线电高度＜2 500 ft 时为绿色。

● 当无线电高度＜400 ft时为琥珀色。

50 ft以上,无线电高度每10 ft变化一次;10 ft以上,每5 ft变化一次;10 ft以下,每1 ft变化一次。

② 着陆标高(蓝色):在高度刻度上的水平杆表示飞行计划中目的地机场的着陆标高。

在飞行阶段7和8(着陆抑制阶段)及若选定QNH基准方式时显示。

③ 地面参考:在高度刻度右边有一条红带,它代表地面标高。这条带由无线电高度表信号启动并且在低于570 ft时显示。在飞机下降时,它与姿态球的下部线条一样,都随高度刻度向上移动。当飞机接地时,这条带的顶部处于高度窗中间。

(5) 升降速度带

升降速度带显示的信息通常来自惯导和气压数据。若无法获得惯导数据,则自动用气压信息代替。在这种情况下,速度窗的数值变为琥珀色。PFD的升降速度带显示如图2.33所示。

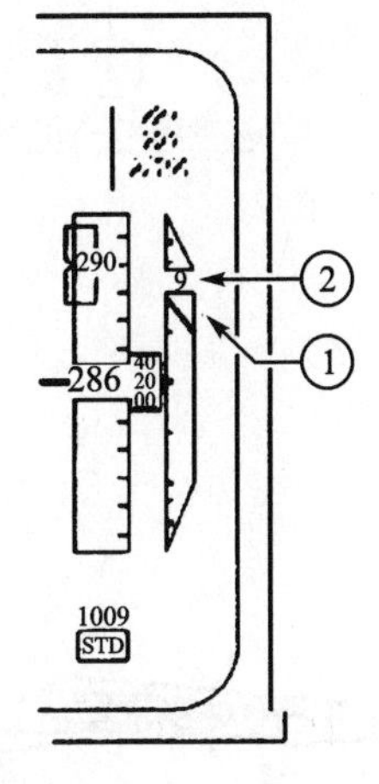

图2.33 PFD的升降速度带显示

① 模拟指针:该指针通常为绿色,它指向显示在灰色背景上的白色垂直速度刻度,且指示刻度为500 ft/min。若升降速度＞6 000 ft/min,则指针位于刻度的端部。

② 数字指示:该指示通常为绿色(单位为ft/min)。若升降速度低于200 ft/min,则指示消失。模拟指针和数字指示在下列特定的情况下为琥珀色:

● 垂直速度＞6 000 ft/min(爬升或下降)。

● 下降过程中1 000 ft＜无线电高度＜2 500 ft时,垂直速度＞2 000 ft/min。

● 下降过程中无线电高度＜1 000 ft时,垂直速度＞1 200 ft/min。

(6) 航向刻度显示

PFD下方为飞机的航向刻度,如图2.34所示。

① 显示实际磁航向:航向基准线及刻度由灰色背景的白色刻度指示,并在一条固定的黄色基准线前移动。当显示的是真航向而不是磁航线时,显示“TRU”(高于北纬73°或低于南纬60°)。

② 选择的航向或航迹指针(蓝色):该指针指示FCU上的HDG/TRK窗显示的航向或航迹。当选定的值超出刻度范围时,航线或航迹标由在刻度左边或右边的数字代替。若飞行指引按钮在OFF(关)位,则每10°另一个航向及航迹符号就显示在地平线上。

③ 实际航迹及符号为绿色小菱形◇。

PFD的飞行航径矢量(FPV)显示如图2.35所示。

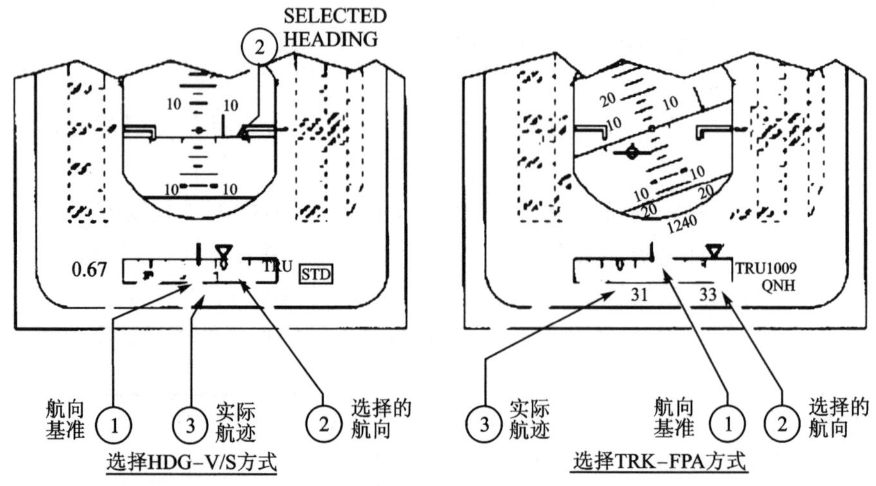

图 2.34　PFD 的航向刻度显示

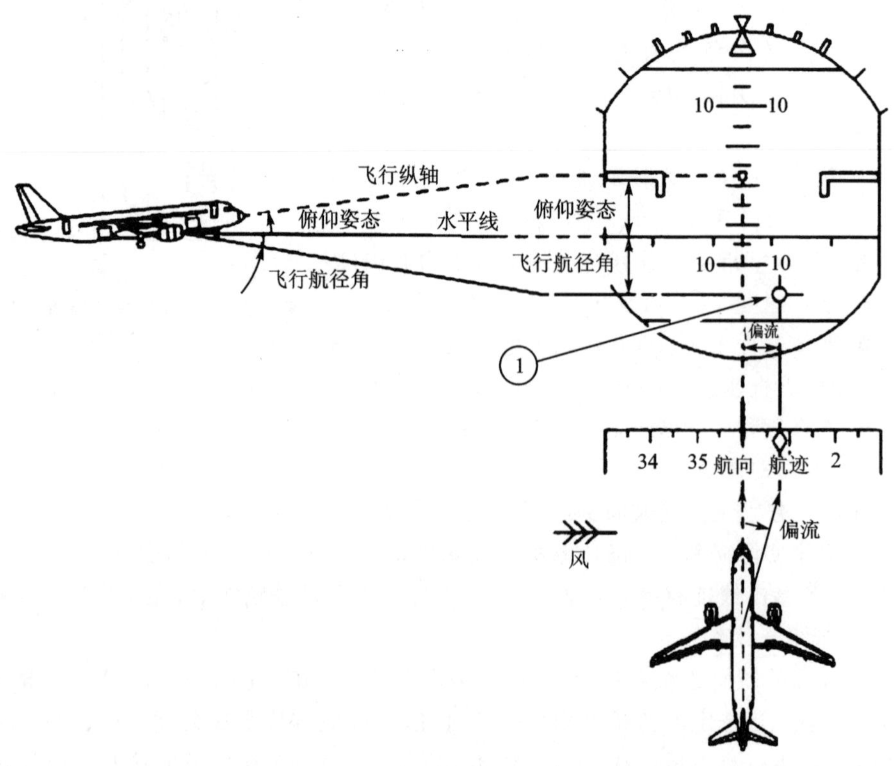

图 2.35　PFD 的飞行航径矢量(FPV)显示

① 飞行航径矢量(FPV)：在 FCU 上选择 TRK/FPA 时显示此符号。飞行航径矢量表示相对于地面的水平和垂直轨迹。换句话说：在水平刻度上，它表示飞机当

时的航迹；在垂直刻度上，它表示飞机当时的飞行行径角。

如图 2.35 所示，飞机的航迹为 009（航向 360°，西风）以 −7.5°的飞行航径角下降。

（7）飞行方式警告牌

PFD 的上方为飞行方式警告牌，如图 2.36 所示。主要显示飞行管理计算机系统（FMCS）操作、图标和信息内容，用于通告自动油门 AT 机、自动飞行指引系统的飞行方式，共 3 行，有自动油门操作方式、自动驾驶/飞行指引操纵方式、自动驾驶/飞行指引横向方式、近进能力（DH MDA）、自动驾驶（飞行指引、自动油门）方式接通状态。

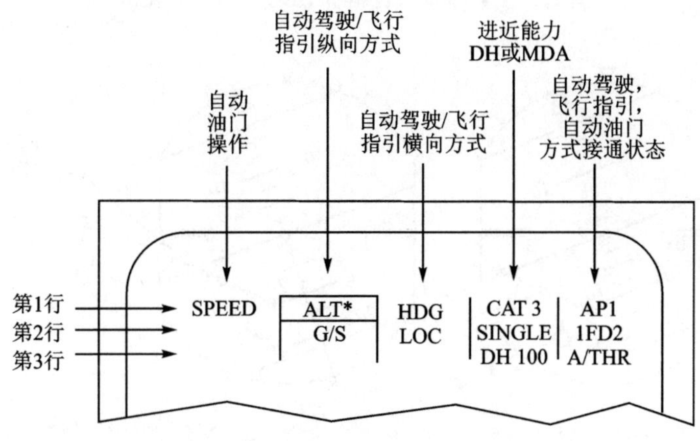

图 2.36　PFD 的飞行方式警告牌

（8）飞行指引

控制板上有 FD（飞行指引仪）按钮。按下该按钮，绿色按钮灯亮，飞行指引杆在相关的 PFD 上显示。再按一次，按钮灯灭，飞行指引杆在相应的 PFD 上消失。

可获得两个完全不同的飞行指引方式，每个方式都有独特的符号。显示符号相当于飞行员选择的基本操作方式 HDG V/S（航向-垂直速度）或 TRK FPA（航迹-飞行航径角）。

① 如果 HDG V/S（航向-垂直速度）选为基本方式，俯仰杆及横滚杆以绿色显示。在接地滑跑方式时俯仰和横滚杆自动消失。在 AP 或 FD 第一次接通时，若可获得航道杆信号，则在 30 ft 无线电高度下偏航杆以绿色显示。PFD 的飞行指引 HDG V/S 方式显示如图 2.37 所示。

② 如果 TRK FPA（航迹-飞行航径角）选为基本方式，飞行航径矢量和飞行航径指引仪符号以绿色显示。惯性飞行航径矢量在定义飞机水平和垂直航迹时考虑风的影响。相应的飞行航径指引符号提供引导，以获得垂直和水平飞行航径目标。PFD 的飞行指引 TRK FPA 方式显示如图 2.38 所示。

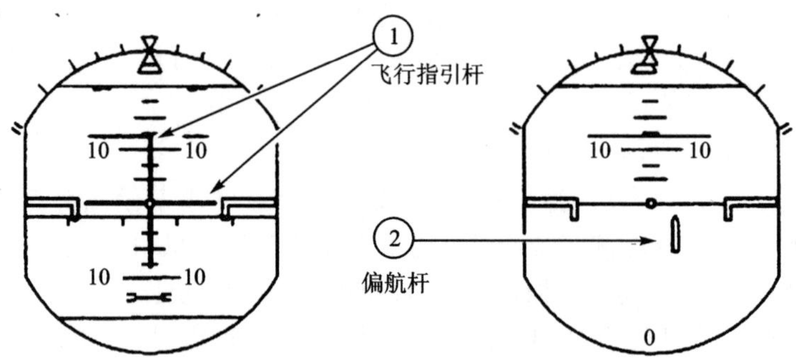

图 2.37　PFD 的飞行指引 HDG V/S 方式显示

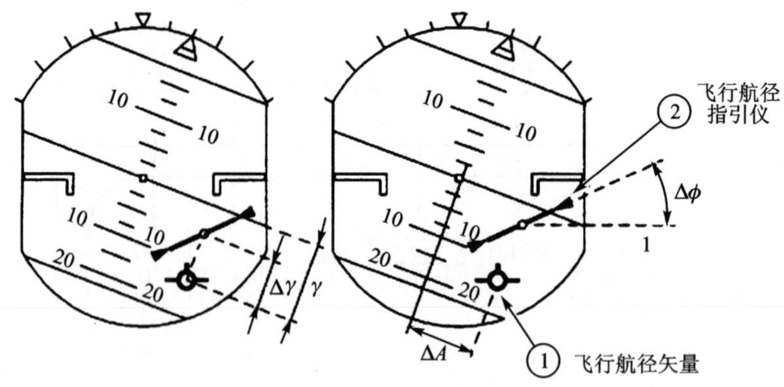

γ—飞行航径角；ΔA—偏流角；Δγ—指令的飞行航径角与实际的差别；Δϕ—指令的横滚角与实际的差别

图 2.38　PFD 的飞行指引 TRK FPA 方式显示

(9) ILS 近进

PFD 的 ILS 近进显示如图 2.39 所示。

当按下 EFIS 控制板上的 ILS 按钮时：

① 在姿态显示区的下面将显示 LOC(航道杆)偏离刻度及指针，航道刻度一个点代表±0.8°的偏离。

② 右面将显示下滑道偏离刻度及指针，下滑道偏离刻度一个点代表±0.4°的偏离。

洋红色菱形◇为刻度偏离指标，若出现偏离，则符号会闪烁，当偏离指针超出显示范围时，只有半个符号显示在刻度末端。

PFD 的 ILS 近进信息显示如图 2.40 所示。

① ILS 信息(洋红色)。当 ILS 频率及航道选定且按下 ILS 按钮时，下列信息将出现在 PFD 上：

- 由 ILS 接收机解码的 ILS 识别码；
- ILS 频率；

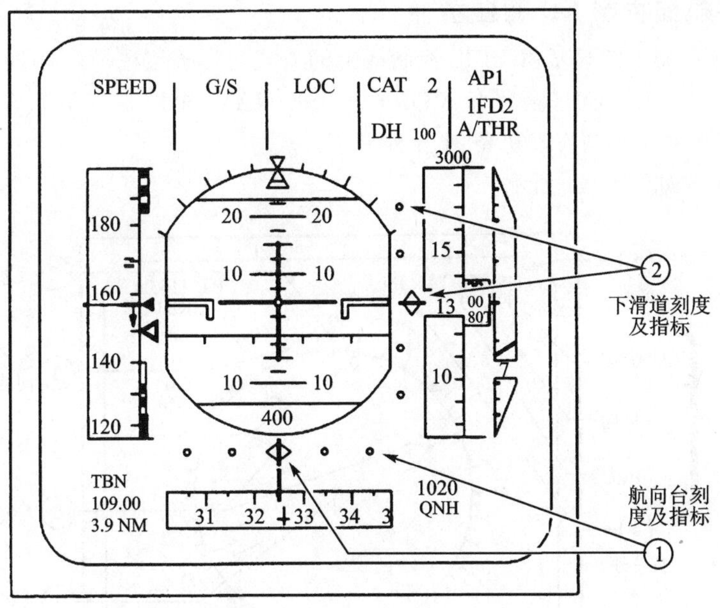

图 2.39 PFD 的 ILS 近进显示

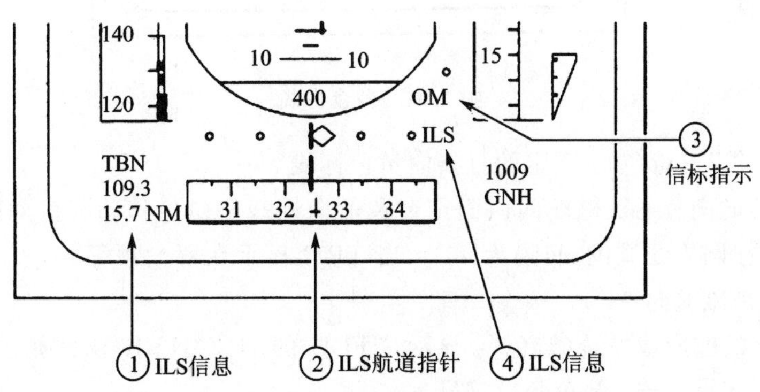

图 2.40 PFD 的 ILS 近进信息显示

● 若配有一个 DME(测距仪),则显示 DME 的距离。

② ILS 航道指针(洋红色)。当 ILS 频率及航道选定且按下 ILS 按钮时,出现在 PFD 上由显示在航线刻度上的短形剑符号表示。如果在显示范围之外,则由刻度左侧或右侧的 ILS 航道数字代替(洋红色)。

③ 信标指示。飞机飞过远台时,蓝色的 OM(远指点标)出现。飞机飞过中台时,琥珀色的 MM(中指点标)出现。飞机飞过一个航路信标台或近台时,白色的 AYW(近指点标)出现。

④ ILS 信息。当 APPR(近进)在预位方式而未选择 ILS 时,ILS 闪琥珀色。

2. 导航显示器 ND 的显示

导航显示器上的显示由 EFIS 控制板上的方式选择按钮选择。有 ROSE ILS(全罗盘 ILS)、ROSE VOR(全罗盘 VOR)、ROSE NAV(全罗盘导航)、ARC(弧形)、PLAN(计划)和 ENG(发动机备用)6 种显示方式。

罗盘方式如图 2.41 所示。

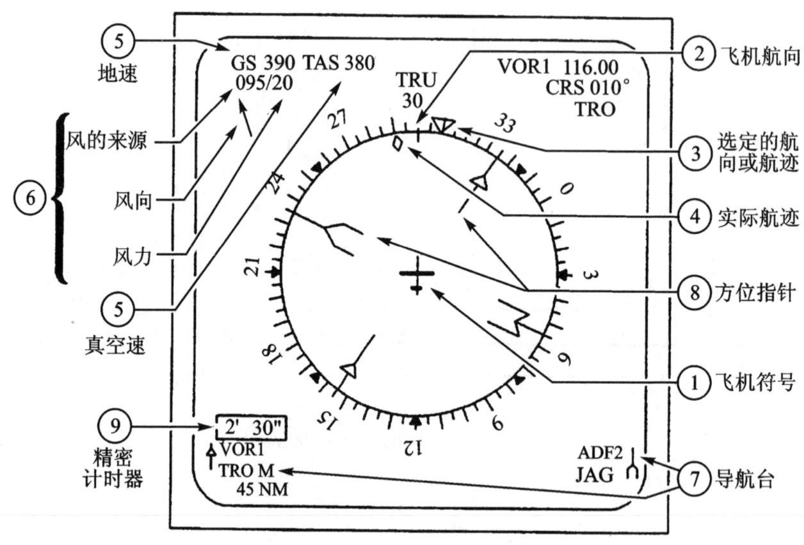

图 2.41　罗盘方式

① 飞机符号(黄色):固定的且指向黄色标线。

② 飞机航向:飞机磁航向由固定黄色航向标线和白色移动罗盘刻度给出。小白三角固定在圆周线周围,间隔为 45°。当 TRU 显示在罗盘顶部时,表示显示的是真航向而不是磁航向。

③ 选定的航向或航迹(蓝色):显示在 FCU 的 HDG TRK 显示窗上指示的值。

④ 飞机实际航迹:绿色菱形符号。

⑤ 地速和真空速(绿色):飞机速度由 ADIRS(大气数据惯性基准系统)提供。

⑥ 风向和风速:由 ADIRS 给出。若选用真北,则以数字形式出现;若选用磁北,则以模拟形式出现(绿色箭头只有在风速大于 2 nmile/h 时才显示)。在没有收到风速风向时,相应的数字由虚线代替。

⑦ 导航设备:当 EFIS 控制板上的任一"ADF - OFF - VOR"选择电门放到 ADF 或 VOR 位时,下列相应的导航台特性就会显示在 ND 的适当位置上,VOR 为白色而 ADF 为绿色;左侧为 1 号接收机,右侧为 2 号接收机。

● 导航台类型(ADF 或 VOR)。

● 相应方位指针的形状和颜色。

- 导航台识别(或默认频率)。
- 若所选的 VOR ADF 台装有 DME,则显示 DME 距离。ADF 和 DME 距离从不会同时显示。
- 调谐方式:M 代表通过 MCDU 人工调谐的导航台;R 代表从无线电管理面板上调谐的导航台,由 FMGC 自动调谐,则无指示。

若没有收到信标,则相应的数据也就不再显示(但识别码及频率仍可显示)。

⑧ 方位指针(ADF 为绿色,VOR 为白色):当获得方位数据时出现指针,在收不到信标或接收机实效的情况下,相应的方位指针消失。

⑨ 精密计时器(白色):当同侧的精密时钟启动时出现数字,显示已飞过的时间。

⑩ 距离圈标志:在 EFIS 控制面板上所选的距离刻度值(10～320 nmile)控制 ND 刻度范围。

(1) 全罗盘 ILS(ROSE ILS)方式

全罗盘 ILS 方式如图 2.42 所示。

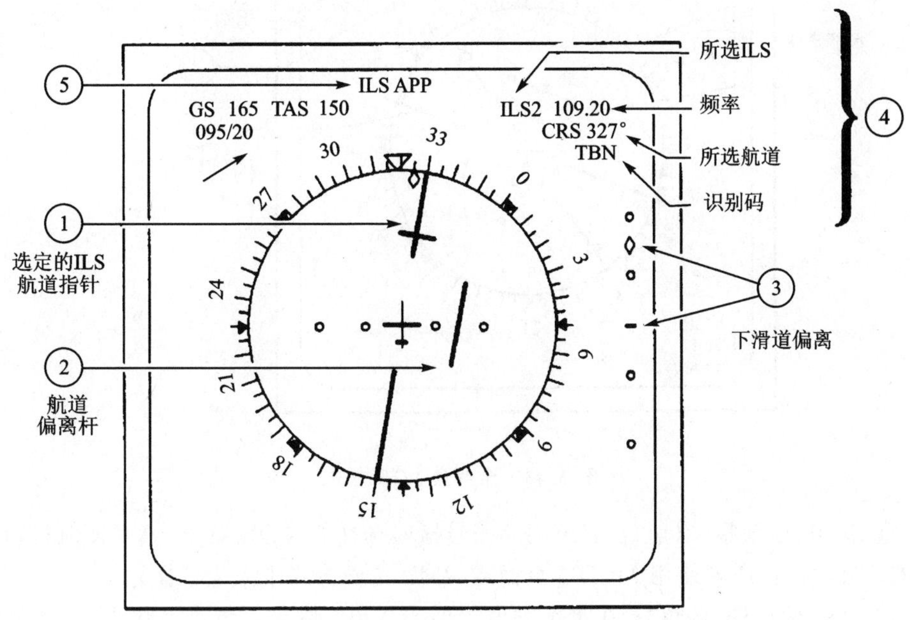

图 2.42　全罗盘 ILS 方式

① ILS 航道指针(洋红色):洋红色短剑形符号指向所选的 ILS 航道,用 FMGC(自动调谐或人工调谐)或备份方式的无线电管理板都可选择 ILS。若没有输入航道,则默认值为 360°。

② 航道偏离杆(洋红色):航道偏离杆相对于航道指针在刻度横向移动。它的

刻度包括零偏差左右任意边的两个点，每个点代表±0.8°的偏离。在高于 15 ft 无线电高度发生过渡偏离时，杆及刻度会闪亮。

③ 下滑道偏离（洋红色）：下滑道偏离符号在图形右边垂直刻度上移动，刻度由黄色参考线两侧各两个点组成，每个点代表±0.4°的偏离。在 100 ft 无线电高度以上时偏离一点，刻度和菱形符会闪亮。

④ 选择的 ILS 信息：图形右上角显示的是选择的 ILS 信息，如频率、航道、识别符及预计要到达的时间。

⑤ ILS APP（ILS 进近信息）（绿色）：在 ND 图形上方正中的绿色 ILS APP，是在 MCDU（多功能控制及显示组件）上选定了 ILS 进近时显示。

（2）全罗盘 VOR（ROSE VOR）方式

全罗盘 VOR 方式如图 2.43 所示。

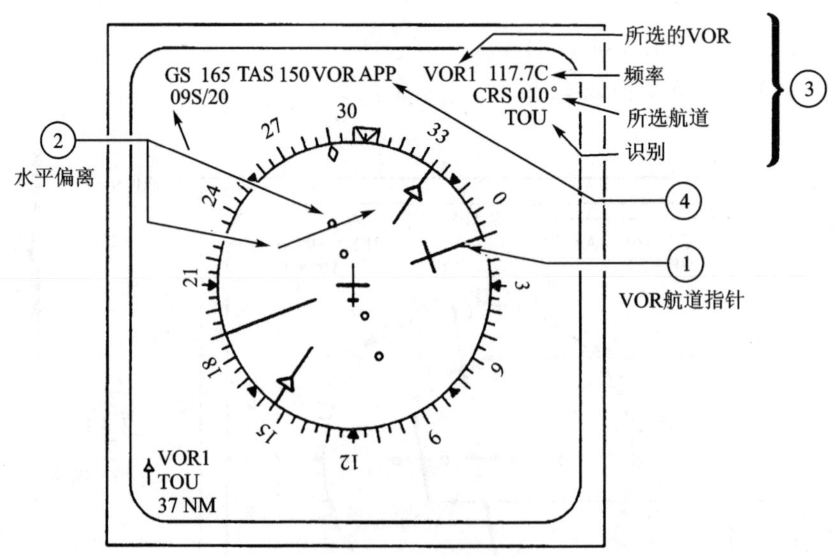

图 2.43 全罗盘 VOR 方式

① VOR 航道指针（蓝色）：短剑形符号指向选择的 VOR 航道。VOR 航道可由 FMGC 自动选择或者使用 MCDU 页面或 RMP 备份方式来人工选择。

② 水平偏离杆（蓝色）：在水平刻度上给出 VOR 偏离。每个点代表 5°，当水平偏离高于 10°时，杆仍在外侧点上显示。杆上的箭头给出 TO/FROM（向台/背台）指示。

③ VOR 信息（白色）：显示所选 VOR 的频率、航道以及识别（由接收机解码）。

④ VOR APP 或 GPS APP 信息（绿色）：当在 FMGS MCDU 上选择 VOR 近进时，显示 VOR APP；当选择 GPS 近进时，显示 GPS APP。

(3) 全罗盘导航(ROSE NAV)/弧线方式(ARC)方式

全罗盘导航方式(ROSE NAV)(见图 2.44)和弧线方式(ARC)(见图 2.45),给飞行员提供相同的信息,但在 ARC 方式限制前 90°扇区内的信息。图中环形虚线和数据为所选距离值。

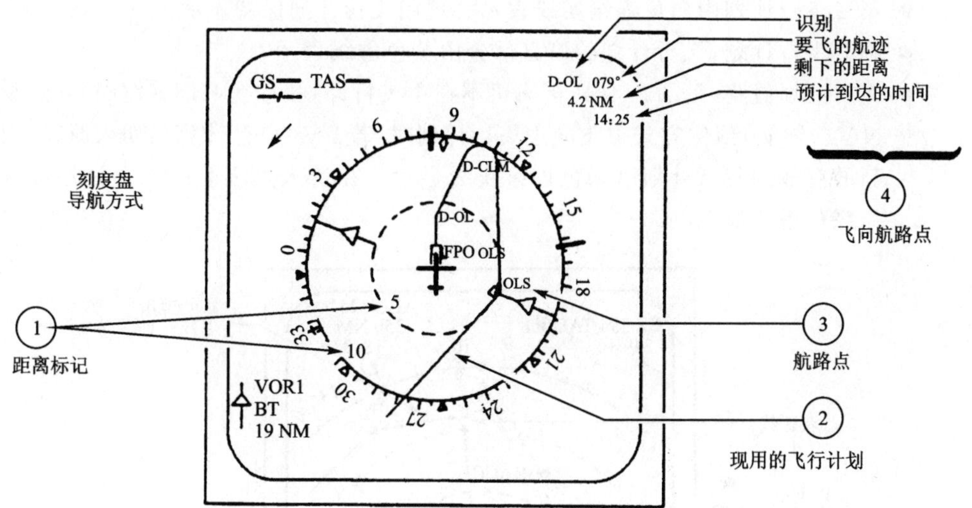

图 2.44　全罗盘导航方式

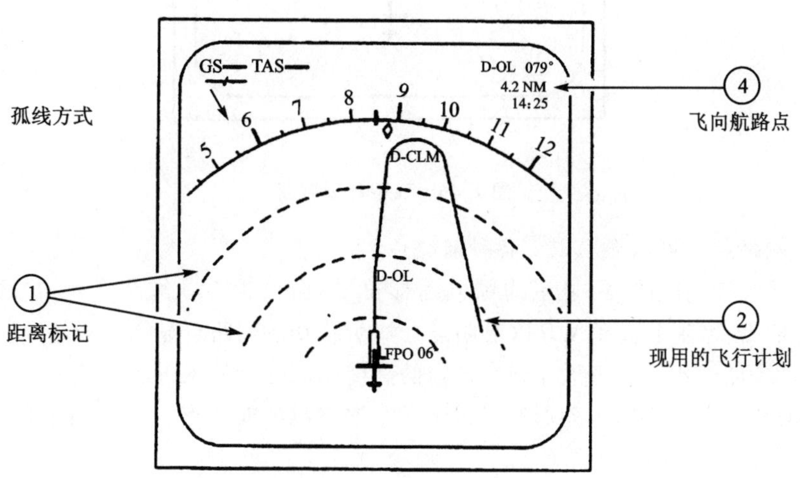

图 2.45　弧形放大方式

① 距离刻度及值。导航显示器上显示的刻度值有:

- 在 ROSE NAV 时,内环为所选距离的 1/4,航线刻度环为所选距离的 1/2。
- 在 ARC(弧线)方式中,第一内弧为所选距离的 1/4,第二内弧为所选距离的 1/2,第三内弧为所选距离的 3/4。

② 飞行计划。在 MCDU 选择显示不同类型的飞行计划：

- 现用飞行计划用连续的绿线表示(当导航方式接通时,飞机实际执行的飞行计划)。只显示飞机前方的飞行计划部分,同时显示的还有未飞越的航路点和 FROM 航路点,若主飞行计划非现用,则由绿色的虚线表示。
- 第二飞行计划由白色连续实线表示。现用飞行计划保持显示。
- 临时飞行计划,飞行计划的修订部分由黄色虚线表示。
- 飞行计划截获(见图 2.46),当飞机不在主飞行计划,且在 HDG(航向)方式及 NAV(导航)预位方式中飞向主飞行计划时,若 FMGC 已计算出切入航径,则新的有效的飞行计划以绿色连续实线显示。在切入点之前的飞行计划部分以绿色虚线显示。

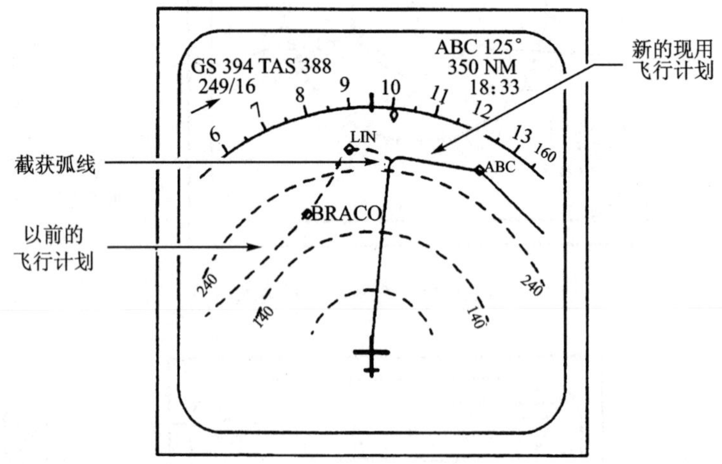

图 2.46　飞行计划截获

③ 航路点。可以显示以下各种航路点：

- 飞行计划航路点,显示为绿色菱形符号(白色为 TO 航路点)。当飞行员在 EFIS 控制上选择 WPT(航路点)时,所有其他航路点显示为洋红色。
- 虚拟航路点,飞机预计到达选定的高度或速度时的飞行航径点。

④ TO 航路点：白色菱形符号是下一个要飞越的航路点。PFD 右上角还显示：

- 航路点识别代码(白色)；
- 要飞的航迹(绿色)；
- 要飞的距离(绿色)；
- 预计要到达的时间(绿色),它是以飞机现在的位置到 TO 航路点的直飞距离以及当前地速推算出的。

(4) PLAN 方式

在 PLAN 方式,ND 上仅显示以真北为基准的飞行计划。计划方式如图 2.47

所示。

在真北方位图上以静态方式显示飞行计划航段。以地图基准点为中心，飞行员在 MCDU 上使用翻转键选择。地图基准点是显示在 MCDU F－PLN 页面第二行的航路点。它可以是现用航路点或飞行计划的其他航路点。

全部的飞行计划可以移动并在 PLAN 方式上显示。地图的比例是由距离选择钮选择的(外圈的直径相应于选择的距离)。在此方式中不能获得导航台数据特性及相应的方位指针。

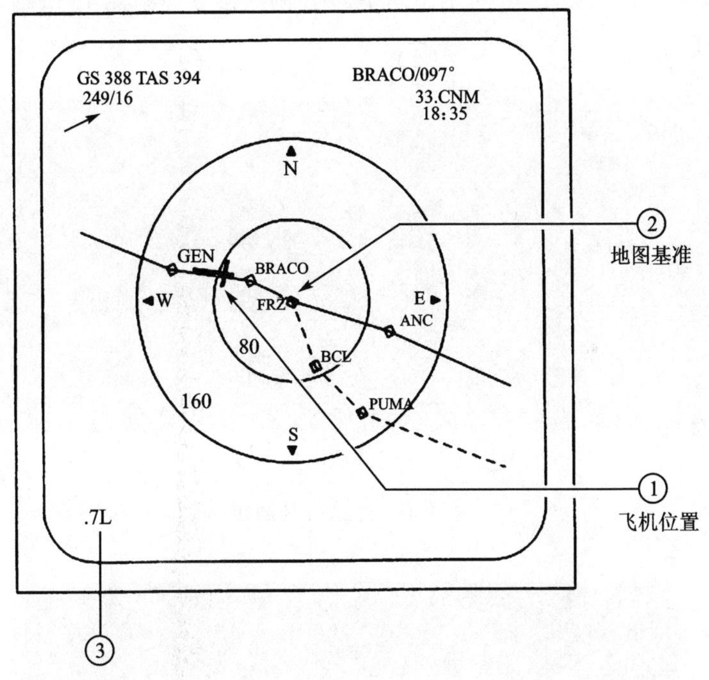

图 2.47　计划方式

① 飞机位置及真航迹：黄色的飞机符号方向总是指向飞机的真航迹。它的位置代表 FMGS 给出的飞机位置。

② 地图基准点。

③ 交叉航迹误差。

(5) ENG 方式

在 ENG 方式，ND 上显示发动机的主要参数，与 E/WD 上显示的参数相同，显示信息由 DMC 的 EFIS 部分提供。作为 ECAM 显示管理计算机完全失效的备用方式。

2.5 电子集中监控系统的控制和显示

电子集中监控系统(ECAM)的控制包括 ECAM 控制板和 ECAM 转换板。ECAM 的显示包括发动机/警告显示(E/WD)和系统/状态显示(S/D)的显示。

2.5.1 ECAM 控制板

ECAM 控制板如图 2.48 所示。ECAM 控制板位置如图 2.49 所示。

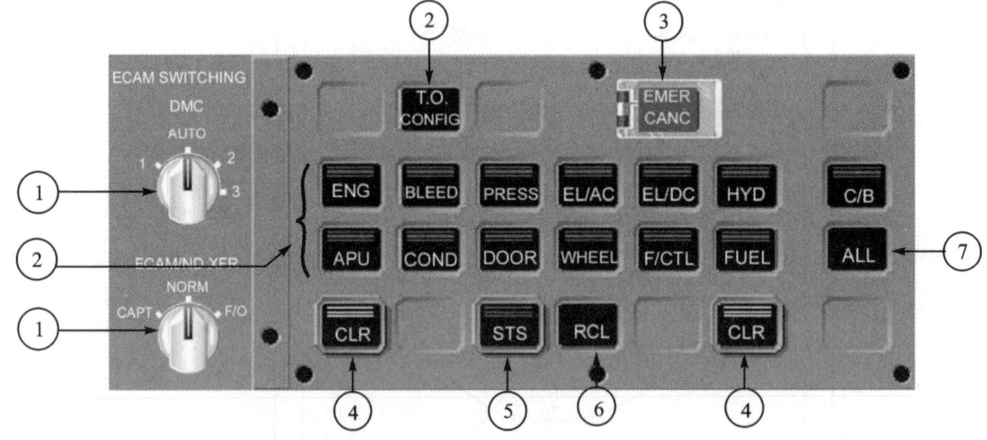

图 2.48　ECAM 控制板

图 2.49　ECAM 控制板位置

① 系统页面按钮：有 13 个系统页面按钮，用于人工选择 SD 的显示页面。按下某一按钮，按钮灯亮，再按一次，SD 上即显示对应的系统页面。13 个系统页面分别为 ENG(发动机次要参数)、BLEED(引气)、PRESS(座舱增压)、EL/AC(交流电源)、EL/DC(直流电源)、HYD(液压)、C/B(跳开关状态)、APU(辅助动力装置)、COND(空调)、DOOR(门与氧气)、WHEEL(起落架、机轮、刹车)、F/CTL(飞行操作)、FUEL(燃油)。

② 起飞状态(TO CONFIG)按钮：检查起飞前飞机形态。如果形态正确，则 E/WD 上显示“TO CONFIG NORMAL”。若飞机未处于起飞形态，则本测试将触发警告。

③ 应急取消(EMER CANCEL)按钮：取消警告和警戒的音响信息。

④ 清除(CLR)按钮：清除显示在 E/WD 下部的警告和警戒的音响信息。当 SD 上出现非正常系统页面时，按压该按钮，可使该页面消失，恢复到先前显示的页面。

⑤ 状态(STS)按钮：调出 SD 上的状态页，只要状态页面显示，此按钮灯即亮。若没有状态信息，则“NORMAL”字符在 SD 上显示 5 s。

⑥ 再现(RCL)按钮：再现被 CLR 按钮或飞行阶段自动抑制的警告或警戒信息。若没有警告或警戒信息，则“NORMAL”字符在 E/WD 上显示 5 s。

⑦ 全部(ALL)按钮：按下并保持，能使 13 个系统页面以 1 s 的间隔依次在 SD 上显示。此时，若需要显示某一页面，则只要在显示该页面时松开按钮即可。

2.5.2 ECAM 转换板

ECAM 转换板位置如图 2.50 所示。

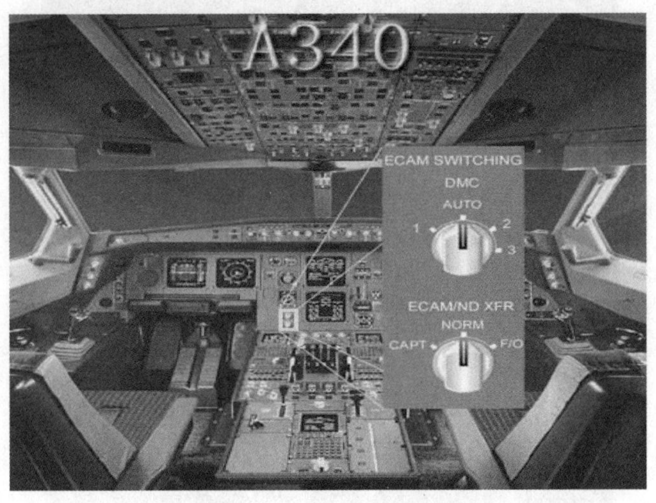

图 2.50 ECAM 转换板位置

① ECAM DMC 选择器：选择 ECAM DMC。在 AUTO 位，只有 ECAM DMC3 工作时，如果 ECAM DMC3 失效，则 ECAM DMC1 自动接替。在 1、2、3 位，所选的 ECAM DMC 工作，但没有自动接替能力。

② ECAM/ND 选择器：使 ECAM 的信息在左座或右座的 ND 上显示。

2.5.3 ECAM 的显示

ECAM 的显示有两个显示组件，包括发动机/警告显示(E/WD)和系统/状态显示(S/D)。两部 ECAM 显示组件使用颜色代码区别故障的重要性或指示情况。

- 红色：须立即采取行动的状态或故障。
- 琥珀色：须注意但不必立即采取行动的状态或故障。
- 绿色：正常工作状态。
- 白色：用于标题或执行程序的说明。
- 蓝色：要采取行动或限制。
- 洋红色：使用于特殊设备或特殊情况的特殊信息(如抑制信息)。

在警告出现时会有不同的音响声音给出提示。

1. 发动机及警告显示器(E/WD)

发动机及警告显示器划分为两个区：上部区显示发动机主要参数、燃油量、缝翼和襟翼位置；下部区用于显示警告、警戒信息和备忘录信息，如图 2.51 所示。警告和注意分为 3 个等级：3 级红色警告优先于 2 级琥珀色注意，而 2 级琥珀色注意优先于 1 级琥珀色注意。

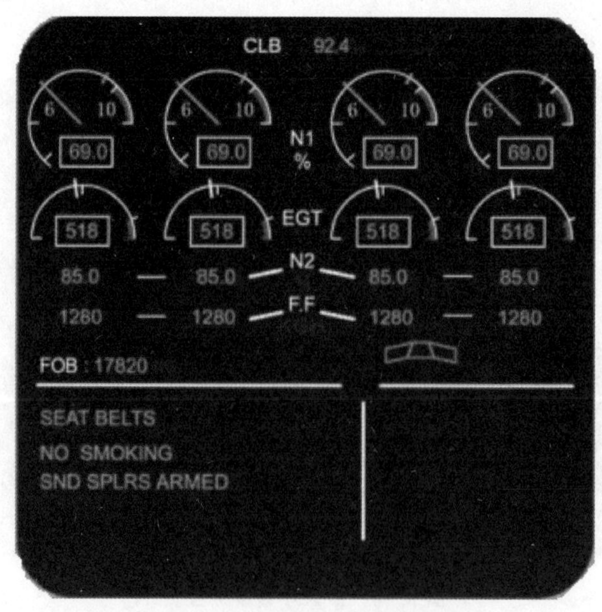

图 2.51 发动机及警告显示器 E/WD

① 左备忘录区：起飞或着陆备忘录、正常备忘录、独立的或主要的失效信息以及要采取的措施显示在左备忘录区。例如，当 1 号燃油泵压力低时，在左备忘录区显示“FUEL PUMP I LO PR”。同时显示应采取的措施“PUMP 1 …OFF”。一旦探测到失效信息，警告、警戒信息将取代备忘录信息。

② 右备忘录区：正常备忘录和次要的失效信息显示在右备忘录区。例如，一台发动机的防冰按钮接通时，右备忘录区显示信息“ENG A，ICE”。起飞着陆时，为避免分散驾驶员的注意力，大部分警告被抑制。例如，起飞时，第二台发动机设置为起飞功率，在 1 500 ft 高度以下，均显示信息“TO INHIB”(起飞抑制)。

2. 系统显示器 SD

系统显示器也划分为两个区：上部区显示系统页面或状态页面；下部区为永久性数据显示。SD 上可显示 13 个系统页面和巡航页面，如图 2.52 所示。

系统或状态页面在相应的系统发生故障或失效后，会在 SD 上自动显示；按下 ECAM 控制板上的相关系统页面按钮或状态按钮也可人工显示。巡航页面显示飞行中要监控的主要系统参数，只能在飞行中自动显示。状态页面是飞机状态的总览。

SD 上不管显示什么页面，其下部总是显示永久性数据，如总温 TAT、静温 SAT、全重 GW、重心 GWCG 等。

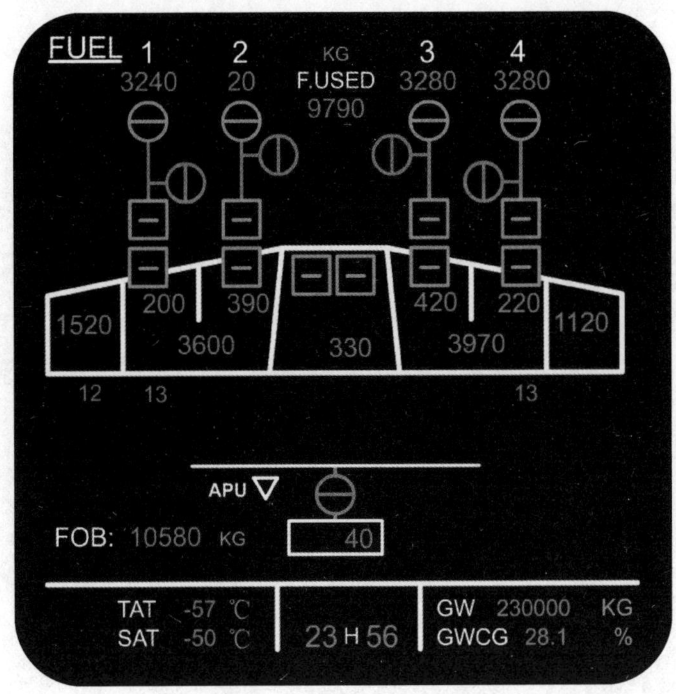

图 2.52 系统显示器 SD

2.6 模拟飞行实验

姿态仪表飞行定义为通过使用仪表而不是外部目视参考来控制飞机的空间位置。飞机上一般装配的是指针式仪表或数字式仪表。指针式仪表系统是机械的，它的指示直接代表所测得的量。相反，数字式仪表系统是电子的，完全通过数字化进行传输。为了突出对仪表作用和判读方法的了解，同时也符合飞行员训练的一般过程，这里采用指针式仪表进行介绍。在目视飞行中，飞机姿态通过飞机上的某个参考点相对于自然天地线的关系来控制。在仪表飞行中，飞机姿态通过参考飞行仪表来控制。正确地判读飞行仪表本质上提供了和目视飞行中外部参考相同的信息。只有掌握了每个仪表在建立和保持所需飞机姿态过程中的作用，在涉及一个或多个关键仪表失效的紧急情况中，飞行员才能更好地操纵飞机。

2.6.1 通过仪表获取飞机的状态

通过观察地平仪、高度表、空速表、升降速度表确定飞机的状态。

请从图 2.53 中的仪表板读取飞机的状态，包括速度、高度、姿态、航向、升降速度、转弯方向。

在转弯过程中，观察地平仪的变化并同时通过座舱观察前方地平线的变化。

观察转弯侧滑仪与航向指示器的变化规律，分析二者的关系。

图 2.53 仪表状态图

2.6.2 通过仪表控制飞机的状态

如果飞机正在保持平飞,高度表指针会保持一个恒定的指示。如果高度表指示减小,则应向后拉杆控制飞机到上仰的姿态,制止下降。如果高度表指示增大,则应向前推杆控制飞机下俯的姿态,止住爬升。也可以通过高度表指针移动的快慢反映出爬升或下降中俯仰姿态的大小。要控制飞机高度增加或减小的快慢,可能就需要小量调整俯仰姿态。在速度恒定的条件下,俯仰姿态与高度变化有直接的关系。

在恒定高度飞行的状态下,升降速度表指示为零。如果想保持飞行高度,一旦升降速度表向上或向下偏转,说明飞机产生了向上或向下的速度,此时可能高度还没有明显变化,但如果不及时干预,高度会很快产生变化。一般可以通过改变飞机俯仰角的方式修正,有时需要配合油门杆进行。升降速度表在爬升和下降时起着非常重要的作用,一般爬升和下降速率有一定的范围要求,有时会要求按照一定的速率进行爬升或下降,所以要密切注意升降速度表的变化。图 2.54 所示为通过地平仪控制飞机的高度,图 2.55 所示为通过升降速度表控制高度变化。

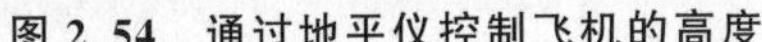
图 2.54 通过地平仪控制飞机的高度

图 2.55 通过升降速度表控制高度变化

如果要对高度进行修正,一般来说,应该调整俯仰姿态,使升降率大概为高度偏差的 2 倍。例如,如果飞机的高度偏差为 100 ft,可以使用 200 FPM 的升降率进行修正。

在平飞过程中向左推杆,观察地平仪,记录飞机姿态的变化,同时观察航向指示器和转弯侧滑仪,记录航向的变化。同样,向右推杆观察并记录飞机姿态、航向的变化。

首先保持飞机平飞,并且速度保持恒定,然后向后拉杆,观察地平仪的变化并记录俯仰角度变化,同时记录高度的变化。同样,在飞机平飞且速度恒定时,向前推杆,观察地平仪的变化并记录俯仰角度变化,同时记录高度的变化。

2.6.3 转 弯

标准转弯率转弯可以使飞行员在 2 min 内做一个完整的 360°或 3(°)/s 的转弯。虽然一直是 3(°)/s,但是随着空速的增加,标准转弯率转弯需要越来越大的迎角。

2.6.4 基本仪表飞行航线

飞行起落航线是基本的机动飞行，单独地参考仪表飞行而不是参考外界的目视线索，目的是训练基本的姿态飞行。起落航线模拟了在仪表飞行例如等待航线、程序转弯和进近中遇到的机动飞行。在掌握了基本机动的一定熟练程度后，可以应用这些技术到单独机动的各种组合中来。下面的实际飞行起落航线可应用于仪表飞行操纵。跑马场航线如图 2.56 所示。

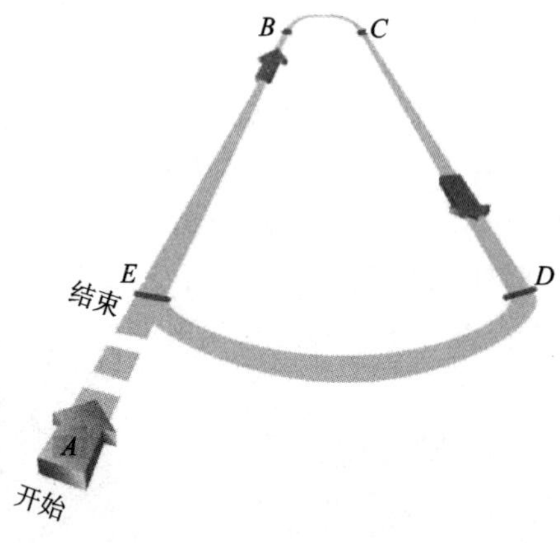

图 2.56 跑马场航线

① 从 A 到 B，直线平飞计时 3 min。在这段内，减小空速到适于飞机的等待速度。

② 在 B 点开始以一个标准转弯率转弯，右转 180°。在 C 点改出横滚，航向和原先 A 点的航向相反。

③ 从 C 到 D，直线平飞计时 1 min。

④ 在 D 点开始，一个标准转弯率转弯，右转 180°，在原先航向时改出横滚。

⑤ 在原先航向上飞 1 min，调整背台航段以使向台航段为 1 min。

复习思考题

1. 电子仪表系统包括哪些部分？
2. EFIS 包括哪些仪表？
3. ECAM 包括哪些仪表？
4. EFIS 是受哪个部件控制的？
5. EADI 或 PFD 和 EHSI 或 ND 上能显示哪些信息？
6. E/WD 和 SD 上主要显示哪些信息？

第3章

大气数据计算机系统

3.1 概　述

飞机与其他运动物体不同，飞行过程完全在空气这一媒介中进行，与空气产生相互作用，所以周围空气的性质直接关系到飞机的性能。而大气的物理性质是随季节、时间、地理位置、高度的不同而不断变化的，所以只有确定了大气的状态才能精确地了解飞机的性能。现代飞机发展过程中经历了很多曲折，尤其是从亚音速到超音速的跨越，由于当时的科技水平和知识所限，对超音速条件下大气对飞机的影响效果不清楚，很多试飞员付出了自己的生命。1947 年 10 月 14 日，美国试飞员查理斯·耶格尔驾驶的 X－1 实验飞机，在美国加利福尼亚州南部上空脱离 B－29 母机。随后，耶格尔驾驶 X－1 飞机上升到 12 000 m 高空，在此高度上达到 1.06 *Ma* 的速度，成为人类突破音障的第一人。飞机的性能特征、稳定性和控制能力的计算和设计都有赖于对作用在飞机上的空气动力和力矩的精确计算。而这些力和力矩都依赖于飞机在飞行过程中穿过的大气性质，同时大气性质和参数对飞行安全也起着重要作用，所以大气数据对于飞机的设计者和操纵者来说都是极其重要的信息。

早期的飞机不具备飞行仪表，完全凭借飞行员的各种感官去飞行。随着全天候、多任务、长航时等要求的提出，原始的飞行方式逐渐被仪表飞行所取代，出现了各种测量大气数据的传感器及仪表。这些大气仪表依靠空气动力直接驱动指示器，结构简单，可靠性高，在一些小型飞机上仍然作为基本飞行仪表使用。随着航空技术的发展，飞机性能不断提高，相应的机载设备和系统功能日臻完善和复杂，整个飞行系统趋于综合化、多功能。尤其是 20 世纪 40、50 年代高空、高速运输机和轰炸机的出现要求飞机性能不断提升，自动驾驶仪和增稳系统开始装备飞机。这些设备需要多种大气数据信息，也就相应地要求多个传感器。早期飞机采用的分立式传感器只能提供一个信号，不同的系统需要同一信号时必须重复测量。这就造成了资源的浪费，并且增加了系统的体积和质量，数据的一致性也不好。早期的分立式结构不能满足整个航空工业的发展要求。综合式航空仪表逐渐出现，大量减少了仪表总数，并且各系统信息能够交联。大气数据计算机 ADC(Air Data Computer)是一种测量和计算大气数据参数的多输入多输出机载自动计算设备，加上显示装置称为大气数据计算机系统 ADCS(Air Data Computer System)，又称为大气数据系统 ADS(Air Data System)。

飞机的飞行高度、高度偏差、空速、马赫数、升降速度等飞行参数均与总压、静压、总温等参数有关。可见，只要测量这些少量的大气参数，就能够计算出上述众多飞行参数。大气数据计算机正是通过测量总压、静压、总温等参数自动计算出上述其他飞行参数，主要特点如下：

- 将大量分立式压力传感器综合为两个传感器，加上迎角传感器和总温传感器，解算并输出大量的大气数据参数，减小了机载设备的体积和质量。
- 向飞机上的多种自动化设备输送所需的大气数据参数，信息的一致性得到提高。
- 采用高精度传感器、误差补偿，提高了参数测量精度。
- 采用电子线路，设有自检和故障监测系统，提高了可靠性。

3.1.1 大气层

大气包裹在地球的外围，大气中的干空气包含78%的氮气、21%的氧气和大约1%的其他气体，如氩气、二氧化碳和其他稀有气体。虽然看上去很轻，但是空气的确有质量，作用在海平面上1 cm^2 大气的质量大概是1 kg。由于重力大概有一半的大气会聚集在离地5.5 km的范围内，剩下的大气则在超过1 600 km的垂直范围中散布。空气密度是空气温度和压力共同作用的结果，空气密度与空气温度成反比，与空气压力成正比。为了在温度升高时保持压力不变，密度必须减小；反之亦然。为了在压力增大时保持温度不变，密度必须增加；反之亦然。这些关系为正确地理解仪表显示和飞机性能提供了理论的基础。

大气分成若干层：首先是对流层，从地面开始一直延伸到18 km左右；随后是平流层、中间层、电离层、热层；最后是散逸层，如图3.1所示。对流层顶是对流层和平流层的分界线，其厚度和高度都会发生变化，但通常都符合每上升1 000 ft温度降低2 ℃(温度在1 ℃以上时)的标准温度变化率。在极地地区对流层的厚度约为8 km，在中纬度地区约为11 km，在赤道附近约为16 km。现代大型民用飞机的巡航高度一般在11 km左右，大部分飞行活动在对流层进行。

为了提供一个统一的国际标准，便于性能计算和参考，国际民航组织(ICAO)设立了ICAO标准大气。这样，所有的仪表显示和飞机性能规范都可以用这个标准作为参考。由于标准大气所设定的一系列条件在现实当中是很少见的，因此飞行员需要弄清楚非标准大气是如何影响仪表显示和飞机性能的。标准大气中，海平面气压为29.92 inHg(1 013.25 hPa)，温度为15 ℃(59 ℉)。标准气压减少率大概为高度每增加1 000 ft，气压降低1 inHg(33.86 hPa)，直到平流层顶。由于所有飞机都是在标准大气的环境下进行比较和评估的，因此所有飞机所用的仪器都需要进行标准大气校准。因为真实的运行环境很少能与标准大气完全吻合，在仪表和航空性能的实际运用中必须进行某些修正。例如，在10000ISA中大气压力应该为19.92 inHg(29.92 inHg－10 inHg)，同时外界温度应为－5 ℃(15 ℃－20 ℃)。如果实际温度

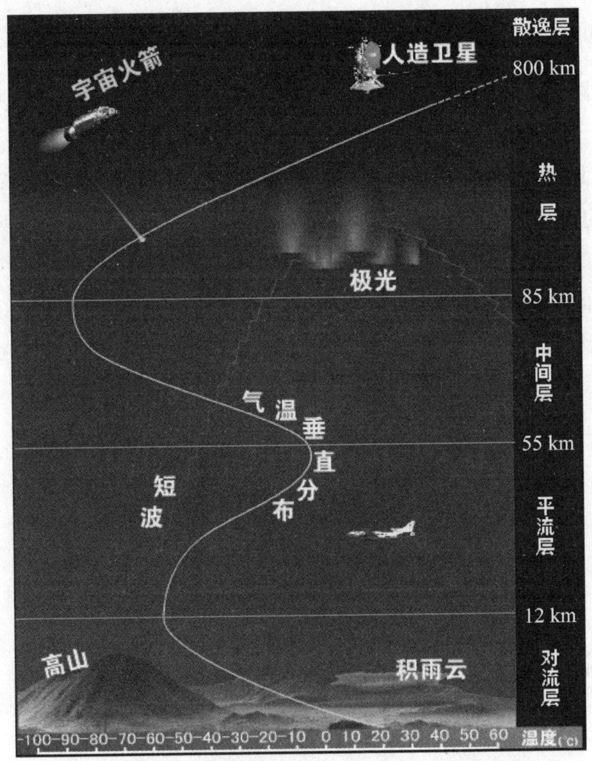

图 3.1　大气分层

或气压不等于标准大气的计算结果，那么必须对性能和各种仪表显示进行修正。

有两种方式能够度量出大气对飞机性能和仪表读数的影响：压力高度和密度高度。此处的压力高度是狭义地指在标准气压基准面(1 013.25 hPa，ISA 的海平面)之上的高度，它用于统一飞行高度层(FL)的高度。在涉及飞机性能的计算中，当高度表设定为 1013.25 hPa 时，高度的指示就是标准气压高度。

密度高度是针对非标准气温进行修正后的压力高度，用于确定在非标准大气中的空气动力性能。密度高度随着空气密度的减小而升高。由于密度的变化直接与气压和温度相关，因此在一个给定的压力高度条件下，可能存在一个较大的温度变化范围，从而引起密度发生变化。任何一个温度和压力高度的组合，仅有一个密度与之对应。空气的密度对飞机以及引擎的性能有着显著的影响。无论飞机飞行在海平面以上的真实高度是多少，同样的密度高度对应的飞机性能是相同的。如果没有计算图表，密度高度可以通过估算得到，即每高于 ISA 环境 1 ℃就增加 120 ft。例如：在 3 000 ft 压力高度上，ISA 环境下的温度应为 9 ℃(15 ℃－2 ℃/1 000 ft×3 000 ft，其中 2 ℃/1 000 ft 为温度递减率)。但是，如果实际温度为 20 ℃(比 ISA 环境下的温度 9 ℃多了 11 ℃)，那么 11 ℃的增量乘以 120 ft 等于 1 320 ft。将这个数值加到初始的 3 000 ft 上，就得出了此时的密度高度为 4 320 ft(3 000 ft＋1 320 ft)。

3.1.2 飞机升力

飞机的升力跟机翼面积、飞机的速度及迎角有关，升力的方向总是与相对气流和飞机横轴相垂直。事实上，升力是以机翼而非地球表面作为参照的。在飞行操纵时，很多错误源于对此理解不准确。升力并非总是"向上"的。随着飞行员操纵飞机进行机动飞行时，它的方向相对于地球表面是会不断变化的。升力的大小与空气密度、机翼表面积和空速成正比，同时也与机翼的类型和迎角密切相关。在迎角增加到临界迎角(失速迎角)前，升力随迎角的增大而增大。此后，如果迎角继续增大，将会造成升力急剧减小。因此，在传统飞机上飞行员通过改变迎角和速度来控制升力的大小。迎角与升力的关系如图 3.2 所示。

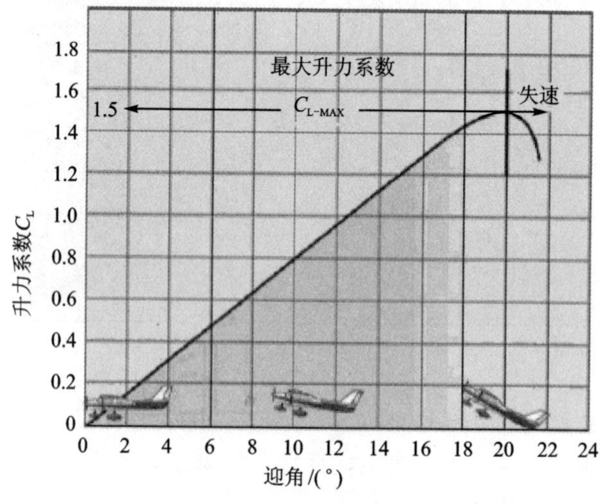

图 3.2 迎角与升力的关系

为了保持升力不变，在速度减少时，飞机仰角必须增大。飞行员通过控制升降舵来改变俯仰姿态及迎角大小。当向后的拉杆力作用到升降舵控制杆上时，尾部下沉同时机头上扬，从而增大了机翼的迎角和升力。在大多数情况下，升降舵会对尾部产生一个向下的压力，这个压力来自于飞机速度产生的能量。当重心靠近飞机后部时，升降舵向下的力会减小。这会导致用于产生向下的力的能量减小，而用于飞机性能的能量增加。推力是通过油门来控制的，其作用是获得或保持所需的空速。控制飞机飞行轨迹的最精确的方式是在控制俯仰的同时使用动力(推力)来控制空速。改变飞机俯仰时，为了保持升力不变，需要同时改变动力。如果飞行员想让飞机在高度不变的情况下加速，推力必须增加以克服阻力。随着飞机速度的增加，升力也开始增加。为了防止高度增加，俯仰姿态必须减小，以减小仰角，保持高度。保持高度不变减速时，必须减小推力，使其小于阻力。随着速度的减小，升力随之减小。为了防止掉高度，俯仰姿态必须增大，通过增大迎角来保持高度不变。

3.1.3 大气数据计算机的组成和类型

大气数据计算机系统由传感器、解算装置或计算机、输出装置组成。传感器感受气压参数，包括总压、静压、总温和迎角等参数；解算装置计算参数、修正误差；输出装置提供各系统所需要的信息。

大气数据计算机按工作原理一般可分为3类。

1. 模拟式大气数据计算机

模拟式大气数据计算机又称为机电式大气数据计算机，这类计算机的特征是用机械和电气模拟式计算装置按公式进行计算。压力传感器采用伺服式压力传感器。与早期分立式传感器相比质量减少了50%，大大减小了气动时间常数，有效地增加了自动驾驶仪的稳定性。霍尼韦尔(Honeywell)公司生产的HG－180U型大气数据计算机(见图3.3)就是典型的模拟式大气数据计算机，装备在波音707飞机上。

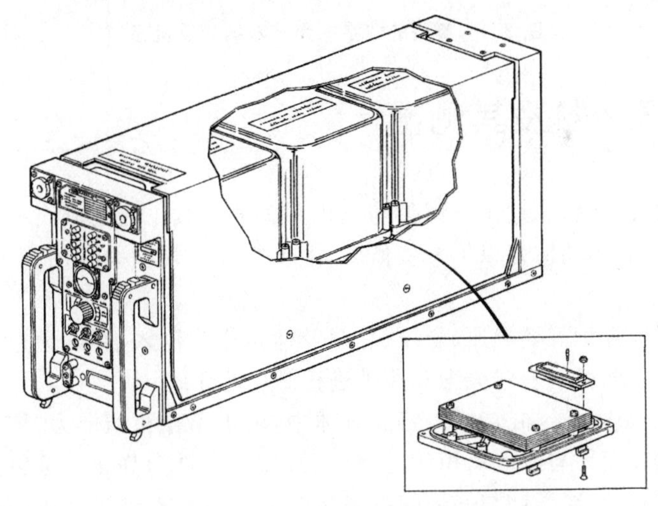

图3.3 HG－180U型大气数据计算机

2. 混合式大气数据计算机

中央处理机采用微处理机，具有模拟和数字输入/输出功能，采用模拟和数字混合方式。体积和质量比模拟式大气数据计算机减小约一半，同时可靠性大大提高。斯柏雷(Sperry)公司生产的混合式大气数据计算机首先在F－15飞机上使用。20世纪70年代波音747、波音737等飞机上装备了霍尼韦尔公司生产的HG－480C1、HG－480B型大气数据计算机。

3. 数字式大气数据计算机

数字式大气数据计算机，采用微处理机和半导体存储器技术的微型计算机作为核心，由程序完成大气数据的计算，体积、质量及功耗方面进一步减小，如霍尼韦尔公司生产的 HG－480 型大气数据计算机。典型的数字式大气数据计算机面板如图 3.4 所示。

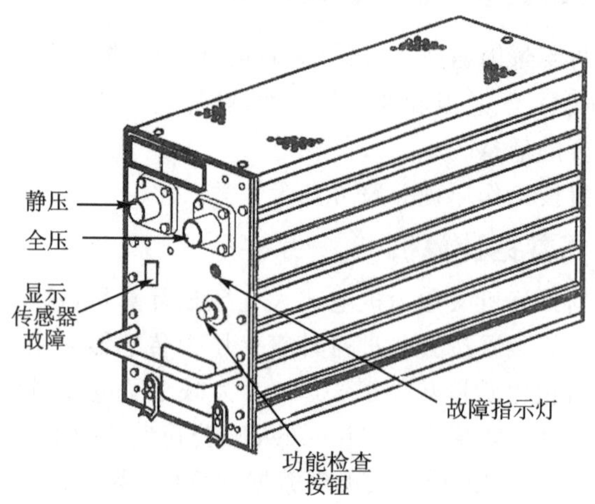

图 3.4　典型的数字式大气数据计算机面板

3.2　大气参数及其测量

大气参数种类繁多，这里只讨论与飞机相关的参数。在驾驶飞机及与航空相关的科研活动中，必须搞清楚以下一些概念，简单掌握空气动力学的相关知识，才能做到心中有数。

大气数据计算机需要静压、全压、总温及迎角作为输入信号，通过计算得到相关的大气参数。下面就对一些概念和原理进行简单的介绍：

① 静压(static pressure)——静止气体中，由于不存在切向力，气流单位面积上所承受的法向表面力与所取面积的方向无关，该压力称为静压。可以设想测压计能够与气流一起运动(测压计与气流间没有相对运动)，那么测压计所感受到的压力就是静压。静压用来表示飞机周围大气的压力值，也就是说飞机在哪一层大气中飞行。通过测量静压值可以得到气压高度，表示飞机的高度。静压通常取自与机身侧面平齐的一个或多个通风口相连的静压管。多数飞机上的静压口都是使用这种方式。这样可以补偿由于飞机姿态不规则变化所产生的静压改变。

② 动压(dynamic pressure)——由动能转变成的压力，是指由于空气流动所产生的对总压的增减值。也就是飞机向前运动时空气对飞机的冲击力。由皮托管或空速管测量，皮托管一般安装在机翼前缘或机头部位，迎着风的方向。在某些飞机上被安装在垂直安定面上。这样可以使对测量产生的干扰最小。

③ 全压(total pressure)——又叫总压，指气流中因受阻滞原流速降为零的那一点(驻点、阻滞点)的压力，表示空气作用到相对运动物体表面单位面积的总压力。也就是考虑空气的流动，相对于运动物体所得到的压力值，是动压与静压之和。

④ 迎角(angle of attack)——也称为攻角，是机翼弦线(或飞机的纵轴)与迎面气流间的夹角，在飞机的竖轴与纵轴平面内测量，表示飞机的机翼与气流方向的位置关系。过大的迎角会使升力造成极大的衰减，导致飞机失速，因此迎角在飞行中是一个十分重要的参数，用于保证飞行安全。

⑤ 总温(total air temperature)——当压缩空气速度提高到运动物体的速度时，空气全受阻时的取样温度。就是动力温度与静温之和，又称为全受阻温度。

动压、静压等参数的测量需要用到流体力学的简单知识。伯努利方程反映了理想流体作定常流动时，流体在流管中各处的流速、压强和势能之间的关系。伯努利方程从牛顿第二定律力与加速度的平衡关系而来。当空气稳定流动且绝热，又不考虑其压缩性时，在任何截面处空气所具有的静压与动压之和为一常数。

伯努利(Bernoulli)方程如下：

$$\frac{1}{2}v^2+\frac{p}{\rho}gy=\text{常数} \tag{3-1}$$

式中：v 表示流速；p 表示压强；ρ 表示密度；g 表示重力加速度；y 表示竖向坐标。

式(3-1)中的量纲是能量的量纲，第一项表示单位质量的流体所具有的动能；第二项表示压力能；第三项表示位能。该式表示动能、压力能和位能三者守恒。用于气体时，由于密度小，当 y 尺寸又不太大时，y 项可以略去，公式变为

$$\frac{\rho}{2}v^2+p=\text{常数} \tag{3-2}$$

常数用 p_t 表示，压强 p 用 p_s 表示，则公式变为

$$p_s+\frac{\rho}{2}v^2=p_t \tag{3-3}$$

式中：p_s 称为静压；p_t 称为全压；$\frac{\rho}{2}v^2$ 与空气所具有的流速有关，称为动压。

下面简单推导伯努利方程：

在下面的推导中假定为理想流体，忽略黏性影响。如图 3.5 所示，作用在流体微元上的力主要是压强和重力。作用在运动方向上的压力 F_p 由下式给出：

$$F_p=P\,dA-\left(P+\frac{\partial P}{\partial s}ds\right)dA=-dP\,dA \tag{3-4}$$

重力 F_g 可表示为

$$F_g=-g\,dm\sin\alpha=-g\,dm\,\frac{dz}{ds} \tag{3-5}$$

由牛顿第二定律，可得

$$-dP\,dA-g\,dm\,\frac{dz}{ds}=dm\,\frac{dV}{dt} \tag{3-6}$$

质量微元 dm 可写为

$$dm=\rho\,dA\,ds \tag{3-7}$$

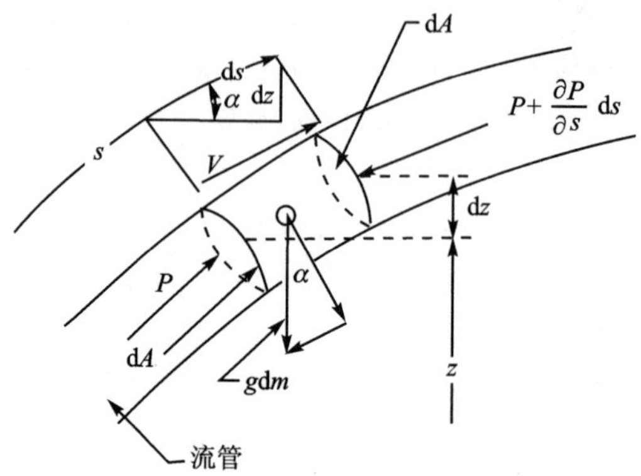

图 3.5 作用在流管中流体微元上的力

而

$$\frac{\mathrm{d}V}{\mathrm{d}t}=-\frac{1}{\rho}\frac{\mathrm{d}P}{\mathrm{d}s}-g\frac{\mathrm{d}z}{\mathrm{d}s} \tag{3-8}$$

还可以写为

$$\frac{\mathrm{d}V}{\mathrm{d}t}=\frac{\partial V}{\partial t}+\frac{\partial V}{\partial s}\frac{\mathrm{d}s}{\mathrm{d}t} \tag{3-9}$$

如果流场是稳定的，即$\frac{\partial V}{\partial t}=0$，可由式(3-7)和式(3-8)得

$$\frac{\partial V}{\partial s}\frac{\mathrm{d}s}{\mathrm{d}t}=-\frac{1}{\rho}\frac{\mathrm{d}P}{\mathrm{d}s}-g\frac{\mathrm{d}z}{\mathrm{d}s} \tag{3-10}$$

在稳定流场中任意一点的速度不随时间变化，只与位置有关，式(3-10)中的偏微分可以用全导数代替，即

$$V\frac{\mathrm{d}V}{\mathrm{d}s}=-\frac{1}{\rho}\frac{\mathrm{d}P}{\mathrm{d}s}-g\frac{\mathrm{d}z}{\mathrm{d}s} \tag{3-11}$$

沿流线方向对上式进行积分，得

$$\int_1^2 V\mathrm{d}V=-\int_1^2\frac{\mathrm{d}P}{\rho}-g\int_1^2\mathrm{d}z \tag{3-12}$$

式(3-12)就是伯努利方程，建立了沿流管的压力、高程和速度之间的关系。

如果流体是不可压缩的，ρ 为常数，则式(3-9)可写为

$$P_1+\frac{1}{2}\rho V_1^2+\rho g z_1=P_2+\frac{1}{2}\rho V_2^2+\rho g z_2 \tag{3-13}$$

即

$$\frac{P_1}{\rho}+\frac{1}{2}V_1^2+g z_1=\frac{P_2}{\rho}+\frac{1}{2}V_2^2+g z_2=\text{常数} \tag{3-14}$$

Henri de Pitot(1695—1771)是一位法国数学家、物理学家、水利工程师。在 1724 年入选科学院后，他发现许多关于水流问题的理论是错误的。他在 1732 年开发了一种

装置能够测量水流的速度，这就是皮托管，如图 3.6 所示。皮托管又叫全静压管或空速管，是测量流体速度的主要工具之一，广泛用于船舶和飞行体的测速。在测量时，只要把皮托管对准流体流动的方向，使内管顶端(滞止点)能感受全压力 p_t，而具有静压孔的外管感受静压力 p_s。

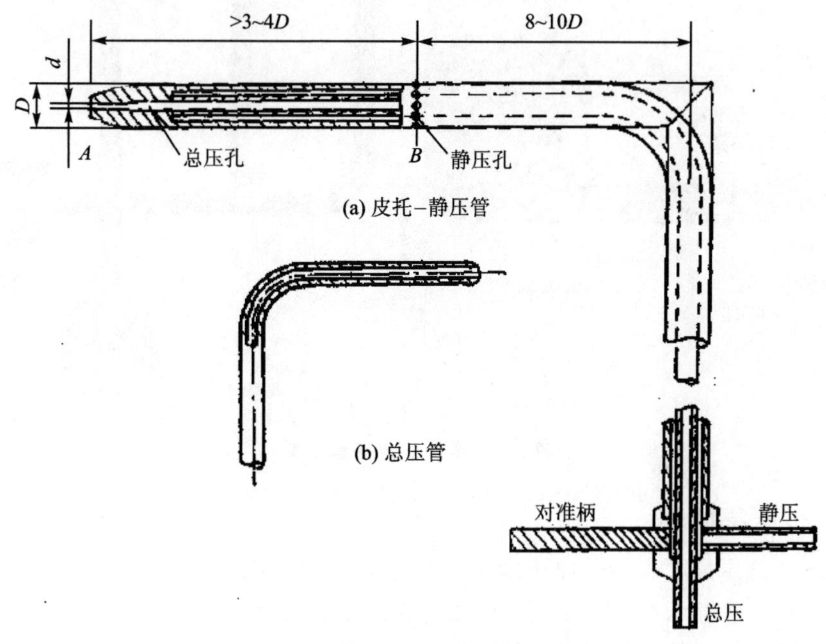

图 3.6　皮托管结构

全压孔位于管子的最前端，正对气流方向。空气流动到全压口时，完全受阻，流速为零，得到气流的全压。静压孔位于管子周围没有紊流的地方，得到静压。

现代飞机为了提高收集全压、静压的可靠性和准确性，通常把全压、静压收集器分开，单独设置全压管和静压孔，分别收集气流的全压与静压。如空客 A320，全压管设在飞机机头前部两侧靠下的位置，另外还有一个备用皮托管。静压孔设在机身两侧紊流较小的地方。

一些仪表依赖周围静止的大气压力来测量飞机的高度以及水平或垂直运动的速度。这种压力叫做静压，它是通过飞机外部的一个或多个位置的静压孔采样来获得的。在某些飞机上，空气在电加热皮托静压头一侧的静压孔取样，如图 3.7 所示。其他飞机通过位于机身或垂直尾翼上的静压孔获得静压。试飞证明，静压孔周围的空气不会受到扰动。静压孔通常成对出现，安装在飞机的两侧。这两个位置可以防止由于飞机的横向运动而导致静压指示错误。静压孔周围的区域可以使用电加热元件以防止积冰导致空气入口堵塞。在大多数飞机的仪表面板上都能找到 3 个靠压力工作的基本仪表。它们分别是气压式高度表、空速表(ASI)和升降速度表(VSI)。这

3个仪表接收到的压力都是由飞机的全压、静压系统测得的。

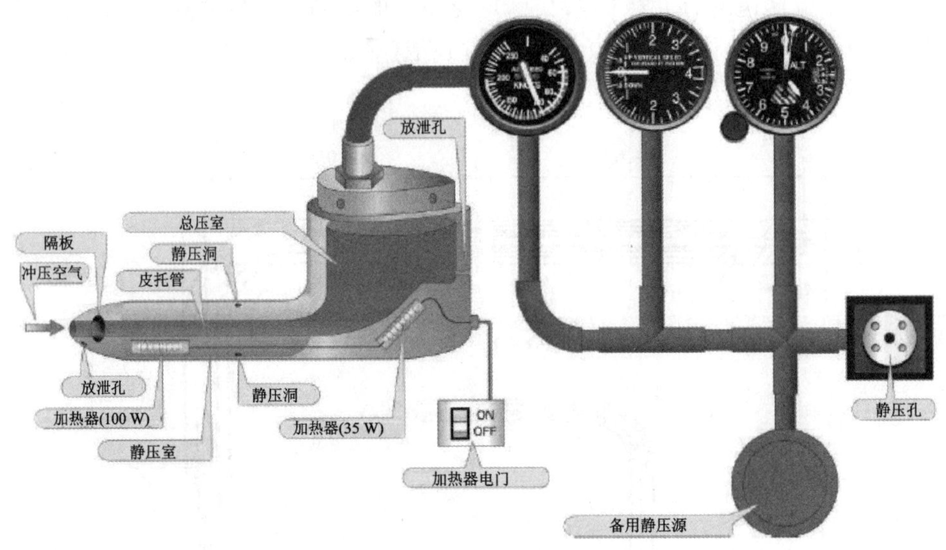

图 3.7 电加热皮托静压头

1. 气压高度表

传统的气压高度表是一种膜盒式气压表,用于测量周围大气的绝对压力,并以英尺或米制单位来显示在一个所调定的压力面之上的高度。

气压高度表里面的敏感元件是真空波状铜质膜盒压力传感器组。来自静压源的静压(大气压力)作用在膜盒外,静压变化时,膜盒产生变形。膜盒的变形量经传动机构带动指示器的指针转动,指示出相应的高度。10 000 ft以下,在仪表上可以看到一块斑马线区域(黑白相间的条纹窗)。高于这个高度时这个斑马线区域开始被覆盖,直到高于15 000 ft时,所有的斑马线都被覆盖了。高度表的另一种形态为滚动显示仪表。仪表只有一根指针,每1 000 ft转一圈。每个数字代表100 ft,每一小格代表20 ft。滚动显示高度表以1 000 ft为单位,该设备通过相连的机械装置来驱动指针。对这种类型的高度表进行读数时,首先要读取滚动窗上显示的数值,获得千英尺数,然后观察指针读数得到百英尺及以下的读数。

气压高度表配有可调节的气压刻度,允许飞行员在测量高度时调定基准气压。气压刻度显示在一个被称为高度表气压调定窗的小窗口内。飞行员可以使用仪表上的旋钮来调节刻度。刻度表的范围为28.00～31.00 inHg或者948～1 050 hPa。飞行员可以通过转动旋钮来改变气压刻度以及高度表指针。在5 000 ft以下,标准的气压递减率为:气压刻度每改变1 inHg,指针指示改变1 000 ft。当气压刻度调节到29.92 inHg或者1 013.25 hPa时,指针指示的是标准气压高度。将气压刻度调整到当地的修正气压值,则高度表指示相对气压高度(相对当地气压的高度)。气压高度表的结构如图 3.8 所示。

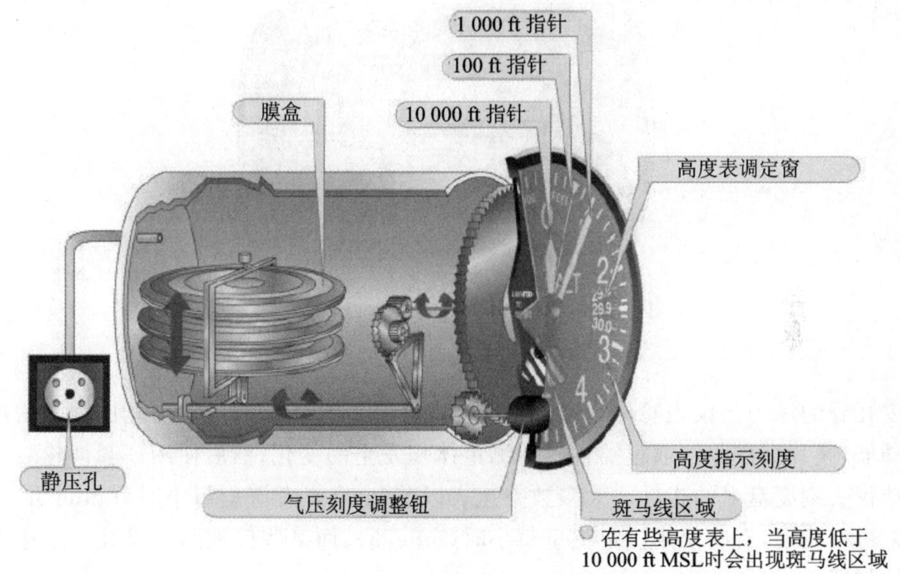

图 3.8　气压高度表的结构

2. 升降速度表

升降速度表(VSI)主要作为爬升速率指示器。升降速度表是一种用来指示气压速率变化的仪表，当偏移恒定气压时会提供相关指示。仪表箱体内部带有一个膜盒式装置，与空速表中的类似。膜盒的内部与箱体内部连接到静压口，但是箱体通过一个校正量孔连接，这样箱体内的气压变化会比薄膜内的气压变化要慢。随着飞机的升高，静压逐渐变低。箱体内的压力压缩薄膜，指针向上移动从而显示爬升，并以每分钟英尺(FPM)来指示上升速率。箱体内部的气压等于膜盒内部的气压，指针回到水平位置或 0 位置。当飞机下降时，静压开始增加。随着膜盒逐渐扩张，将指针向下移动指示一个下降。升降速度表的指针指示可能会比实际的气压变化慢几秒。但是比高度表要敏感许多，在警告飞行员向上或者向下趋势时也更加重要，因此可以帮助飞行员保持在恒定的高度上。升降速度表的结构如图 3.9 所示。

某些更为复杂的升降速度表，称为瞬时升降速度表(IVSI)，它配备了两个使用空气泵驱动的加速计来感应飞机向上或者向下的俯仰并瞬时产生一个压差。当俯仰产生的加速度所引起的压差逐渐消失时，高度气压的改变才生效。

3. 空速表

空速表(ASI)通过一个压差量表来测量飞机周围大气的动态压力。动态压力是指外界大气静压与飞机运动时的压力或者冲压之间的差值。这两种压力均由皮托静压系统提供。空速表的机械装置，它包括一个薄的波状形磷铜膜盒或者膜片，可以接

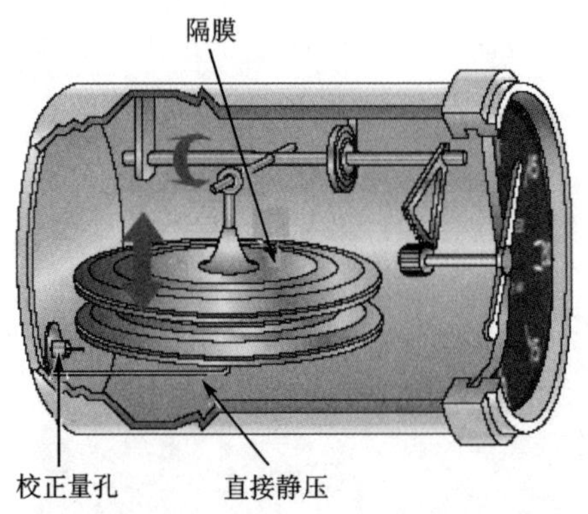

图 3.9 升降速度表的结构

收皮托管的压力。仪表箱体为密封的并且与静压孔相连接。随着皮托压力的增加或者降低,膜片会鼓起。通过摇轴转动测量体积发生的变化,然后使用一套齿轮装置来驱动仪表刻度盘上的指针。大多数空速表以节(kts)或者海里每小时(nmile/h)为单位来进行校准,有些使用法定英里每小时(mile/h),而某些仪表两者兼有。空速表的结构如图 3.10 所示。

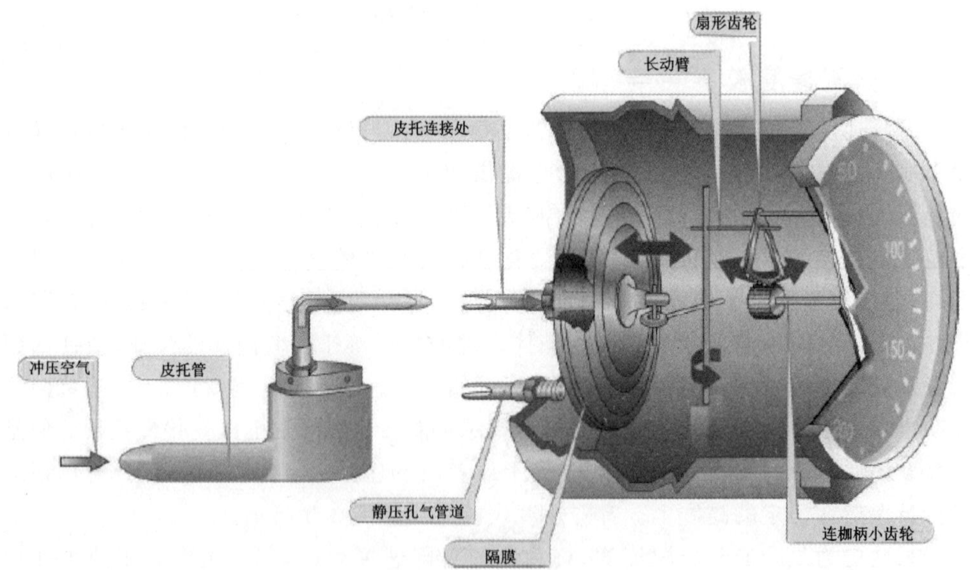

图 3.10 空速表的结构

4. 总温传感器

总温是通过总温传感器测量的。飞机相对于空气运动,气流受阻后温度会升高,升高的温度叫做动力温度,它与空气静温之和叫全受阻温度或总温。总温传感器是一个金属管腔,如图 3.11 所示,传感器感受腔内气流温度,气流在探测元件附近接近于全受阻状态,感温电阻的阻值与总温相对应,经电路转换输出与总温对应的电压值。在马赫数低于 0.2 时，总温与静温非常接近，随着马赫数的增加，总温与静温关系按下面的方程变化：

$$T_t = T_s(1 + 0.2Ma^2) \tag{3-15}$$

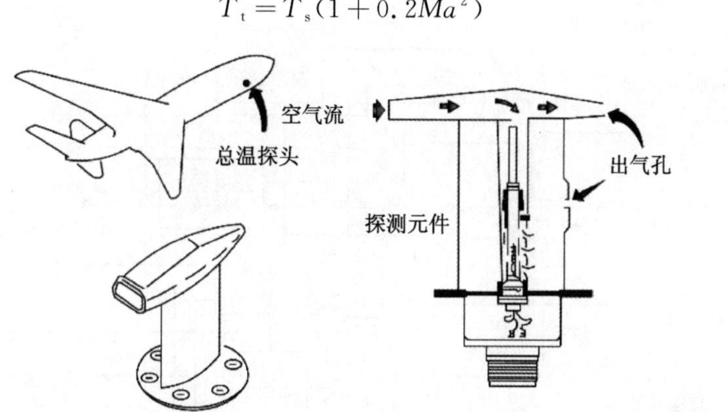

图 3.11　总温传感器

5. 迎角传感器

迎角和侧滑角是大气数据计算机系统产生静压源误差的因素之一，所以迎角和侧滑角的测量必不可少。一般将迎角和侧滑角传感器伸到机身外的气流中，以减小气流的扰动。常用的迎角传感器有风标式和零压式两种。风标式迎角传感器由对称剖面的翼型叶片(即风标)、转轴、角度变换器、配重等部分组成。风标预先经过静力平衡，具有对称的剖面形状。在飞行中风标的中心线与气流方向平行时，气动力对风标上下面产生的压力相等，叶片不旋转。当存在迎角时，作用在风标上下面上的气动力不相等，产生压差，风标相对于飞机旋转，直到中心线与气流方向一致。风标旋转的角度与迎角相等，经变换后产生相应的电气信号。当风标的对称剖面平行于飞机纵轴安装时，测得的是侧滑角。零压式迎角传感器与风标式类似，利用压力差带动桨叶旋转，输出信号。一般飞机上装有两个迎角、侧滑角传感器，对称地分布于机身两侧。通过采用两个信号取平均值的方法来减小局部气流扰动的影响。气流角度传感器如图 3.12 所示。

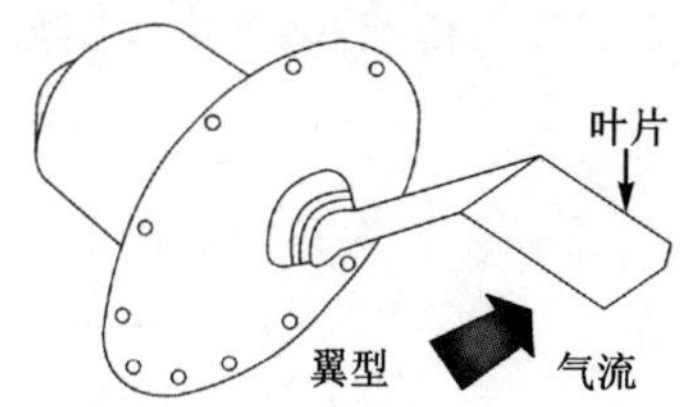

图 3.12　气流角度传感器

3.3　模拟式大气数据计算机

3.3.1　组　成

模拟式大气数据计算机由感受转换部分(包括伺服式压力传感器、总温传感器、迎角传感器)、计算部分(包括机电模拟式解算装置)及指示部分组成，机械和电气元件按计算公式用模拟的方式进行计算。机电模拟式大气数据计算机原理框图如图 3.13 所示。

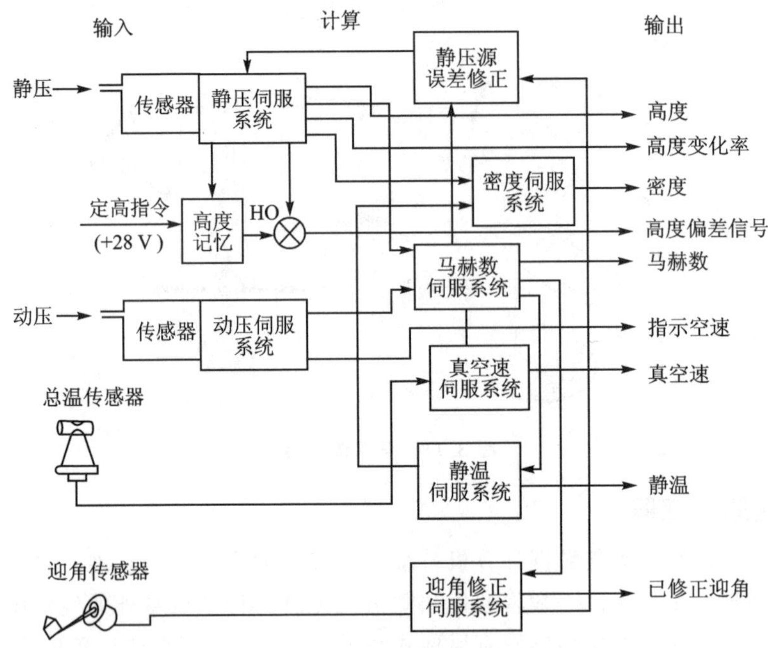

图 3.13 机电模拟式大气数据计算机原理框图

3.3.2 模拟式传感器

模拟式大气数据计算机均采用伺服式压力传感器，包括位置平衡式压力传感器、力平衡式压力传感器、可变支点的力平衡式压力传感器等几类。其中应用最多的是力平衡式压力传感器，其原理图如图 3.14 所示。

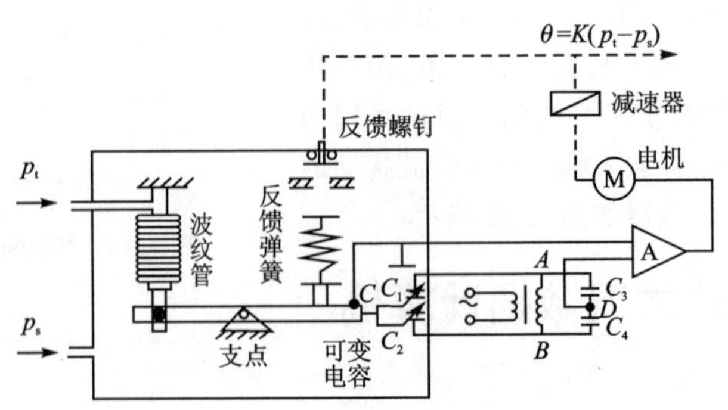

图 3.14 力平衡式压力传感器原理图

图 3.14 中的波纹管又称感压箱，是压力敏感元件，感受全压 p_t 与静压 p_s 之差。波纹管一端固定在机壳上，另一端与杠杆相连。杠杆的另一端与反馈弹簧下端相连，

而反馈弹簧的上端通过反馈螺钉与伺服电机连接。这样，波纹管产生的力与反馈弹簧产生的力共同作用在杠杆两端。

设初始状态时波纹管产生的力与反馈弹簧产生的力相对于杠杆支点所形成的力矩相等，杠杆处于平衡状态。固定在杠杆一端的两个可变电容的公用动片正好处于两个固定极片中间，此时 $C_1=C_2$。可变电容 C_1、C_2 和固定电容 C_3、C_4 组成的交流电桥处于零位平衡状态，电桥无信号输出。

当被测压力变化时，波纹管产生的力发生变化，杠杆的平衡状态被打破，产生倾斜，可变电容 C_1、C_2 的公用动片偏离中间位置，电桥不再平衡，C、D 两点间有电压信号输出。经放大器放大后驱动伺服电机转动，再经过减速器带动输出轴转动输出目视信号或控制信号，同时带动反馈螺钉转动，压缩（或拉伸）反馈弹簧改变力的大小，直到杠杆恢复平衡位置，可变电容的公用动片回到中间位置，电桥恢复零位平衡状态。系统输出的角位移正比于被测压力。

3.3.3 解算装置及原理

1. 空速的解算装置及原理

首先明确以下几个概念：

- 真空速（True AirSpeed，TAS）——飞机相对于空气运动的真实速度，考虑空气密度影响的飞机运动速度，简称为空速。
- 指示空速（Indicated AirSpeed，IAS）——归化到标准空气速度（即海平面的空气密度 $\rho_0=1.225\ \mathrm{kg/m^3}$）的真空速，又称仪表空速，简称表速。指示空速只与动压有关，实际是测量动压的，保证安全飞行、防止失速。
- 修正表速（Calibrated AirSpeed，CAS）——修正过安装误差和仪表误差的表速。用颜色划分区域的空速指示仪面板、驾驶舱公告牌和使用手册上通常标出的都是修正表速。

飞机相对于空气运动，若以飞机为参照物，认为飞机不动，则空气以大小相等、方向相反的流速流过飞机，这样可以利用伯努利方程来计算空速。当空气流速小于 300 km/h 时，可以认为空气没有被压缩，密度不变。由伯努利方程：

$$p_t=p_s+\frac{1}{2}\rho_s v^2 \tag{3-16}$$

而由气体状态方程得

$$\rho_s=\frac{p_s}{RT_s}$$

式中：R 为空气专用气体常数。因此

$$v=\sqrt{\frac{2(p_t-p_s)RT_s}{p_s}}$$

当飞机的空速大于 300 km/h 时，飞机前方的气流受到阻滞，密度明显增大，动

压增大。必须考虑空气的压缩性。小于音速时,有

$$p_t = p_s + \frac{1}{2}\rho_s v^2 (1+\varepsilon) \tag{3-17}$$

式中:ε 为压缩性空气修正量;Ma 为马赫数(与动压和静压有关)。

$$\varepsilon = \frac{Ma^2}{4} + \frac{Ma^4}{40} + \cdots \tag{3-18}$$

飞机在超音速飞行时,由于激波的存在导致修正量有所不同。

$$p_t = p_s + \frac{1}{2}\rho_s v^2 (1+\varepsilon') \tag{3-19}$$

式中:ε′为压缩性空气修正量;Ma 为马赫数。

$$\varepsilon' = \frac{238.46Ma^5}{7Ma^2 - 1} - \frac{1.43^4}{Ma^2} - 1 \tag{3-20}$$

2. 真空速、指示空速(表速)的区别和功能

指示空速虽然不等于真空速,但它反映了动压的大小,即反映了飞行时作用在飞机上的空气动力情况,对操纵飞机有重要作用。

飞机平飞时,升力等于重力:

$$Y = C_Y S \ \frac{1}{2}\rho v^2 = C_Y S q_c = C_Y S \ \frac{1}{2}\rho_0 v_c^2 \tag{3-21}$$

式中:Y 为升力;S 为机翼面积;C_Y 为升力系数;V_c 为指示空速。

若迎角不变,则升力系数不变,在小于临界迎角范围内,迎角越大,升力系数也越大。增大迎角时,升力系数变大,飞机得到更多的升力,要保持平飞则必须减小动压;同样,减小迎角时,升力系数变小,要保持平飞则必须增大动压。飞行员根据指示空速可以保持所需要的迎角飞行。飞机在不同高度平飞时,要保持一定的迎角,所需的指示空速值一般是不变的。因此,无论高度如何变化,飞行员只要记住一个指示空速值即可。而真空速会随高度的变化而发生改变。飞行员根据指示空速操作飞机比用真空速更方便。

跨音速和超音速飞行时,升力系数不仅与迎角有关,而且与马赫数有关,指示空速不再能反映空气动力,因此必须利用马赫数表。

由于静压、动压、压力比等与气压高度、指示空速、垂直速度、马赫数、真空速、全受阻温度、大气静温 7 个参数有关,因此采用函数凸轮或函数电位计将解算装置的输入/输出特性设计成几个飞行参数的函数关系。把静压转换为高度;把动压转换为空速;把压力比或压力比的对数转换为马赫数。

以空速解算装置为例,整个装置与前面讲到的力平衡式压力传感器类似,只是多了一个函数凸轮。低速时,空速和动压有如下关系:

$$v_c = 661.478\sqrt{5\left[\left(\frac{q_c}{29.921}+1\right)^{2/7} - 1\right]}$$

将函数凸轮设计成这种输入/输出关系,就可以达到以动压为输入、空速为输出的目的。空速解算原理框图如图 3.15 所示。

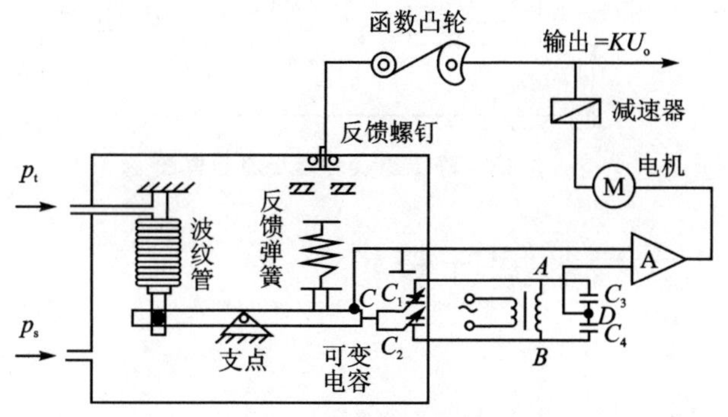

图 3.15 空速解算原理框图

3. 静温的解算装置及原理

大气静温是通过静温与总温之间特定的函数关系式,从总温中解算出来的。静温解算原理框图如图 3.16 所示。

$$T_s = \frac{T_t}{1 + 0.2Ma^2} \tag{3-22}$$

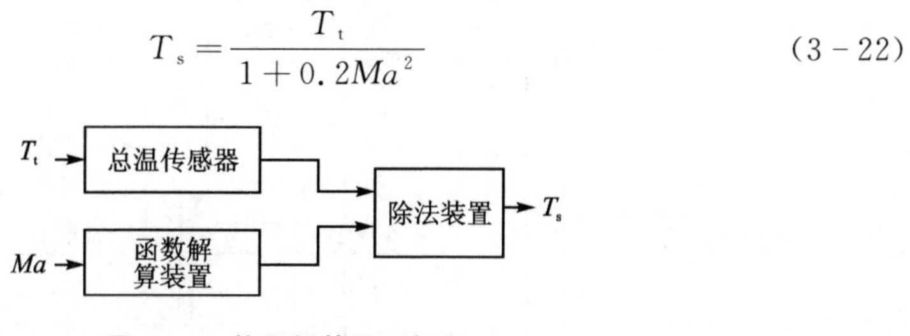

图 3.16 静温解算原理框图

4. 静压源误差修正

在实际飞行中,全压、静压和迎角探头处难免存在气流扰动,并且有安装误差的存在,造成测量参数的误差。空速管引入的静压与自由流的真实静压之间的差值称为静压源误差。它的大小与空速管自身特性有关,并且受安装位置、马赫数和气流方向的变化影响很大。静压源误差影响到各飞行参数的计算,必须在系统中加入静压源误差校正(SSEC)。

在模拟式大气数据计算机中,静压源误差修正方法主要有电气修正法、机械修正法和气动修正法。电气修正法是在压力传感器系统的伺服放大器输入端外加一个电气修正信号,使系统的输出轴附加一个转角,此附加转角等于静压源误差的修正量。静压源误差修正原理框图如图 3.17 所示。

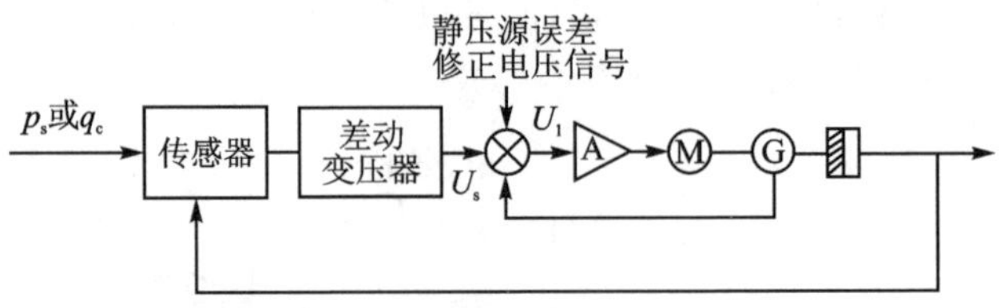

图 3.17　静压源误差修正原理框图

3.4　数字式大气数据计算机

3.4.1　组　成

典型的数字式大气数据计算机原理框图如图 3.18 所示。

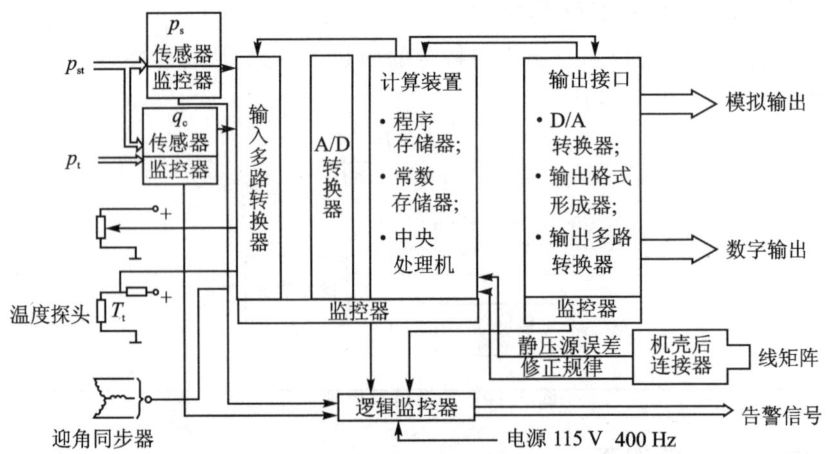

图 3.18　典型的数字式大气数据计算机原理框图

数字式大气数据计算机同样由传感器部分、计算部分和指示部分组成。其中计算装置采用数字微处理器,按程序进行各参数计算。采用静压计算气压高度,差分后得到高度变化率。

静压、总压、总温、迎角信号经多路传输器和 A/D 转换器编码,输入计算装置部分。计算部分由中央处理机和存储器组成。中央处理机包括控制器和运算器,用于控制和执行机器的基本指令。计算结果经 D/A 转换器和多路输出器转换为模拟信号或离散信号等。

数字式大气数据计算机配置有逻辑监控器,用来监控传感器、I/O 接口、计算装置等工作是否正常,如果有问题,则进行机构重组或给出告警信号。

3.4.2 压力传感器

数字式大气数据计算机的压力传感器采用固态传感器，包括石英膜盒式、压阻式和振膜式。如 HG－480C1 型大气数据计算机采用了固态石英压力传感器，HG－480B 数字式大气数据计算机采用了压阻式传感器，ARINC706 数字式大气数据计算机采用了振膜式压力传感器。下面以压阻式压力传感器为例，如图 3.19 所示，简单介绍其工作原理。由于这种传感器利用了压电效应，因此也称为压电晶体敏感元件。

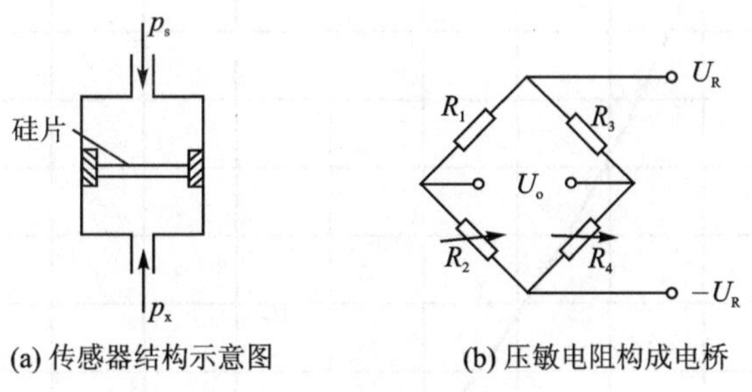

(a) 传感器结构示意图　　(b) 压敏电阻构成电桥

图 3.19　压阻式压力传感器

在一块 N 型单晶硅片上扩散形成 P 型电阻条，硅片既是压力敏感元件，又是变换元件，构成惠斯通电桥。硅片安装在传感器壳体内，壳体两头有进气端口。传感器两头分别接静压 p_s 和被测压力 p_x，测量相对压力，即可测动压。如果一端抽成真空，就变为静压传感器。

电阻对 R_1、R_4 和电阻对 R_2、R_3 分别感受膜片切面方向和径向的应力，当 p_x 和 p_s 不相等时，R_1、R_4 和 R_2、R_3 阻值向着相反的方向变化，电桥失去平衡，U_o 输出与被测压力(p_x-p_s)的值成正比。例如，当 $p_x>p_s$ 时，R_1、R_4 增大，R_2、R_3 减小，电桥失衡，U_o 表示被测压力值。

数字式大气数据计算机中使用的温度传感器和迎角传感器与模拟式大气数据计算机中的相同。

3.4.3 计算装置及原理

1. 大气参数计算原理

数字式大气数据计算机采用微处理器以固定程序计算各种参数。一般采用静压计算气压高度和高度变化率；用全压和静压之差计算指示空速 IAS；用高度和空速计算马赫数。

下面以气压高度 h、升降速度 V_z、马赫数 Ma 等为例介绍参数计算原理。

(1) 气压高度 h 的计算原理

气压高度 h 是静压 p_s 的函数，$h=f_h(p_s)$。静压与高度的关系曲线如图 3.20

所示。

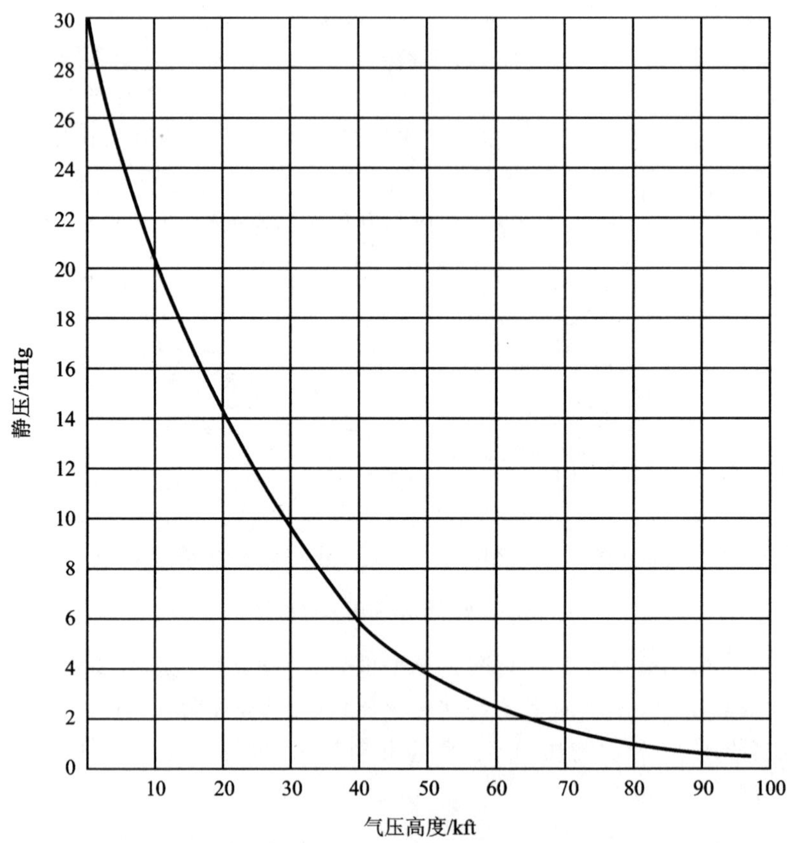

图 3.20　静压与高度的关系曲线

而实际海平面大气压力不等于标准海平面大气压力，所以采用气压调整手柄进行修正。

(2) 升降速度 V_z 的计算原理

$$V_z = \frac{dh}{dt} = \frac{dh}{dp_s} \cdot \frac{dp_s}{dt} \tag{3-23}$$

式中：$\frac{dp_s}{dt}$是静压变化率；$\frac{dh}{dp_s}$是标准气压高度曲线斜率。

当时间间隔 Δt 较小时，有

$$\frac{dp_s}{dt} \approx \frac{\Delta p_s}{\Delta t} = \frac{p_s - p_{s0}}{t - t_0}$$

式中：p_{s0} 是前一时刻 t_0 时的大气静压；p_s 是 t 时刻的大气静压。

升降速度计算原理如图 3.21 所示。

(3) 指示空速 IAS 的计算原理

指示空速只与全压和静压差有关，是动压的函数。它实质上是一个表征动压的

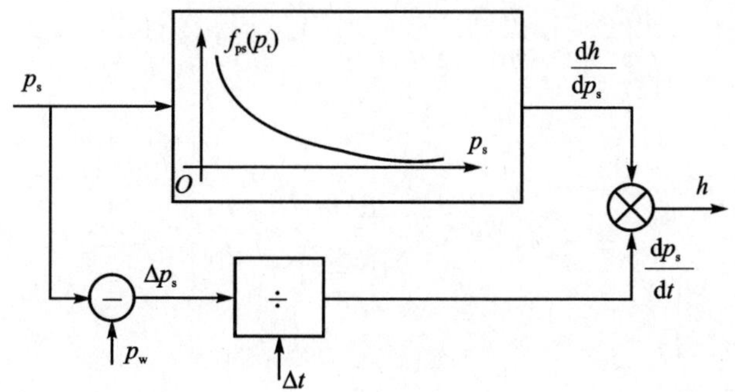

图 3.21　升降速度计算原理

参数，对于保证飞机安全飞行、防止失速起着极其重要的作用。迎角不变时，升力和阻力的大小直接取决于动压，只要保持合理的指示空速，飞机就不会失速。

$$v_i = \sqrt{\frac{2(p_t - p_0)}{\rho_0(1+\varepsilon_0)}} \tag{3-24}$$

式中：p_0、ρ_0、ε_0 分别表示标准海平面上的大气静压、大气密度和压缩效应修正系数。

(4) 马赫数 Ma 及马赫数变化率 $\dot{M}a$ 的计算原理

马赫数 Ma 是总压 p_t 和静压 p_s 比值的函数：

$$Ma = f_{Ma}\left(\frac{p_t}{p_s}\right)$$

当 $Ma \leqslant 1$ 时，有

$$\frac{p_s}{p_t} = (1+0.2Ma^2)^{3.5}$$

当 $Ma > 1$ 时，有

$$\frac{p_s}{p_t} = \frac{(7Ma^2-1)^{2.5}}{166.92Ma^7}$$

马赫数变化率 $\dot{M}a$ 可通过差分得到，即

$$\dot{M}a = \frac{\mathrm{d}Ma}{\mathrm{d}t}$$

而要得到准确的马赫数变化率，对马赫数信号的分辨率要求极高，并且会增加运算中的字长，会带来时间及内存的消耗。在实际使用中，采用如下方法：

$$\dot{M}a = \frac{\mathrm{d}Ma}{\mathrm{d}t} = \frac{\mathrm{d}Ma}{\mathrm{d}\left(\frac{p_s}{p_t}\right)} \cdot \frac{\mathrm{d}\left(\frac{p_s}{p_t}\right)}{\mathrm{d}t} \tag{3-25}$$

而

$$\frac{\mathrm{d}\left(\frac{p_s}{p_t}\right)}{\mathrm{d}t} = \frac{p_t\left(\frac{p_s}{\mathrm{d}t}\right) - p_s\left(\frac{\mathrm{d}p_t}{\mathrm{d}t}\right)}{p_t^2} = \frac{p_s}{p_t}\left(\frac{\dot{p}_s}{p_s} - \frac{\dot{p}_t}{p_t}\right)$$

$$\dot{M}a=\frac{\mathrm{d}Ma}{\mathrm{d}\left(\frac{p_s}{p_t}\right)}\cdot\frac{p_s}{p_t}\left(\frac{\dot{p}_s}{p_s}-\frac{\dot{p}_t}{p_t}\right)=F(Ma)\left(\frac{\dot{p}_s}{p_s}-\frac{\dot{p}_t}{p_t}\right)$$

其中

$$F(Ma)=\frac{\mathrm{d}Ma}{\mathrm{d}\left(\frac{p_s}{p_t}\right)}\cdot\frac{p_s}{p_t}$$

根据马赫数公式可得：

当 $Ma\leqslant 1$ 时，有

$$F(Ma)=-\frac{1+0.2Ma^2}{1.4Ma} \tag{3-26}$$

当 $Ma>1$ 时，有

$$F(Ma)=\frac{(7Ma^2-1)Ma}{7\times(1-2Ma^2)} \tag{3-27}$$

该方法中 $\dot{p}_s$ 在计算升降速度时已得到，$\dot{p}_t$ 信号较容易得到，所以保证了马赫数变化率的精度要求。

2. 静压源误差修正

数字式大气数据计算机通过软件查表的方法来对静压源误差进行补偿。由于各型飞机的气动外形不同，静压源误差要通过试验在不同马赫数和攻角情况下测定，编排成矩阵供软件查询使用。一台数字式大气数据计算机中可以编排多种型号飞机的静压源误差修正矩阵，改变大气数据计算机后面销钉的排列顺序就可以改变静压源误差修正矩阵中的元素，适应不同机型的需要。

3. 自检与故障监控

数字式大气数据计算机配置有逻辑监控器、监控传感器、输入和输出接口、计算装置等工作状态，发现异常时进行机构重组或给出告警信号。

3.5 大气数据计算机相关指示仪表

大气数据计算机的指示仪表包括电动马赫数/空速表、电动高度表、电动升降速度表、真空速表和全温/静温表。

3.5.1 电气式大气数据仪表

1. 电动马赫数/空速表

电动马赫数/空速表主要显示计算空速、马赫数及最大空速，如图 3.22 所示。

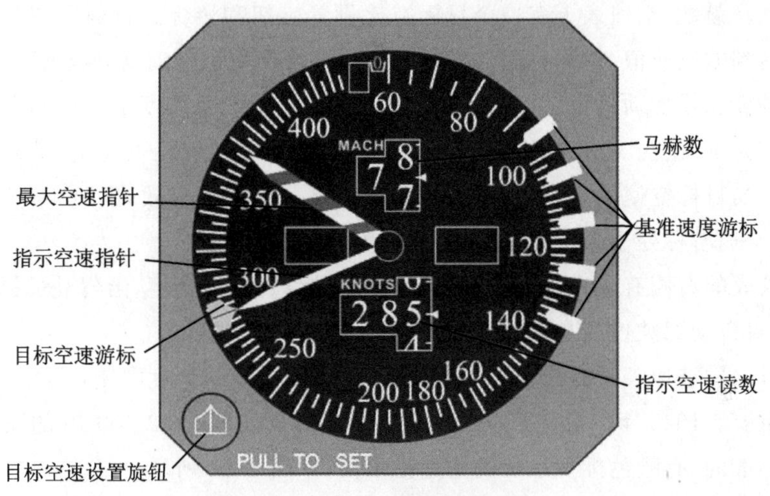

图 3.22 电动马赫数/空速表

空速指针：指示飞机目前的指示空速值，图 3.22 中“KNOTS”表示空速的单位是节。

空速窗口：以数字方式显示飞机目前的指示空速。当大气数据计算机运算出的指示空速不可靠时，有“A/S”字符警告牌出现。

马赫数窗口：以数字形式显示马赫数值。当飞机的马赫数低于最低限时，一块黑色挡板会遮住窗口；当马赫数不可靠时，“MACH”字符警告牌出现。

最大空速指针：指示最大空速限制值。当最大空速不可靠时，有“V_{MO}”字符警告牌出现。

警告显示状态如图 3.23 所示。

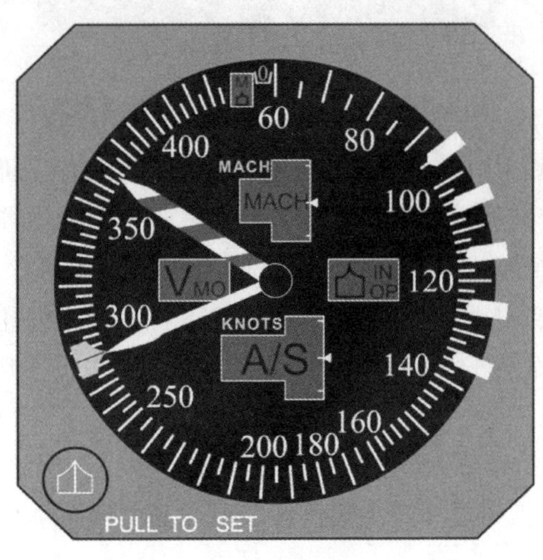

图 3.23 警告旗

电动马赫数/空速表上有一个目标空速设置旋钮和游标。目标空速就是下一步计划要达到的空速值，目标空速与实际空速之差将作用于自动驾驶仪或自动油门，改变飞机的姿态或发动机推力，将飞机的空速改变到要求的速度上。目标空速可以进行自动和人工设置。拉出目标空速调定旋钮并转动可进行人工设定；推入旋钮可自动调定。当目标空速处于自动设置方式时，如果目标空速无效，则“INOP”警告旗会出现；当空速游标处于人工设置时，“M”旗出现。

在仪表的右侧有 4 个基准速度游标，主要是设置基准速度，给驾驶员提供参考和观察，不对自动驾驶仪或自动油门起作用。

还有一种空速表带有颜色标识系统，便于飞行员辨认速度限制，对于飞行安全运行非常重要。1945 年以后生产的经 FAA 认证的自重低于 12 500 lb 的飞机都要求装配有标准的、有颜色标识系统的空速指示仪，如图 3.24 所示。

图 3.24　带颜色标识系统的空速指示仪

图 3.24 中白色弧形区域是襟翼操纵范围，绿色弧线是飞机正常操纵速度范围，黄色弧线为警戒速度范围。只有飞机处于平稳气流中、飞行员时刻处于戒备的情况下，才可在黄色弧线范围内飞行。红线为极限速度，禁止超越区域。白色弧线的下限为着陆形态（起落架和襟翼放下）下的最小稳定飞行速度或失速速度，上限为最大放襟翼速度，是可以完全放下襟翼的最大空速。如果超过这个上限强行放下襟翼，则会导致结构严重变形或失效。绿色弧线的下限为光洁形态下（襟翼和起落架在收起位置）的最小稳定飞行速度或发动机停车失速速度，上限为最大结构强度巡航速度，这是飞机正常运行的最大速度。黄色弧线区下限为最大结构强度巡航速度，上限为极限速度。

2. 电动高度表

电动高度表接收大气数据计算机输出的气压高度信号进行显示，如图 3.25 所示。高度低于 1 000 ft 时由无线电高度信号进行显示，最高位由黑白相间条纹或绿色出现。低于海平面时第一位有“NEG”字符出现，当系统出现故障时，有“OFF”旗出现。

(a) 高度小于10 000 ft

(b) 负高度

(c) 故障警告

图 3.25 电动高度表

3. 电动升降速度表

电动升降速度表接收大气数据计算机输出的高度变化率信号进行显示，如图 3.26 所示。当系统的状态参数无效时，有“OFF”警告旗出现。

图 3.26 电动升降速度表

4. 全温/静温/真空速表

飞机上一般采用全温/静温/真空速综合指示器，左侧为真空速，右侧可选择显示静温或总温，反复按压显示选择按钮，可进行右窗口中显示内容的切换，轮流显示静温和全温。显示静温时，“SAT”字符点亮；显示总温时，“TAT”字符点亮。

3.5.2 综合显示仪表中大气数据信息显示

在 EFIS 飞机上，大气数据参数集中显示在主飞行显示器 PFD(Primary Flight Display)和系统显示器 SD(System Display)上，分别显示速度、气压高度、垂直速度和总温/静温，如图 3.27 和图 3.28 所示。

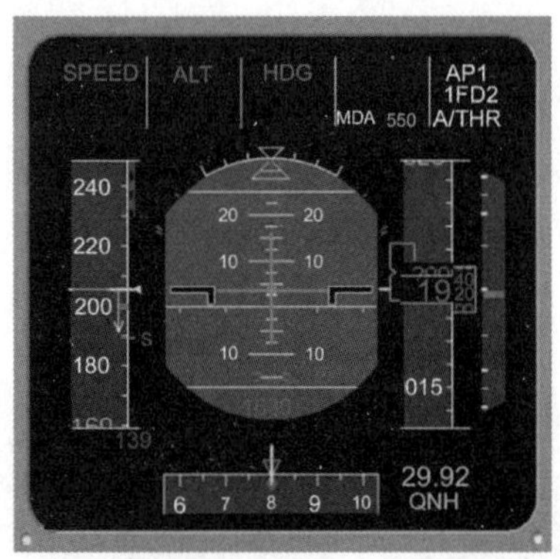

图 3.27　PFD 上空速/高度和垂直速度显示

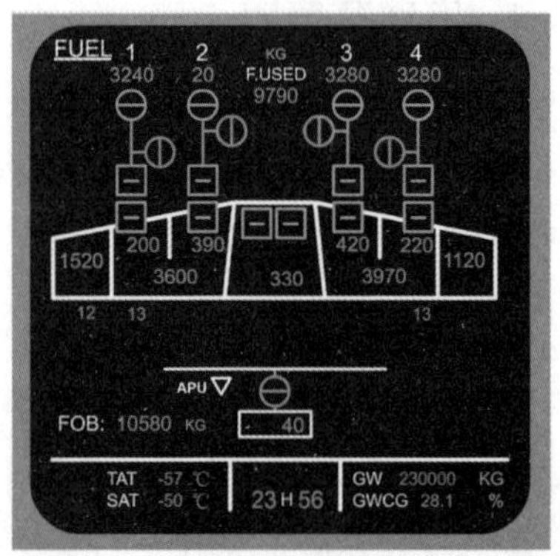

图 3.28　SD 上总温和静温显示

3.6　飞行模拟实验

选择飞行模拟软件中的塞斯纳飞机，在空中保持平飞状态，记录气压高度、空速、升降速度、姿态等信息。增加飞机的俯仰角，观察并记录空速、升降速度、气压高度的变化。保持飞机稳定平飞，增加油门，观察并记录空速、升降速度、气压高度的变化。同样，减小油门，观察并记录空速、升降速度、气压高度的变化。

当发动机功率恒定时，从平飞状态的任何改变都是由俯仰变化造成的。如果功率恒定，高度表实际上可以间接地给出平飞时的俯仰姿态指示。当飞机在平飞时，姿态应该保持恒定不变，所以从指定高度的任何偏离预示着需要改变俯仰姿态。例如，如果飞机正在增加高度，则必须压机头；反之，应该抬升机头。空速表可以用于俯仰姿态的间接指示，如果功率调定和俯仰姿态恒定，则空速会保持恒定。随着俯仰角的减小，空速会增加，这时应该抬升机头。随着俯仰角的增加，飞机的机头将抬高，这将造成迎角及诱导阻力的增大。增大的阻力将开始减缓飞机的动量，空速表上将会指示出来。相反，如果飞机的机头开始降低，则迎角和诱导阻力将减小。当使用空速表作为俯仰姿态仪表时，会有滞后现象。综上所述，与俯仰姿态相关的主要仪表能给飞行员提供对特定参数最有关信息的仪表。能够显示高度的仪表只有高度表，其他仪表都是辅助仪表，它们能显示偏差高度的趋势，但是不能直接地指示高度。

2018 年 2 月 11 日，俄罗斯萨拉托夫航空的一架安- 148 客机在莫斯科州坠毁，造成机上 65 名乘客和 6 名机组人员死亡，无人生还。经调查，事故的主要原因是空速管结冰，导致飞行员获取错误航速信息。通过黑匣子语音记录分析，很可能是副驾驶员获得错误的空速信息后，为了防止失速，想通过向下俯冲的方法增加速度进而获得足够的升力，而没有进行仔细分析，并且没有注意飞机的高度变化。虽然机长在最后阶段发现了副驾驶员的错误，但为时已晚。如果对飞机升力、速度、高度变化等相互影响原理比较熟悉的话，应该能够分析出来故障的原因。发动机功率和飞机姿态没有明显变化的情况下，飞机的速度是不可能突然减小的。如果确实是减小了，那么一方面可能是发动机功率减小，或者迎角突然大幅增大，而后者应该是可以明确判断的。而如果发动机功率突然衰减，那么姿态不变的情况下，飞机的高度应该下降，如果当时仔细判读飞机各参数的变化并进行详细的分析，就有可能判断出故障的原因。

下面以塞斯纳飞机为例通过起飞和降落实验，对速度、迎角、姿态等对飞机的影响进行体会。

起飞其实就是让飞机加速达到一定速度后获得足够升力，大于飞机自身重力后就可以获得向上的加速度，进而逐渐爬升。对于塞斯纳飞机，一般可以采用 55 nmile/h 左右的速度开始向后拉杆离地起飞，然后采用 80 nmile/h 左右的速度进行爬升，在爬升过程中俯仰角可以保持 11°。应注意，过大的俯仰角容易造成飞机失速。将油门推到最大，让飞机沿着跑道中心开始加速滑行，当空速表指示 55 nmile/h 时，逐渐向后拉杆，飞机开始离地爬升，保持俯仰角 11°。在起飞时还可以采用放出襟翼的方法，这时由于机翼面积和翼型的变化，飞机起飞所需的速度会减小。

降落是飞行员必须掌握的基础技能，这样才能安全返回地面。进近时可以保持 65～75 nmile/h 的速度，速度太低会失速，速度太高无法平稳落地。由于降落时的速度已经很接近失速速度，所以会对操控带来一定困难。为了保持低速时的足够升力，可以通过增加迎角的方式获得。在保持速度不超过 65 nmile/h 的前提下，可以通过调整动力来控制飞机的下降轨迹。在距离地面 10～15 ft 时开始拉平，通过迎角的变化让飞机飘落在跑道上。当然，在下降过程中要注意下降速率，可以保持约 100 ft/min 的下降率，过高的下降率会造成对机体的损坏甚至事故。另外，降落过程中也可以采取放襟翼的方式增加升力，降低失速速度。

复习思考题

1. 飞机的升力跟哪些因素有关？
2. 大气数据计算机的主要功能是什么？
3. 现代飞机的气压高度、空速、马赫数等参数由什么系统提供？
4. 空速表测量的是什么物理量？它的大小表示什么？
5. 为什么要进行静压源误差修正？
6. 为什么要测量温度？

第4章

姿态与罗盘系统

飞机与其他运动物体一样,需要对其位置、运动方向等进行描述和控制。另外,由于飞机在运动过程中与周围大气相互作用,不同的姿态所产生的气动力不同,所以还需要对机体的转动(包括角度和角速度)进行测量和控制。本章主要介绍姿态和航向的测量原理、方法,相关仪表、设备、系统及简单使用。

姿态信号反映飞机在空中姿态及姿态改变的信息,可为飞行员提供俯仰角、倾斜角和转弯角速度等参数,是飞行过程中必不可少的。早期飞机用气泡式水平仪指示飞机姿态,但受飞机机动性的影响,效果并不理想。陀螺具有进动性和稳定性的特性,被用来测量飞机的姿态角、航向角和角速度。实际上早在18世纪,欧拉、拉格朗日等学者已经对高速旋转刚体的力学问题作了详细的研究,并指出了进动性和定轴性。欧拉导出了刚体绕定点转动的动力学方程,为陀螺仪理论奠定了基础。陀螺仪首先在航海上得到应用。由于19世纪后半叶钢质轮船的出现,早期广泛使用的磁罗盘受到钢质船体的影响,很难保证精度,陀螺仪开始在航海中使用。20世纪初,陀螺罗经首先用于舰船的导航,标志着陀螺仪技术形成和发展的开端。陀螺仪在航空领域的应用始于20世纪20年代后,相继使用陀螺转弯仪、陀螺地平仪等作为指示仪表。30年代中期,自动驾驶仪中开始使用陀螺仪表作为敏感元件。40—50年代组合式仪表开始出现,包括陀螺磁罗盘、全姿态组合陀螺仪和陀螺稳定平台。

4.1 姿态测量

4.1.1 姿态角的描述及测量

飞机的姿态角是由机体坐标轴与地轴系之间关系确定的,即通常所指的欧拉角。取机体坐标轴系,原点 O 取在飞机质心处,坐标系与飞机固连。OX 轴(纵轴)在飞机对称平面内并平行于机体轴或平行于机翼弦线指向前方机头;OY 轴(竖轴)在飞机的对称平面内垂直 OX 轴指向上;OZ 轴(横轴)垂直于飞机对称平面沿翼展指向机身右方(机体坐标系的取向并不唯一)。这样,飞机的机体坐标系与地面坐标系的位置关系可通过3个角度来确定。俯仰角 θ 是指 OX 轴与水平面之间的夹角,抬头为正;倾斜角 γ(又称滚转角),指飞机的对称平面与包括 OX 轴的垂直平面之间的夹角，飞机右倾时为正；偏航角 ψ 是指飞机纵轴 OX 在水平面内投影与飞机参考航向之间的夹角，以机头左偏航为正。有的资料上将俯仰角和倾斜角称为姿态角，将偏航角称为航向角。

陀螺仪是测量运动物体角运动的一种装置，广泛应用于姿态角和姿态角速度的测量。飞机的姿态角大都使用陀螺仪或使用以陀螺仪为核心的惯导平台进行测量。

4.1.2 陀螺仪及基本特性

陀螺仪是敏感壳体相对于惯性空间角运动的装置。1852 年，法国物理学家列昂·福科(Leon Foucault)利用高速旋转刚体的方向稳定性，设计了一种装置试图验证地球自转现象，取名为“陀螺仪”(gyroscope 或 gyro)。这一词来自希腊文，意思是旋转敏感器。简单地讲，绕一个支点高速旋转的物体称为陀螺。陀螺有许多种类，包括挠性陀螺、静电陀螺、激光陀螺等，其中激光陀螺由于体积小、质量轻、精度高等特点正在被广泛使用。按照利用的物理效应可将陀螺仪分成两大类：一类以经典力学为基础，包括刚体转子陀螺仪、流体转子陀螺仪、振动陀螺仪等；另一类是以近代物理学为基础，包括激光陀螺仪、光纤陀螺仪、核磁共振陀螺仪、超导陀螺仪、压电晶体陀螺仪、粒子陀螺仪等。将高速旋转的刚体陀螺转子支撑起来安装在内框上，即为刚体转子陀螺。按照自转轴具有的转动自由度数目，分为单自由度陀螺仪和二自由度陀螺仪。二自由度陀螺可用来测量飞机的姿态角。

二自由度刚体转子陀螺由基座、外框、内框、转子组成，如图 4.1 所示。

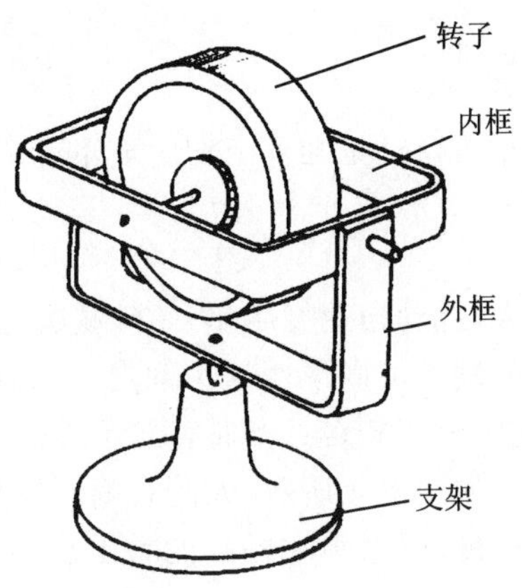

图 4.1 陀螺仪组成

二自由度陀螺具有进动性和稳定性两个明显的特性，在实际应用中也是利用这两个特性进行测量的。

首先介绍进动性(precession)。所谓进动，就是指当二自由度陀螺受外力矩作用时，它的转动方向与外力矩方向相互垂直。我们通常的概念是一个物体受到外力矩作用时，它的转动方向应与外力矩作用方向一致。而陀螺的转动方向是与外力矩作用方向垂直的。如图 4.2 所示，如果在二自由度陀螺内框处作用一外力，假设产生的外力矩为 M。那么，当陀螺转子稳定高速旋转时，整个陀螺将沿外框轴向右旋转。同样，当外力矩作用于外框时，陀螺将沿内框轴逆时针转动。陀螺进动的方向不是任意的，有固定的规律。

陀螺进动的方向是角动量矢量沿最短途径转向外力矩矢量的方向。我们可以归纳为右手法则：伸出右手，将大拇指伸直与其余四指垂直，其余四指以最短路线从角动矢量方向握向外力矩矢量的方向，则大拇指的方向就是进动角速度矢量的方向，如图 4.3 所示。

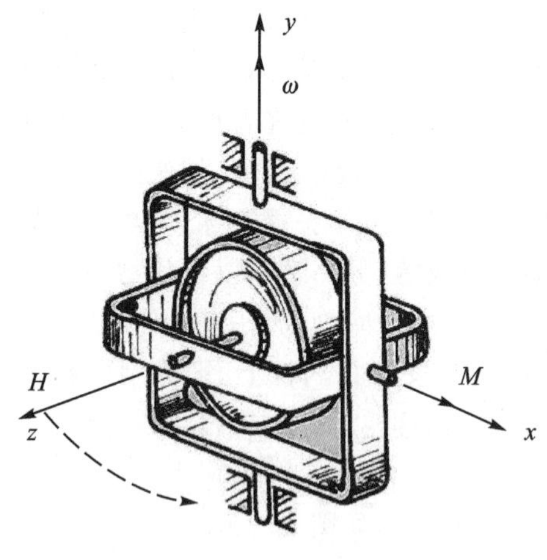

图 4.2　外力矩绕内框作用

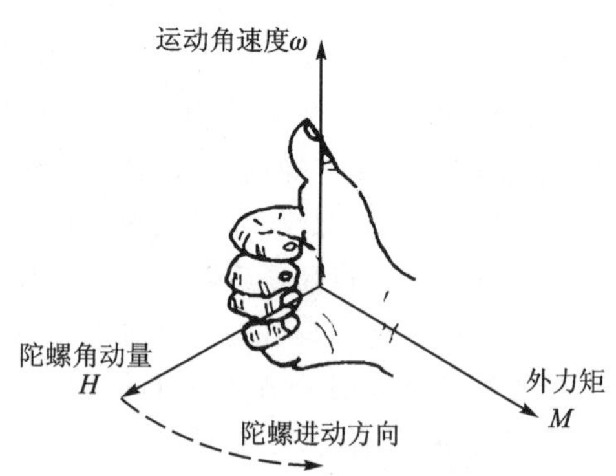

图 4.3　陀螺进动的方向

陀螺进动角速度的大小由角动量和外力矩的大小决定：

$$\omega=\frac{M}{H}$$

可见陀螺转子的角动量越大，进动角速度越小，陀螺越稳定。

日常生活中一个简单的例子可以说明这个问题。人在骑自行车时，前轮不断向前滚动，可以看成是一个陀螺。当骑自行车时若双手不去控制车把，则前进的方向可以依靠身体的倾斜来控制。如图 4.4 所示，人向右侧倾斜身体，相当于给前轮施加一个外力矩 M，设前轮动量为 H，根据刚才提到的右手法则，四个手指由 H 方向握向 M，进动的矢量方向是向下，即前轮向右转。也就是说，虽然没有给车把一个直接的转弯力矩，只通体身体倾斜就可以控制前轮转弯的方向。这就是陀螺的进动性在日常生活中的表现。

数千年以前，澳洲土著人发明了一种叫“飞来器”的神奇武器，在狩猎时，猎手向猎物投出后，如果没有击中目标，“飞来器”会神奇般地返回到投出者手中，是澳大利亚土著人传统的狩猎工具。现在“飞来器”已成澳洲人的宠儿，人们把它当作娱乐和健身运动、投掷比赛，这项运动风行欧美，成为了一种健身、娱乐、趣味性为一体的理

图 4.4　生活中陀螺进动性的表现

想健身器材。

“飞来器”之所以能够具有自动飞回投掷起点的功能，主要是利用了陀螺的进动性，如图 4.5 所示。掷出的“飞来器”高速旋转，我们可以把它看成一个陀螺。角速度矢量方向垂直页面指向外。

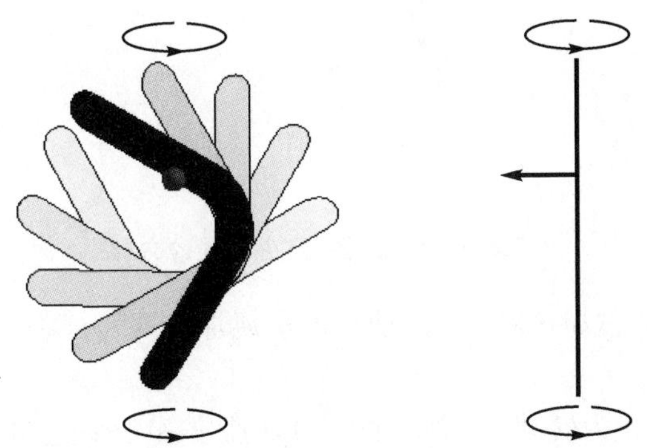

图 4.5　“飞来器”产生的进动

“飞来器”向前运动时与空气产生相对运动，可以认为风迎着“飞来器”吹过来。由于旋转时上端的速度比下端快，得到的升力也大，所以产生一个力矩，方向在图 4.6 中右侧图所示看垂直页面向外。根据右手法则，进动的矢量方向沿页面向上，如图 4.7 所示。

是什么使陀螺具有进动性呢？这里主要是因为哥氏加速度的存在。在理论力学中我们知道，质点加速度的合成时，当牵连运动为转动时，会产生一种附加的加速度，称为哥氏加速度。这时动点的加速度可写为

$$a_a = a_e + a_r + a_c \tag{4-1}$$

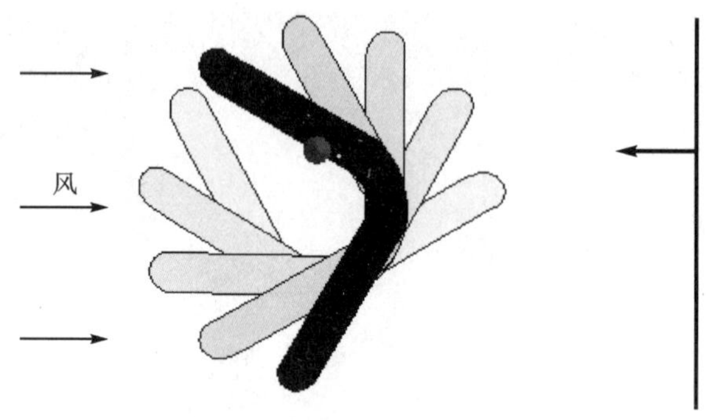

图 4.6 “飞来器”受力

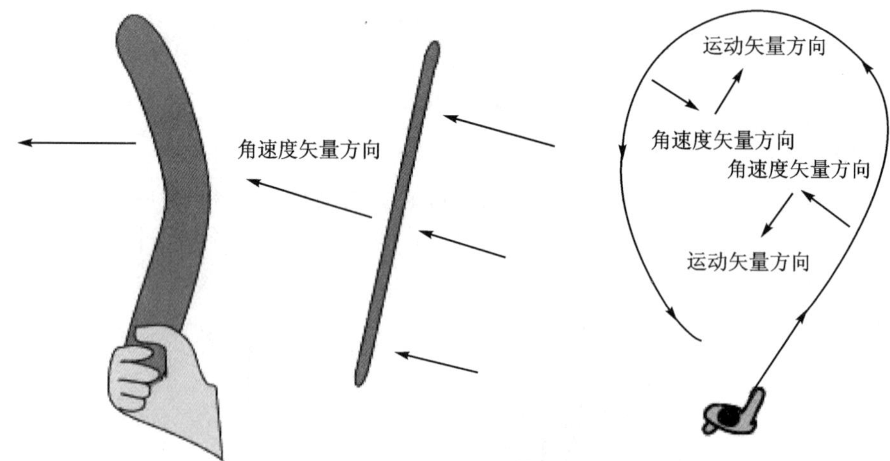

图 4.7 “飞来器”产生进动的方向

式中：a_a 为动点的绝对加速度；a_e 为动点的牵连加速度；a_r 为动点的相对加速度；a_c 为哥氏加速度。

可见，当牵连运动为转动时，动点的绝对加速度等于牵连加速度、相对加速度与哥氏加速度的矢量和，即哥里奥利斯定理。

至于哥氏加速度产生的原因，我们这里不详细叙述，可以参考理论力学的有关资料。哥氏加速度的方向可由右手规定确定：将相对速度垂直于牵连角速度矢量的分量顺牵连转动方向转过一直角即得。

我们通过反推简单解释进动产生的原因和方向。

如图 4.8 所示，陀螺角速度为 Ω，方向沿逆时针，假设此时陀螺绕外框轴 y 正向进动，角速度为 ω_y，在转子上取 4 个质点，它们的相对速度为 v_r。按右手法则确定哥氏加速度方向，将 v_r 沿 ω_y 及 ω_y 垂直方向分解，将垂直于牵连角速度矢量的分量顺牵连转动方向转过 90°即可。各质点哥氏加速度 a_c 方向如图 4.8 所示，大小为

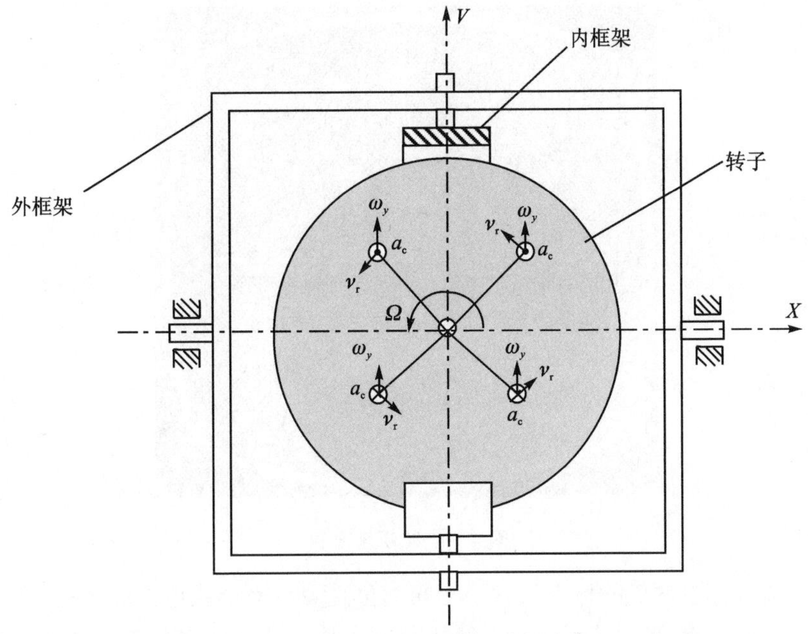

图 4.8　转子各质点的哥氏加速度及哥氏惯性力方向

$$a_c = 2\omega_y \Omega r \sin\theta \tag{4-2}$$

由牛顿定律,加速度的产生是由于力的作用,所以各质点存在与哥氏加速度方向相同的力。在转子的一、二象限中,哥氏力垂直于转子旋转平面向外,三、四象限中垂直于转子旋转平面向里。这样就产生了一个外力矩,使陀螺产生进动。

再来看陀螺的稳定性(stability of gyroscope)。所谓稳定性,是指二自由度陀螺能够抵抗干扰力矩,力图保持其自转轴相对于惯性空间方向稳定的特性,也可以叫做定轴性。也就是说,二自由度陀螺的转子绕自转轴高速旋转时具有角动量 H,如果不受外力矩作用,自转轴能够相对于惯性空间保持方向不变。

根据动量矩定理,如果陀螺仪不受外力矩作用,则 $\frac{dH}{dt}=0$,$H=$常数,说明陀螺的动量矩 H 在惯性空间中大小和方向都没有改变,自转轴在惯性空间中保持在初始方位。

4.1.3　陀螺地平仪与垂直陀螺

20 世纪 30 年代,飞机上开始使用陀螺地平仪,它是保证飞行员了解飞机俯仰、倾斜角度,正确操纵飞机的重要仪表之一,如图 4.9 所示。可以测量飞机的姿态,作为指示器供驾驶员直读。飞机上使用的姿态显示仪表主要是地平仪,还有转弯仪和侧滑仪。地平仪能够直接显示出飞机在空中的俯仰角和倾斜角,转弯仪和侧滑仪能够显示飞机在空中是否有转弯和侧滑现象。

图 4.9 陀螺地平仪

地平仪通过小飞机的标志与背景之间的位置关系来形象地指示飞机的姿态。一般用蓝色表示天空，褐色表示大地。当飞机标志位于蓝色和褐色交界线以上时，表示飞机上仰，机头向天空方向抬起；当飞机标志位于天空和大地交界线以下时，表示飞机下俯，具体的数值可通过刻度得到。当飞机倾斜时，例如背景向右倾斜，飞机标志不动，表示飞机左倾(一般认为地球不动，飞机在动，只表示位置关系)。数值可以通过上方的刻度得到。外圈白色刻度表示坡度(bank)，读数为 10°、20°、30°、60°、90°，中间短水平线表示俯仰角。实际上，如果此时驾驶员在驾驶舱中向外看，也会发现地面向右倾斜。地平仪的指示与实际观察的景象是一致的。

飞机的俯仰角和倾斜角反映了飞机与地平面之间的相对角位置关系。地垂线是物体受地心引力作用的方向线，是通过物体重心与地球中心的直线，始终垂直于地平面。可见，确定了地垂线的位置就可以唯一确定地平面。

一般地垂线是通过单摆来测量的。静止或作匀速直线运动的单摆在地心引力作用下自动指向地心方向，即指示出地垂线方向。不过，当单摆作变速运动时，摆除了受到重力作用外，还受到牵连惯性力的作用，会偏离地垂线位置。上面提到的二自由度陀螺具有很好的稳定性，陀螺自转轴相对于惯性空间方向不变。但陀螺不能自动寻找地垂线方向。可见，只要将单摆和二自由度陀螺相结合，利用单摆自动寻找地垂线的功能及陀螺稳定性，就能测得俯仰角和倾斜角。

陀螺地平仪结构原理如图 4.10 所示。由二自由度陀螺仪、修正装置和指示机构三部分组成。将陀螺的稳定性和摆的对地垂线具有的方向选择性综合起来。二自由度陀螺仪的外框轴沿飞机纵轴安装，修正装置由液体开关和力矩电机组成。液体开关利用摆的特性，能够自动寻找地垂线方向。当自转轴与地垂线重合时，液体开关的气泡处于中间位置，力矩电机的控制信号为零，陀螺自转轴保持不动。当自转轴偏离地垂线时，液体开关内的气泡偏离中心位置，力矩电机的控制信号不为零，分别对内、外环施加力矩，陀螺产生向地垂线方向的进动，最终使液体开关的气泡回到中心位置，陀螺自转轴与地垂线重合，完成对陀螺仪的修正。当飞机有短时间机动飞行时，液体开关不能真实地反映地垂线，会产生短时间的偏离修正。但考虑到陀螺的进动速度很慢，短时间内陀螺自转轴不会有太大偏差，相对比较稳定。当飞机做长时间机动飞行时，需要控制机构来修正误差。当飞机有加速度时，自动断开摆对陀螺的修正电路，停止对陀螺的修正。

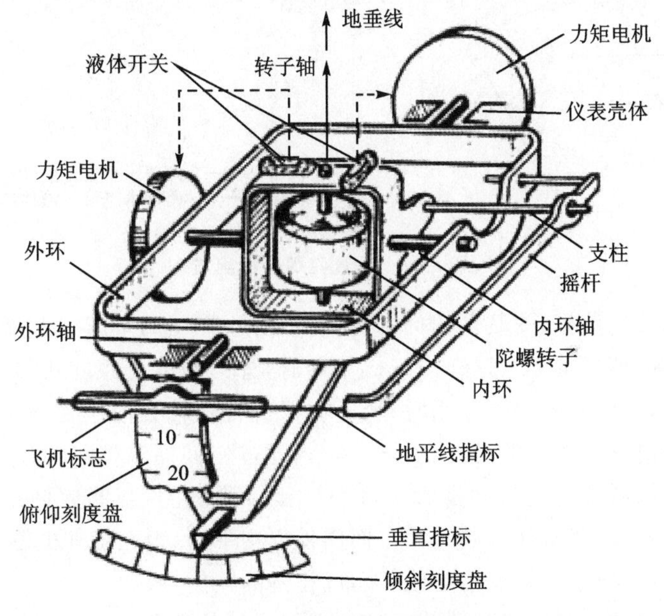

图 4.10 陀螺地平仪结构原理

指示机构由飞机标志和地平线指标组成。飞机标志固定在前表盖上，地平线指标固定在摇杆上，转轴在外环上，可以自由转动。当内环相对于外环转动时，内环上的支柱拨动摇杆，使地平线指标相对于飞机标志上下移动而指示飞机的俯仰角。俯仰刻度盘与内环固连，随内环转动，指示具体的俯仰数值。当飞机滚转时，仪表的壳体与飞机标志随机体倾斜，地平线指标保持水平，通过飞机标志和地平线指标的相对位置指示倾斜角。与机体固连的倾斜刻度盘随机体同时倾斜，而与外环固连的垂直指标保持水平，指示出具体倾斜角数值。

陀螺地平仪工作在传感器状态称为垂直陀螺仪，它可以为姿态系统和飞行指引系统提供飞机俯仰、倾斜姿态角基准，如图 4.11 所示。

垂直陀螺仪与陀螺地平仪的测量原理相同。垂直陀螺仪由二自由度电动陀螺、纵横向修正力矩马达、纵横向修正液体电门、纵横向修正断开电门、俯仰倾斜同步发送器、重锤及间隙限制器等组成。

垂直陀螺仪的外框轴沿飞机纵轴安装，转子轴与地垂线重合。为了测量和输出

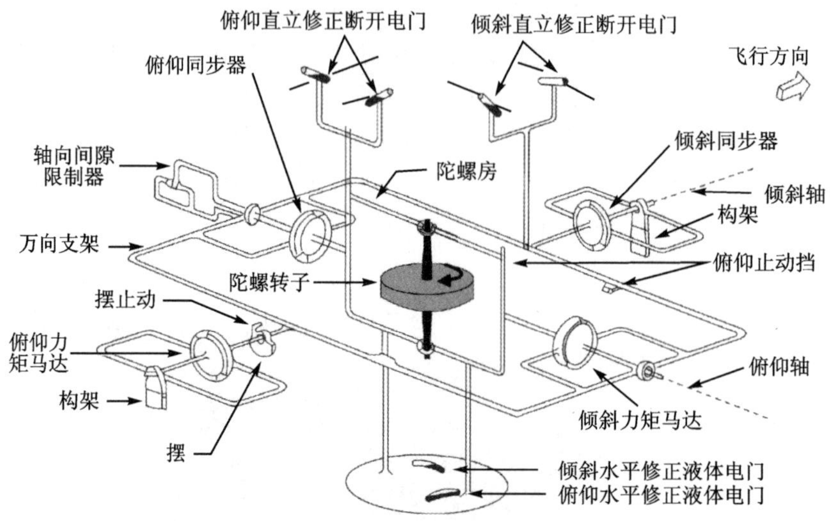

图 4.11　垂直陀螺仪的组成

飞机的俯仰和倾斜信号，安装了俯仰、倾斜同步发送器，定子固定于陀螺的外壳上，转子分别固定在内外环轴上。这样当飞机俯仰时，外框与表壳跟随机体一起转动。由陀螺的定轴性，在没有外力矩作用时，转子会保持自转轴方向不变，也就是内框保持稳定。外框绕内框轴转过的角度就是俯仰角，通过俯仰同步器可输出与俯仰角成比例的电信号。倾斜角是通过内框轴及倾斜同步器测量的，与测俯仰角的原理一样。飞机倾斜时，表壳跟随机体一起转动。而内外框均不动，表壳绕外框轴转过的角度就是倾斜角，通过倾斜同步器输出与倾斜角成比例的电信号。

准确测量俯仰角与倾斜角的前提是陀螺转子轴始终与当地的地垂线重合，与此垂线相垂直的平面就是水平面基准。由于地球自转、飞机机动飞行以及摩擦等不平衡力矩的存在，使陀螺转子轴无法始终保持与地垂线一致，为此设计了修正装置。通过地垂修正装置能够完成对陀螺转子轴的修正，克服表观现象和干扰力矩产生的漂移现象。地垂修正原理如图 4.12 所示。

地垂修正装置由液体电门和力矩马达组成，主要作用是使陀螺的自转轴始终保持在飞机所在位置的地垂线方向上。当转子轴与地垂线平行时，水银珠停留在中央位置，修正电机的控制绕阻电路不通，不产生修正力矩，当转子轴发生倾斜时，水银珠在重力作用下移到左侧接通修正电机绕阻，产生修正力矩 M_c，陀螺自转轴产生进动，直至恢复到地垂方向，水银珠回到中间，电路断开。

为了保证飞机以一定的角速度转弯、盘旋和直线加速度飞行时，避免产生错误修正，使用了俯仰直立修正断开电门和倾斜直立修正断开电门来及时断开错误修正。

为防止陀螺组件未通电时产生翻滚，在万向支架上配置了一个重锤。

另外，还有电子监控组件监控供电电源的线电压、转子的转速、快慢修正等，出现

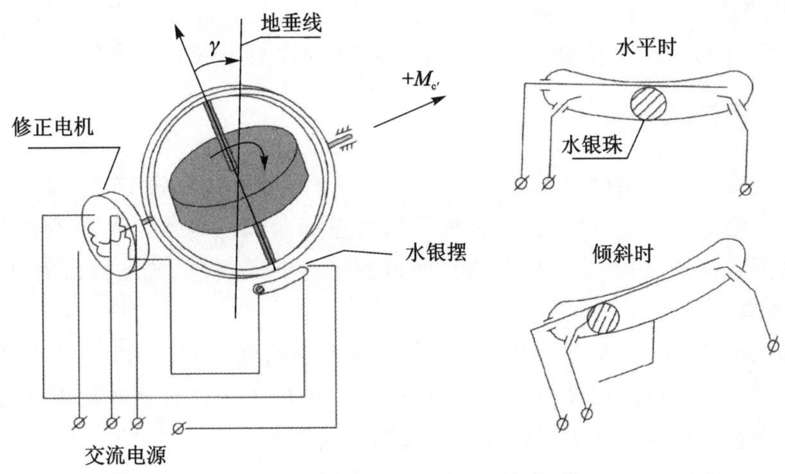

图 4.12　地垂修正原理

故障时发出报警信号。

4.1.4　姿态指引指示器 ADI

20 世纪 50 年代后期开始出现指引地平仪（当时又称飞行指引指示器），可以显示飞机姿态和飞行指引指令，对保证飞机安全着陆具有重要意义。20 世纪 60 年代研制的飞机电子综合显示仪，可在飞行过程的各个阶段综合显示所需要的信息，航空地平仪作为备用。

姿态指引指示器 ADI 是一个综合性指示器，如图 4.13 所示，将姿态、姿态指引信号、仪表着陆系统指示及决断高度警告信号等进行综合，能够直接形象地向驾驶员指示操纵飞机的方向，保证按预定的航迹飞行。驾驶员可以直接跟随指引杆控制飞机，不必再观察几块仪表后再作出判断。

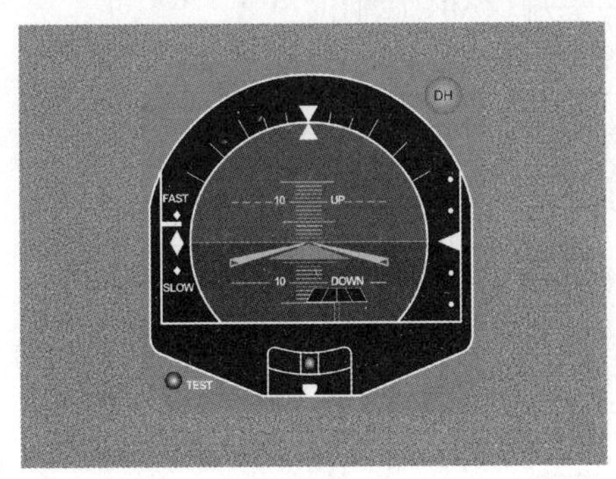

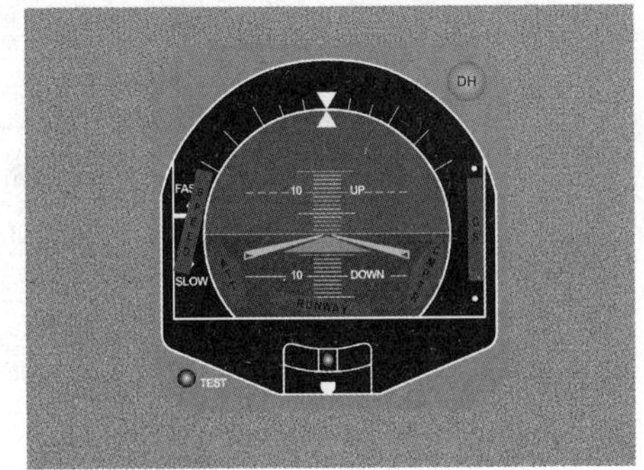

图 4.13　姿态指引指示器

姿态系统故障、指示器未通电或测试按钮按下时会出现 ATT 警告旗，飞行指引仪故障时出现 COMPUTER 警告旗；未接到有效 LOC（Localizer 航向信标）信号时，出现 RUNWAY(跑道)警告旗;未收到有效 GS(Glideslope 下滑信标)信号时,出现 GS 警告旗;有的 ADI 上无速度快慢指示。ADI 的详细介绍见第 5 章。

4.1.5 姿态系统

姿态系统即姿态基准系统(attitude reference system)作为中心姿态信号源,是现代飞机主要的姿态信号源之一,提供飞机的俯仰角和倾斜角信号。为姿态指引指示器提供姿态信号,同时为飞机上的其他设备提供姿态信息,如飞行指引系统、自动驾驶仪、气象雷达等。

早期飞机的姿态信息完全是通过陀螺地平仪进行测量和显示的。首先作为直读式指示仪表用于飞机的驾驶,后来作为传感式仪表用于飞行自动控制系统和其他机载设备。姿态系统与普通地平仪相比具有明显的优势:

- 采用的传感器垂直陀螺动量矩很大,稳定性好,具有误差修正机构系统的精度更高;
- 采用自动控制方式工作,自动化程度高,使用方便;
- 具有监控电路,便于监测故障;
- 姿态信号既可以传输给指示器,又可以向飞机的其他设备提供飞机姿态信息。

姿态系统与姿态指引系统组合在一起,形成姿态指引指示器,在提供飞机姿态信息的同时告诉驾驶员如何操纵飞机,保持飞机姿态。

现代飞机一般安装两套姿态基准系统,主要有垂直陀螺 VG(Vertical Gyro)、姿态指引指示器及转换电门等。姿态系统的组成如图 4.14 所示。正常情况下,两套系

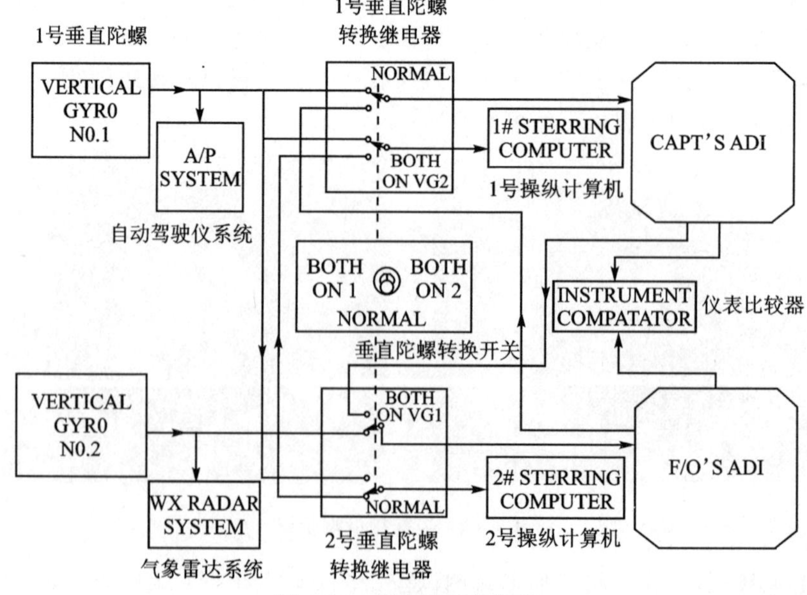

图 4.14 姿态系统的组成

统分别提供给机长和副驾驶使用(图 4.14 中的 NORMAL 状态)。当一个出现问题时,可通过转换电门转换,切换到工作正常的一套系统,BOTH ON 1 或 BOTH ON 2,使其中一个为两套系统共用。姿态系统在中、小型飞机上被广泛使用,目前大型飞机上的姿态基准系统被惯性基准系统(IRS)所替代。

4.2 航向测量

除了姿态信息以外,飞机的航向也是极其重要的信息。飞机的航向就是飞机机头的方向,一般用航向角表示,就是指飞机纵轴的水平投影线(航向角的定位线)与地平面上某一基准线之间的夹角。一般规定航向角的计算方法是从基准线的正方向按顺时针量至定位线的正方向。飞机的航向采用罗盘测量,实际就是用罗盘传感器测定水平面上基准线的位置。用罗盘的指针代表位置线,刻度盘上 0°与 180°连线代表基准线,两线之间的夹角代表飞机的航向角。实际使用中罗盘指示航向有两种方式:一种是刻度盘固定,指针随航向变化同步转动指示航向;另一种是指针固定,刻度盘随航向变化同步转动。

罗盘的基准线可采用地球磁子午线、真子午线、飞行航线起点子午线或飞机转弯起点航线。通常以上基准线的正方向是指磁北线、真北线和飞行方向线。根据所使用的基准线不同,航向可分为磁航向、真航向、罗航向、大圆航向和陀螺航向。

真航向——飞机纵轴与真子午线(地理经线)在水平面上的夹角称为真航向角。按真航向角计算的飞行航向叫做真航向。这样,地理的正北、正东、正南、正西方向分别对应真航向的 0°、90°、180°、270°。

磁航向——飞机纵轴与磁子午线(地球磁经线)在水平面上的夹角称为磁航向角。按磁航向角计算的飞行航向叫做磁航向。这样,磁北、磁东、磁南、磁西方向分别对应磁航向的 0°、90°、180°、270°。

由于地理的南北极点与地磁的南北极点不重合,因此真子午线与磁子午线之间会有一个磁偏角。我们把磁经线偏离真经线的角度称为磁差。

磁差既有大小又规定了正负:磁子午线北端在真子午线东侧为正,在西侧为负。磁差会随时间、地点不同而有所区别,可以从磁差图上查出,而磁差图每隔一定时间也需要进行修正。一般来讲,各地的磁差值在一年内变化不会超过 10′。

罗航向——飞机纵轴与罗子午线在水平面上的夹角称为罗航向角。按罗航向角计算的飞行航向叫做罗航向。飞机上的钢铁物质、发动机、电台等都会产生磁场,我们把这个磁场叫做飞机磁场。这样,飞机上的罗盘会同时受到地球磁场和飞机磁场的作用。指针会偏离地球磁场的磁极方向,罗子午线与磁子午线的夹角称为罗差。

大圆航向——通过地心的截面与地球表面相交的圆圈称为大圆圈。飞机沿大圆圈线飞行的航向称为大圆航向。由于大圆圈比其他圆圈有更大的半径,曲率最小,所以地球表面任意两点间的距离,大圆圈线最短。也就是说,地球表面两点间按照大圆航向飞行的路程最短。

陀螺航向——将陀螺自转轴置于水平，把它作为航向基准线，那么它所指示的航向称为陀螺航向。陀螺航向通常用来确定飞机的转弯角度。在转弯之前记住陀螺航向指示值，或调整刻度盘使它指示 0°航向，然后飞机转弯便能准确地指出飞机转弯时的瞬间角度。

4.2.1 磁罗盘

早期飞机采用磁罗盘来确定航向，磁罗盘如图 4.15 所示。

表盘上用 E、W、N、S 分别表示东、西、北、南四个方向。早期的磁罗盘比较简单，采用磁条式结构。工作原理与指南针类似，利用自由旋转的磁条跟踪磁经线的特性测量航向。旋转的磁条带动刻度环旋转，与代表飞机纵轴线位置的航向标线之间的角度差表示航向。刻度环的 0°～180°线与磁条重合，N 极指向 180°方向，S 极指向 0°方向。磁条在地磁水平分量和飞机磁场水平分量作用下，始终停留在罗子午线的方位上。这样，航向标线在刻度环上的读数就是罗子午线与飞机纵轴在水平面上的夹角，即落航向。磁罗盘指示的航向如图 4.16 所示。

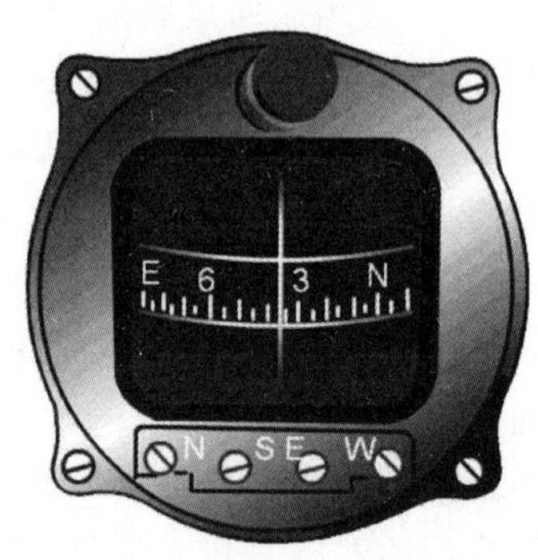

图 4.15　磁罗盘

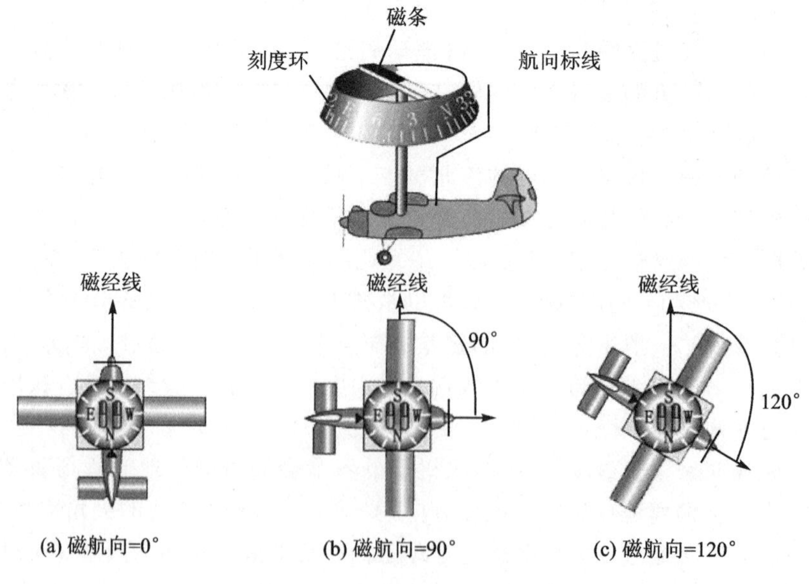

图 4.16　磁罗盘指示的航向

磁罗盘具有自动定向的特性，但稳定性差，定向精度低。另一种磁传感器是感应式结构。它灵敏度高，无停滞误差且无测量惯性。目前，磁条式磁传感器已很少使用。

4.2.2 航向陀螺仪

航向陀螺仪也可用于测量飞机的航向角。航向陀螺仪利用陀螺的特性，测量飞机转弯的角度，同时可以测量飞机航向。由二自由度陀螺、刻度盘、航向指标、水平修正器和方位修正器等组成，如图 4.17 所示。二自由度陀螺外框轴与飞机立轴平行；自转轴保持水平；航向指标固定在表壳上，代表飞机纵轴。利用二自由度陀螺稳定性测量飞机航向和转弯角度。稳定性好，但没有自动定向的能力，也就是不具备自动指北的特性，故也称为陀螺半罗盘。并且由于陀螺仪表观误差等因素的存在，飞行过程中驾驶员要每隔一段时间根据磁罗盘的指示进行校正，给使用带来诸多不便，目前已逐渐被陀螺磁罗盘所取代。

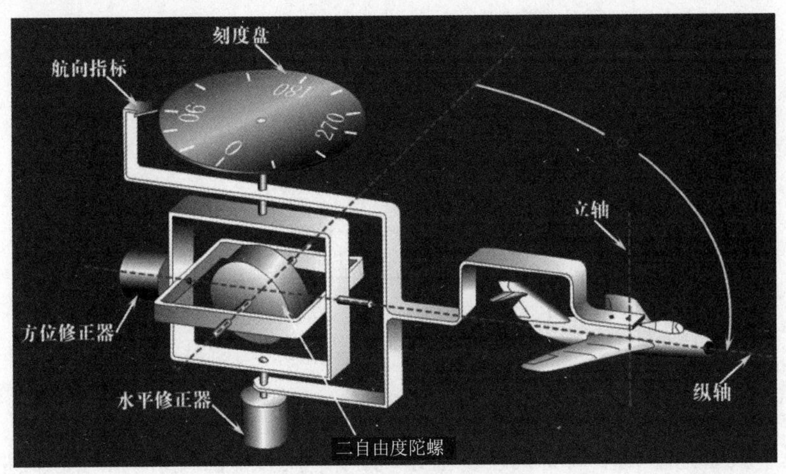

图 4.17 航向陀螺仪的组成

4.2.3 陀螺磁罗盘

陀螺磁罗盘是将磁罗盘和陀螺半罗盘进行组合，利用磁罗盘能够自动指北的功能及陀螺半罗盘的良好稳定性，形成既能独立测量航向，又具备良好稳定性和较高灵敏度的测量航向仪表。它由磁传感器、放大器、陀螺机构和航向指示器组成。

陀螺磁罗盘既能测量飞机航向，又可以比较准确地指示出飞机的转弯角速度。平飞时，利用磁传感器测量飞机的磁航向，通过陀螺机构控制指示器的指针，指示飞机的磁航向。飞机转弯时，为防止磁传感器对磁航向错误修正，监视飞机的偏航速率，经角速度传感器除去修正信号，使飞机在改变航向时，航向基准完全由航向陀螺仪稳定，指示飞机的转弯角度。

4.2.4 罗盘系统

飞机上除了磁罗盘、陀螺半罗盘和陀螺磁罗盘以外，还有无线电罗盘和其他导航设备，如天文罗盘。由两种或两种以上原理不同的罗盘组成的测量飞机航向的系统，称为罗盘系统(compass system)，又叫做航向系统(heading system)。罗盘系统的使用提高了测量航向的精确性，提高了设备的自动化程度，便于设备的使用监测。其主要功能是将航向信息送往 RMI(无线电磁指示器)和 HSI(水平状态指示器)进行指示；将航向信息送往机上的其他设备，如自动驾驶仪 AP、飞行指引系统 FD 等。

1. 罗盘系统的分类

目前罗盘系统有两种形式：一种是有磁校正方式(MAG)和陀螺半罗盘方式(DG)两种工作方式的系统，有的飞机上称为伺服方式(slave)和自由方式(free)；另一种是外加天文罗盘三种工作方式的系统。罗盘系统的分类如图 4.18 所示。

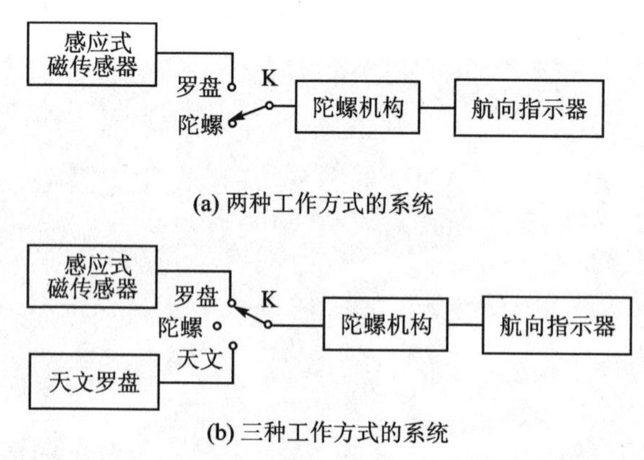

图 4.18　罗盘系统的分类

一般中大型运输机上装备两套罗盘系统：第一套系统将航向信号送到左座 HSI(水平状态指示器)和右座 RMI(无线电磁指示器)；第二套系统将航向信号送到右座的 HSI 和左座的 RMI。任意一套出现故障时，均可以进行电门切换，从无故障的系统得到信息。

罗盘系统主要由磁传感器、方位陀螺、控制板、指示器、罗盘转换电门、转换指示灯及相应的转换继电器、罗盘耦合器、补偿器等组成，如图 4.19 所示。

磁传感器也叫罗盘传感器，是三相地磁感应元件，安装在受飞机磁场影响较小的地方，如翼尖或垂直安定面内。磁传感器结构如图 4.20 所示。

方位陀螺也叫陀螺机构，简称 DG(Directional Gyro)，一般安装在电子/电气设备舱内，如图 4.21 所示。

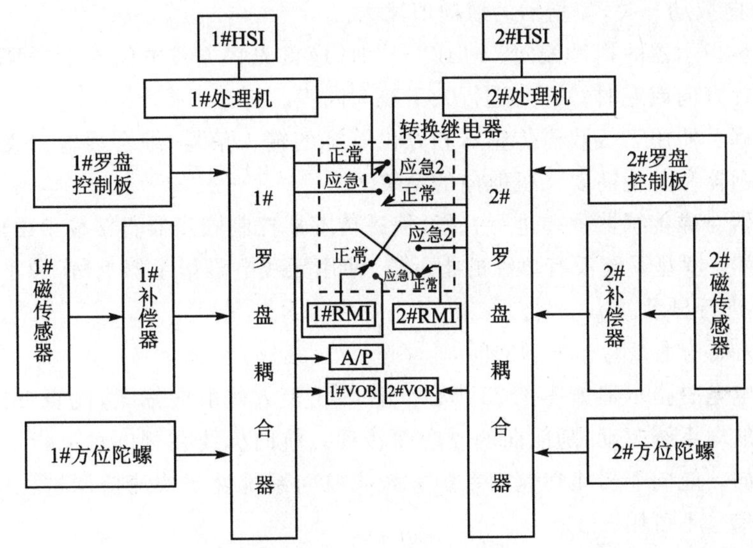

图 4.19 罗盘系统的组成

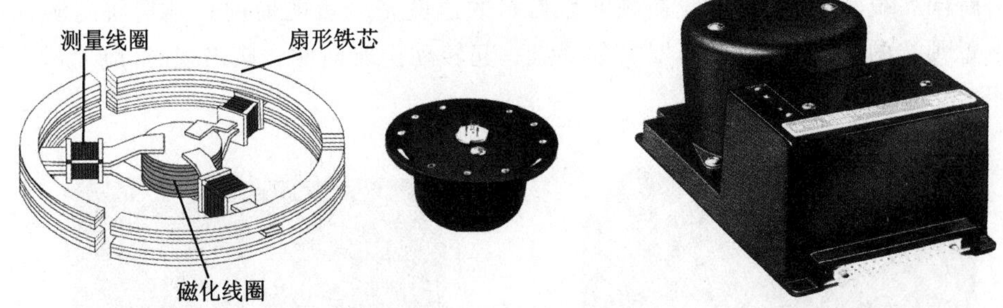

图 4.20 磁传感器结构

图 4.21 方位陀螺

控制板用于控制罗盘系统的工作方式,如图 4.22 所示。

控制板最上方的同步指示器用于显示指示器指示的航向与磁传感器测量的航向是否一致。当指针位于中间位置,表示指示器指示的航向和磁传感器测量的航向一致;指针偏向“+”一侧时,表示指示器指示的航向大于磁传感器测量的航向;指针偏向“-”一侧时,表示指示器指示的航向小于磁传感器测量的航向。方式选择开关用于选择罗盘系统的工作方式。包括伺服方式和自由方式。人工航向同步开关用于人工进行航向修正。沿顺时针(CW)方向扳动开关,可以沿顺时针方向转动刻度盘,使指示的航向值减小。反之,沿逆时针

图 4.22 控制板

(CCW)方向扳动开关,使指示的航向值增大。

当同步指示器的指针偏向"+"或"−"时,应首先将方式电门置于"FREE"位,然后沿顺时针方向或逆时针方向进行人工航向同步。

罗盘耦合器用于接收磁传感器和方位陀螺的输入信号,综合后输出飞机的航向信号给指示器和其他需要飞机航向的系统。

补偿器对磁传感器罗差进行补偿,使磁传感器控制同步器直接输出磁航向信号。

指示器:罗盘系统没有单独的指示器,使用无线电磁指示器 RMI 和水平状态指示器 HIS 进行显示。

(1) 无线电电磁指示器 RMI

无线电电磁指示器如图 4.23 所示。仪表正上方是航向标线,代表飞机的纵轴。刻度盘由航向系统驱动,随航向的改变而转动。航向标线在刻度盘上指示的值就是飞机的航向。航向警告旗在航向系统失效或航向系统处于快速协调过程中时出现,表明航向信号不可用。

(2) 水平状态指示器 HIS

水平状态指示器如图 4.24 所示。仪表正上方是航向标线,代表飞机纵轴。刻度盘由航向系统驱动,航向标线在刻度盘指示的值就是飞机的航向。预选航向游标用于设置预选的航向,选好后与罗盘刻度盘一起转动。航向警告旗出现时,航向信号不可用。

图 4.23 无线电电磁指示器

图 4.24 水平状态指示器

2. 罗盘系统的工作方式及原理

当方式选择器电门置于方位陀螺 DG 位(Free)时,罗盘系统工作于陀螺半罗盘状态。航向同步器沿方位陀螺外框轴安装,转子在外框上,静子固定于外壳上。将陀螺方位角转换为电信号,经航向同步器传送给 RMI 带动数码盘转动显示航向信息。

当方式选择器电门置于地磁校正 MAG 位时,罗盘系统工作在地磁校正状态。

将陀螺方位角与磁航向输出之差使地磁校正随动系统自动协调。

通电前，指示器上的 HDG 或 COMPASS 警告旗出现；通电后警告旗收回，同步指示器指针稳定在中间位置；飞行中转换电门常置于 NORMAL 位；1＃罗盘失效后，将电门置于 BOTH ON2 位，同样，2＃罗盘失效后，将电门置于 BOTH ON1 位；均失效后使用磁罗盘。

4.3 飞行模拟实验

程序转弯是一种机动飞行用来帮助使飞行方向反向以及从一个初始进近定位点或从指定高度到一个许可高度(通常为程序转弯高度)的下降。还可以以足够的距离截获向台航道使得飞机对准最后进近。程序转弯类型包括 45°转弯、80°/260°转弯和修正角转弯。所有这些转弯距离主机场都不超过 10 nmile。在程序转弯区域的程序转弯高度一般提供最小 1 000 ft 的离地高度(主机场的 10 nmile 弧内全部区域不必要)。转弯可能不得不增加或减小坡度，但不应该超过 30°的坡度。

1. 标准 45°转弯

转弯程序如图 4.25 所示。

① 在 *A* 点开始计时(通常由进近程序的一个定位点来确定)。例如，背台顺着 360°航向飞一个给定的时间(2 min，在该例中)。

② 背台飞 2 min 后(*B* 点)，使用标准率转弯左转 45°到航向 315°。改出坡度并稳定后，在新航向 315°上飞行 40 s，飞机大约将会在 *C* 点的位置。

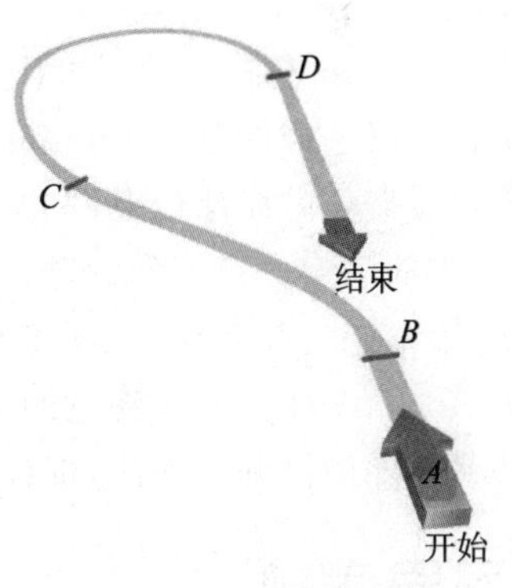

图 4.25 转弯程序

③ 在 *C* 点，右转弯 225°(使用标准转弯率转弯)到航向 180°。计时是在无风的环境下进行的，飞行员将在 *D* 点对准最后进近 180°的航道。在程序转弯中必须考虑风的情况。对风进行补偿可能会引起背台时间、程序转弯航向和/或时间的变化及向台转弯的较小变化。

2. 本场五边飞行

本场飞行就是起飞、着陆在同一条跑道。而五边飞行，就是指离场边、侧风边、下风边、侧风边、进场边，每相邻两边成 90°，绕行一个长方形回到起飞的跑道。本场五边飞行涵盖了起飞、巡航、降落的要点，是飞行员训练考核、机场校验的必备项目，如图 4.26 所示。

把油门开至最大，当速度达到 65 nmile/h 时，轻带杆抬机头至向上 8°～10°(姿态仪的中点位于向上 1 小格至 1 大格之间)，飞机就可以离地了。起飞后保持起飞的

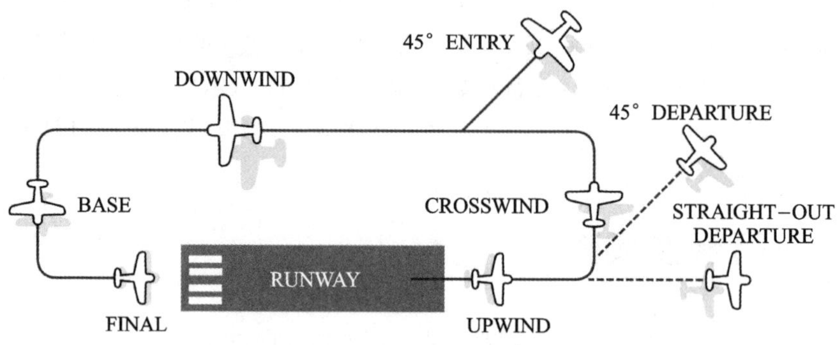

图 4.26　本场五边飞行

一边航向，稍减油门，保持速度(80±10) nmile/h 的速度，500～800 ft/min 的上升率。飞出了跑道范围就可以转向第二边了，可以向左转，也可以向右转，例如向右侧转过 90°。这里要注意的是，转向时要稍稍抬一点机头保证飞机不掉高度，侧倾的姿态可以保持在1～2 个小格之间。第二边一般飞 1～2 min 就可以了，然后同样右转 90°，此时航向和跑道平行，保持高度(1 500±100) ft。从第三边转入第四边需要考虑时机，理论上讲，在座舱中回头看，跑道位于自己斜后方 45°即可。从第四边转入第五边，时机至关重要，一定要打出提前量来。转向第五边前，放下 10°襟翼，保持速度 70 nmile/h 左右。襟翼可以让飞机在较低的速度下产生较大的升力，一般来说，速度表上白色的部分(80 nmile/h 以下)是允许放襟翼的速度，高于这个速度会让放出的襟翼损坏。而绿色范围的尽头是襟翼全放的临界速度，低于这个速度就会失速下坠，非常危险。在下降的过程中，开始减速并放下襟翼。在 60 nmile/h 时放下 20°襟翼，50 nmile/h 时放下 30°襟翼。图中红圈示意，当前襟翼完全放下(30°)，速度保持在 50 nmile/h。需要注意的是，放下襟翼会导致阻力增大，速度降低，所以，每次放下襟翼都要酌情调整油门，保证速度。

复习思考题

1. 为什么要测量飞机的姿态？飞机的姿态一般通过哪些装置进行测量？
2. 早期利用刚体陀螺制作的地平仪是通过什么原理来测量俯仰角的？
3. 陀螺的两个主要特性是什么？
4. 罗盘系统为什么能指示磁航向？
5. 磁罗盘与陀螺半罗盘的区别是什么？

第5章

自动飞行系统与飞行管理系统

5.1 概述及自动驾驶仪

5.1.1 概 述

飞机在空中的姿态及运动状态一般是由升降舵、副翼、方向舵和油门杆来调整和控制的。要保持或改变飞机的运动状态，必须通过操纵三个舵面和油门杆来完成。人工操纵飞机时，驾驶员根据座舱内仪表的指示，不断调整及控制舵面和油门杆。为减轻驾驶员的劳动负荷，提高飞行精度，保证飞行安全，现代飞机一般都安装了自动飞行系统 AFS(Automatic Flight System)，完成驾驶、导航、性能和动力管理。1912 年美国的爱莫尔·斯派雷(Elmer Sperry)研制成功了第一台可以保持飞机稳定平飞的电动陀螺稳定装置。

自动飞行系统实际上就是利用自动控制技术，操纵舵面和油门杆，自动控制飞机的飞行，驾驶员只需监控，不必直接参与对飞机的控制。尤其是现代战斗机中，为了提高飞机的机动性，有时故意将机体设计成不稳定系统，通过自动控制完成对飞机的操纵。在飞行速度及机动性不断提高的背景下，仅凭人的视觉等感官去感应飞机状态控制飞机，完成控制循环，这是无法满足要求的。人的反应速度在这种条件下显得太过于缓慢，必须利用自动飞行系统完成对飞机的控制。

飞行控制的任务主要是稳定和控制飞机的角运动，包括俯仰、滚转和航向，以及飞机的质心运动，包括前进、升降和左右。飞行控制采用反馈控制原理，被控对象是飞机，控制器按负反馈方式组成闭合回路，实现对飞机的稳定与控制。被控量是飞机的姿态角、飞行速度、高度和侧向偏离等；控制量是飞机舵面的偏转角和油门杆的位移。

自动飞行系统主要完成如下功能：

- 控制飞机的姿态及航向；
- 控制飞机的轨迹；
- 控制飞机的速度；
- 改善飞机的操纵性及稳定性。

首先是控制飞机的姿态和航向，自动控制飞机的姿态和航向，完成预定的飞行任务;通过航路点的设置,控制飞机的飞行轨迹。通过对空速的测量和发动机转速的测量由推力管理计算机控制油门杆,从而控制飞机的速度;由飞行管理计算机、人工操作、通过方式控制板选择和输入及传感器的输入经飞行控制计算机处理控制升降舵、方向舵及安定面配平和升降舵不对称组件,消除杆力,改善操纵性,增加稳定性。

自动飞行系统包括如下部分:

- 飞行管理计算机系统 FMCS(Flight Management Computer System);
- 推力管理系统 TMS(Thrust Management System);
- 自动油门系统 AT(Auto Throttle);
- 自动驾驶/飞行指引系统 AP/FD(Auto Pilot/Flight Director);
- 自动俯仰配平系统 APT(Auto Pitch Trim);
- 偏航阻尼系统 YD(Yaw Damper)。

自动飞行系统的组成如图 5.1 所示。

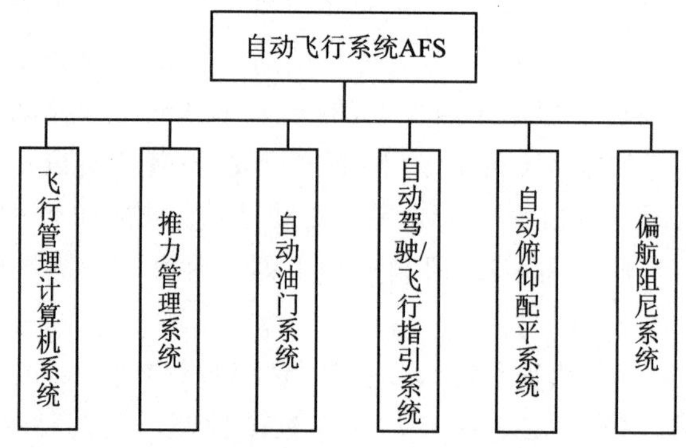

图 5.1　自动飞行系统的组成

根据飞机用途和要求的不同,可选装其中的一部分或全部安装,在起飞、离场、爬升、巡航、下降、进近、着陆、复飞的整个飞行阶段中使用。

5.1.2　自动驾驶仪

自动驾驶仪 AP(Auto Pilot)的基本功能简单地说就是稳定飞机和操纵飞机。

第一个功能是稳定飞机,在飞行中代替飞行员操纵飞机舵面,使飞机稳定在某一状态,如果受到干扰,自动驾驶仪会自动将飞机修正到原状态,如保持飞机平直飞行、保持飞机的姿态等。第二个功能是操纵飞机,根据指令将飞机从原状态改变到另一状态,如按给定倾斜角或预选航向操纵飞机转弯,按给定的俯仰角或升降率上升或下降等。

一般飞机有三个舵面:升降舵、方向舵和副翼,要想对飞机进行自动驾驶,就要对这三个舵面进行自动控制。相应地,自动驾驶仪由三个通道组成,包括俯仰、倾斜和航向通道,分别控制一套操纵面:升降舵、副翼和方向舵。

所谓通道，实际上是指自动驾驶仪控制飞机操纵一套舵面的自动控制系统，称为自动驾驶仪的一个通道。三个通道之间会相互影响，有着密切的联系，只有综合控制三个通道，才能实现对飞机的飞行控制。

每个通道由测量装置、计算放大装置、回输装置、控制部分及舵机组成。

图 5.2 所示为自动驾驶仪飞行控制面板；图 5.3 所示为自动驾驶仪单通道控制回路组成方框图。

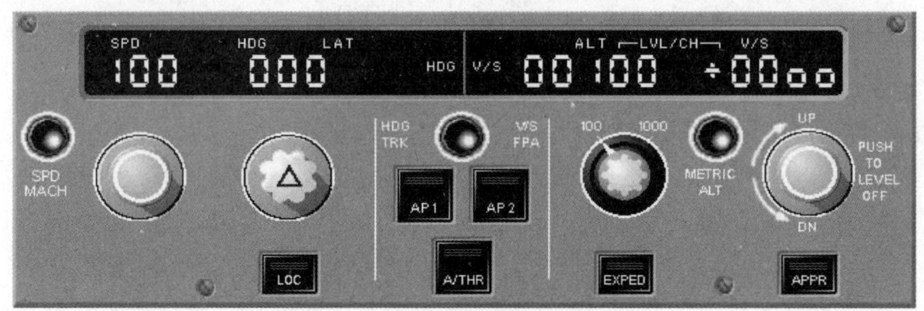

图 5.2　自动驾驶仪飞行控制面板

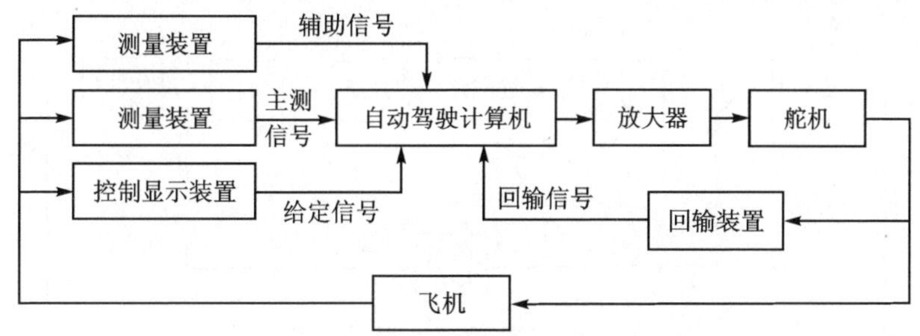

图 5.3　自动驾驶仪单通道控制回路组成方框图

按自动控制理论的方法，飞行控制系统一般由三个反馈回路构成：舵回路、稳定回路和控制回路。

舵回路是为改善舵机性能满足飞行控制系统的要求，一般将舵机的输出信号反馈到输入端形成负反馈回路的随动系统(或称伺服系统)。这里的输出信号是舵面的偏转角度，目的是舵面按照给定值偏转相应的角度。舵回路方框图如图 5.4 所示。

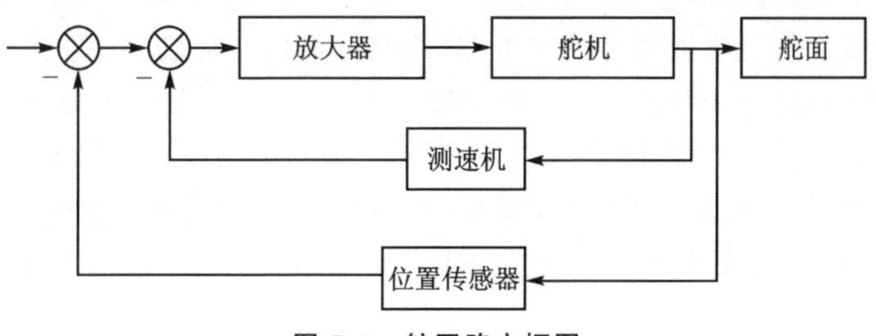

图 5.4　舵回路方框图

位置传感器反馈舵机输出角位置信号，使控制信号与舵机输出信号形成比例关系；测速机反馈舵机输出的角速率信号，增大舵回路的阻尼比，改善动态性能。

自动驾驶仪与飞机组成的闭合回路称为稳定回路，稳定和控制飞机的姿态，其方框图如图 5.5 所示。这里的输出信号是飞机的姿态或航向，例如俯仰角、倾斜角、偏航角。

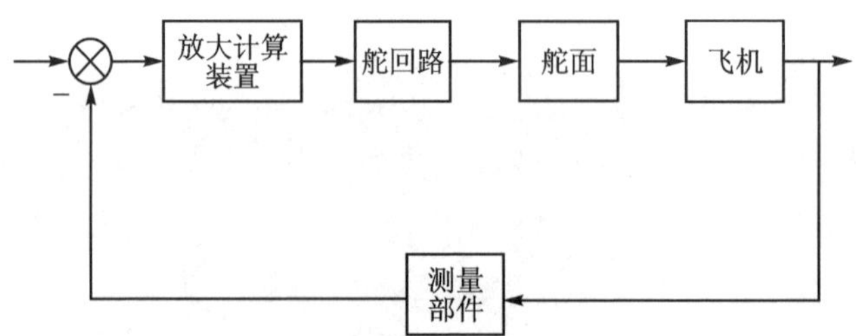

图 5.5　稳定回路方框图

控制回路是在稳定回路的基础上加入运动学环节构成的，通过控制飞机的角运动来改变飞机重心运动(飞行轨迹)，控制回路方框图如图 5.6 所示。这里的输出信号是飞机的空间位置。

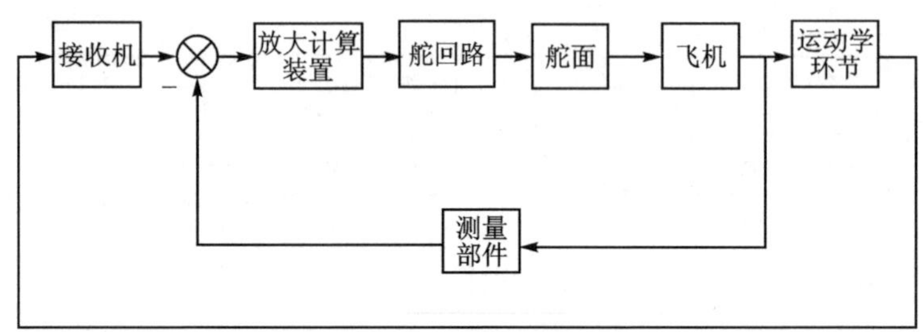

图 5.6　控制回路方框图

自动驾驶仪工作原理：三个通道的工作原理类似，以俯仰通道为例进行介绍。

1. 稳定飞机的原理

给定装置是一个俯仰电位计，电刷由地垂陀螺带动稳定在地垂线上，当飞机平飞时，电刷在电位计中央，控制信号为零，舵面中立。当飞机受到干扰时，假设飞机此时上仰，电位计的电阻随飞机一起上仰，而电刷保持与地面垂直，产生控制信号，经计算机计算，放大后加给升降舵动力控制组件，控制舵面向下偏转，产生使飞机低头的操纵力矩，同时还提供回输装置信号。当回输信号等于控制信号时，舵面停止偏转(此时舵面偏转角最大)。在舵面作用下，飞机逐渐改平，电刷逐渐回到中央位置，控制信号逐渐减小，此时回输信号大于控制信号，舵面反向偏转，使舵面回收一些，回输信号也相应减小。这样当飞机回到原始位置时，控制信号为零，舵面中立，回输信号也为零。

可以把该过程抽象为自动控制原理方框图，如图 5.7 所示。

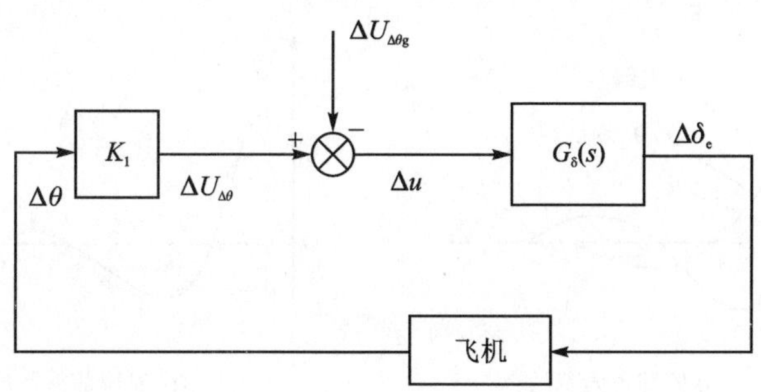

图 5.7 俯仰角自动控制原理方框图

图中是比例式自动驾驶仪，垂直陀螺和舵回路构成了纵向自动驾驶仪。若不计舵回路的惯性，舵回路的传递函数可简化为 K_δ，自动驾驶仪的控制率为

$$\Delta\delta_e = K_\delta K_1(\Delta\theta - \Delta\theta_g)$$

当飞机进行等速水平直线飞行状态时，受到紊流干扰后，出现俯仰角偏差 $\Delta\theta = \theta - \theta_0 > 0$，则垂直陀螺仪测出俯仰角偏差 $\Delta\theta$ 后，输出电压信号 $K_1\Delta\theta$。如果外加的控制信号 $\Delta U_{\Delta\theta_g} = 0$，则通过信号综合与舵回路后，按照控制律驱动升降舵向下偏转 $\Delta\delta_e = K_\delta K_1 \Delta\theta > 0$，使飞机产生低头力矩，减小俯仰角偏差，实现姿态保持功能。

如果存在常值干扰力矩 M_f，比例式自动驾驶仪会出现静差。由于常值干扰力矩 M_f 的存在，飞机在稳定后必然有一个舵偏角 $\Delta\delta_e$ 抵消干扰力矩 M_f 的影响，因此舵偏角会对飞机产生影响，使飞机的俯仰角变化，与初始值不一致，产生静差。由常值干扰力矩引起的静差与常值干扰力矩同极性且成正比，与反馈增益成反比；增大反馈增益可以减小迎角的静差，但过大的反馈增益会导致升降舵偏角过大，易引发振荡。

下面介绍引入角速度的原因：

由上面自动驾驶仪稳定飞机的原理可知，升降舵的偏转角度与飞机受干扰后的俯仰角成正比，在控制科学中叫做比例控制，比例控制虽然简单，但也存在很多不足，如超调大、振荡等。在上面的介绍中，当飞机的俯仰角达到最大值时，舵面偏转角度也为最大，随着升降舵操纵力矩的作用，飞机俯仰角逐渐减小，升降舵相应回收，当飞机回到给定俯仰角时，俯仰角信号为零，升降舵回到起始位置，但飞机的俯仰角速度为最大值。因此，飞机会继续下俯，产生超调，俯仰角小于给定值，俯仰角信号改变方向，升降舵向上偏转，阻止飞机继续下俯，使飞机上俯。如此周而复始，产生振荡，由于空气阻力作用，振荡会逐渐衰减。

如图 5.8 所示，俯仰角偏差和升降舵偏转角同时达到最大值或零（因为是比例控制），用公式表示是 $\delta_e = K(\theta - \theta_g)$，其中 K 表示控制率的比例系数。

为了减少振荡次数，提高稳定性，引入角速度信号，与角度信号一起控制飞机，也就是采用 PD（比例微分）控制。角速度是角度的微分，在相位上超前 90°，在角度还未变化时，角速度信号已经产生变化。t_0 时刻角度偏差还未达到最大值，此时升降

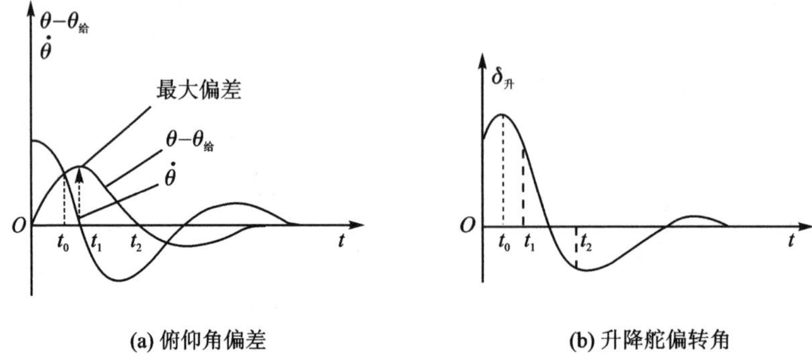

(a) 俯仰角偏差　　(b) 升降舵偏转角

图 5.8　具有俯仰角速度信号的比例式自动驾驶仪稳定飞机俯仰角的过程

舵已到达最大并逐渐回收，t_1 时刻角度偏差到达最大时升降舵已经回收了一些，所以俯仰角的偏差比没有引入速度信号时小些。在 t_1-t_2 阶段，俯仰角速度信号改变方向，使升降舵先迅速回收，产生向上的偏转角，阻止飞机向给定俯仰角恢复，减小超调。

2. 操纵飞机的原理

以操纵飞机由平飞转为爬升为例。飞机平飞时舵面中立，测量和回输信号为零。驾驶员输入指定俯仰角信号，使电刷向后移动出现上仰指令信号，经计算放大后由升降舵动力控制组件控制升降舵向上偏转，同时产生回输信号，当回输信号等于指令信号时，舵面停止偏转，飞机在舵面作用下上仰。地垂陀螺测出飞机的上仰信号，指令信号、回输信号、测量信号之差不为零，极性与指令信号相反，舵面反向偏转，但仍处于上偏状态，舵面的回收使回输信号减小，飞机继续上仰，测量信号增大，当测量信号与指令信号相等时，舵面中立，回输信号为零，飞机保持给定的俯仰角度。

5.2　飞行指引系统

5.2.1　飞行指引仪概述

飞行指引仪从字面上理解就是为飞机驾驶员提供指示和引导的功能，让驾驶员能够根据指引直观了解该如何操纵飞机，完成飞行任务同时保证飞行安全。

飞行指引的含义：根据选定的工作方式，自动计算操纵指令，指引驾驶员操纵飞机，使飞机进入给定轨迹并保持在给定轨迹上。

飞行指引仪与指示仪表有所不同：前者是为驾驶员提供操作指示，提示怎样去做；后者只是对所测得参数进行显示，告诉驾驶员发生了什么。飞行指引仪可在整个飞行阶段使用。飞行指引仪表包括水平状态指引、飞机姿态指引、仪表着陆指引。下面主要介绍飞机姿态指引。

飞机姿态指引通常有两种方式。

(1) 十字指引针

利用俯仰和横滚指令杆分别对俯仰和横滚进行指引,引导驾驶员对飞机进行俯仰和横滚修正。当两针的交叉点位于飞机符号中央时,表示达到预定状态(姿态)。如果纵向指引针在飞机符号上面,则表示应向后拉动操纵杆让飞机抬头;反之,则表示应向前推杆让飞机低头,使纵向指引针与飞机符号对齐,这样就可以达到预定的俯仰角。如果横侧指引针在飞机符号左边,则表示应向左推杆,使飞机向左倾斜;反之,则表示应向右推杆,使飞机向右倾斜,直到横侧指针与飞机符号对齐,达到预定的倾斜角。

十字指引针如图 5.9 所示。

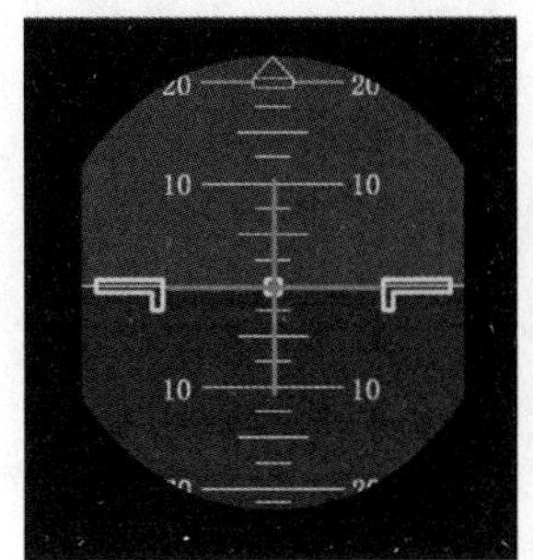
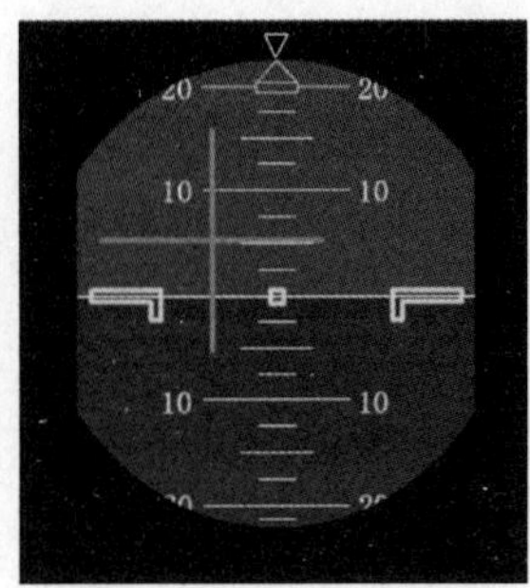
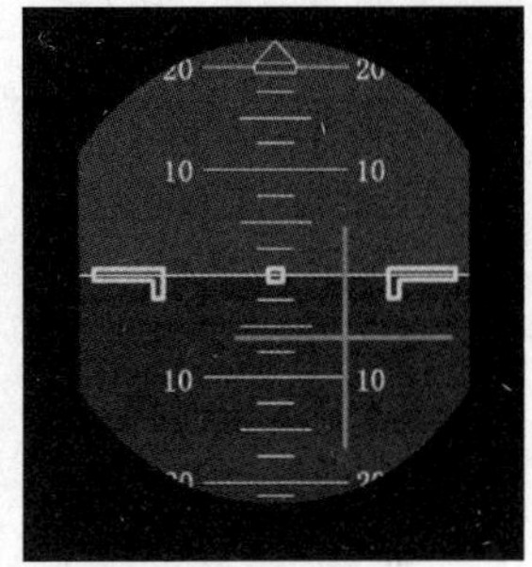

图 5.9 十字指引针

(2) 八字指引针(又称 V 型指引针)

利用八字指引针与飞机符号的上下关系进行俯仰指引,利用其左右关系进行横滚指引,如图 5.10 所示。

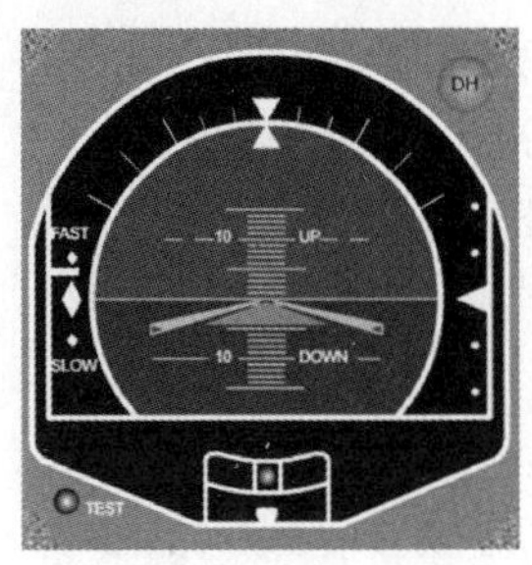

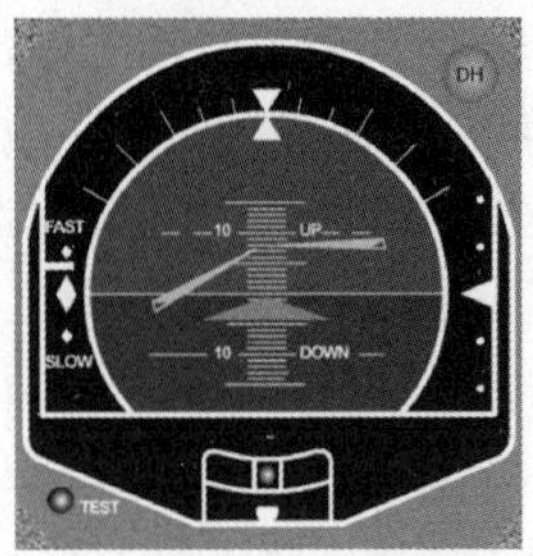

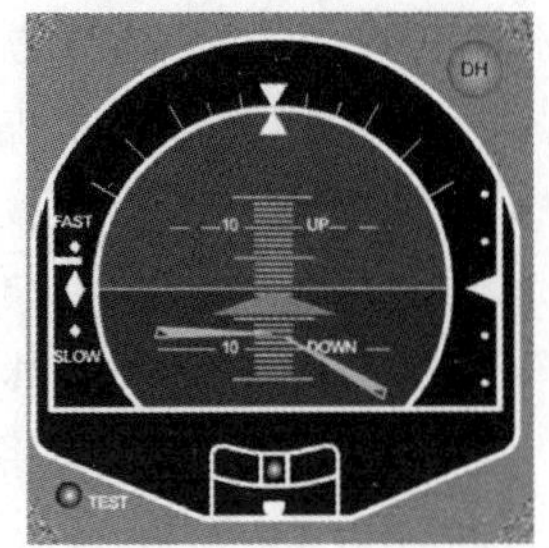

图 5.10 八字指引针

当八字指引针包围飞机符号时,表示到达预定状态(姿态);如果八字指引针在飞机符号的上方,表示应拉杆操纵飞机抬头;反之,应操纵飞机低头以达到预定的俯仰角。如果八字指引针相对飞机符号右倾斜,则应向右推杆让飞机向右倾斜;反之,向左推杆让飞机向左倾斜,以达到预定的倾斜角。

5.2.2 飞行姿态指引仪的组成

(1) 飞行指引计算机

飞行指引计算机 FDC(Flight Director Computer)是飞行姿态指引仪的核心部件,为姿态指引仪提供飞机的俯仰和横侧指令、故障旗收放指令和飞行指引通告牌指示。不同飞机组合方式不同,有些飞机是单独的飞行指引计算机,有些飞机是将其与自动驾驶仪合为一体,称为飞行控制计算机。

(2) 飞行指引方式选择板

驾驶员可通过飞行指引方式选择板接通或断开飞行指引系统及选择飞行指引方式。不同型号的飞行指引系统,控制板有所差异,但功能类似。飞行指引方式控制板如图 5.11 所示。

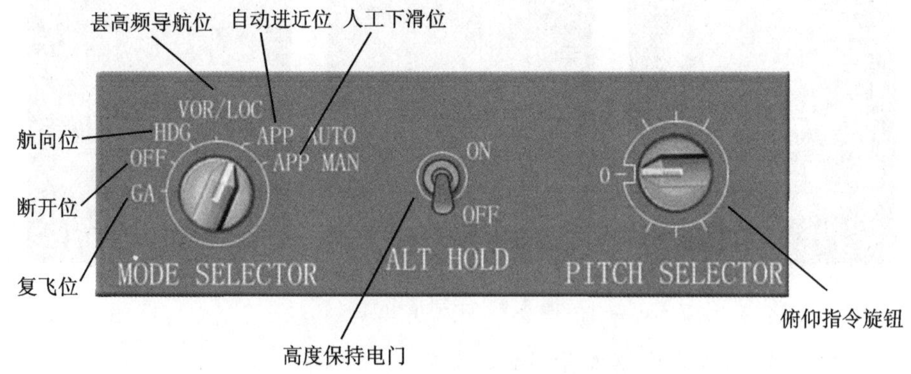

图 5.11 飞行指引方式控制板

方式选择器有 6 个位置:

- 断开位:方式选择器放在此位,指引仪不工作,指引杆回收。
- 航向位:引导飞机保持目前航向或飞向预定航向并保持在预定航向上。
- 甚高频导航位:引导飞机飞向预选的航道,并保持在此航道上。
- 自动进近位:引导飞机飞向航向道和下滑道上。
- 人工下滑位:引导飞机以固定切入角截获下滑道。
- 复飞位:复飞姿态指引,即机翼水平,一定迎角(14°)的指引。

高度保持电门:接通高度保持指引,使飞机的高度保持在接通电门瞬间的飞行气压高度上。

俯仰指令按钮:在没有其他方式控制飞机的俯仰时,驾驶员可用此按钮为飞行指引仪选择一个人工俯仰基准,转动此钮,指引杆会上下移动。此方式可在起飞后的飞机爬升中使用。飞机爬升到飞机所需高度后,指引杆仍是指引上仰的。所以要用俯仰按钮及时将指引杆调回飞机符号上。

（3）动态通告牌

用于向机组通告飞机指引系统正在使用何种方式指引飞机的飞行姿态。飞行指引系统的工作方式以通告牌为准，而不是以接通了或按压了飞行指引方式控制板上的哪一个电门为准。

（4）姿态指引指示器

姿态指引指示器是飞机姿态指示与飞机姿态指引的综合指示器。为了便于驾驶员观察飞机上其他设备的指示，指示器内综合了相关其他信息显示，如无线电高度、仪表着陆系统的指示等。目前使用的有两种：机电式姿态指引指示器 ADI 和电子姿态指引指示器 EADI。姿态信息来源于垂直陀螺或惯性基准系统。飞行姿态指引针受飞机姿态指引计算机输出信号的驱动。

5.2.3 飞行姿态指引仪的工作原理

核心是飞行指引计算机，将飞机的实际飞行轨迹与预选路线进行比较，计算出应飞姿态角，再与实际姿态角比较，将差值送给指令杆伺服系统，驱动指引杆偏离地平仪小飞机，指示出俯仰和倾斜指引指令的大小和方向。在飞行指引计算机中，用来计算倾斜指引指令的部分称为横滚计算机；用来计算俯仰指引指令的计算机称为俯仰指引计算机。输入信号分别来自横向和纵向导航设备、人工控制指令和垂直陀螺系统。组成的两个通道分别称为横滚通道和俯仰通道。

假定飞行指引系统选定为航向方式，若未输入预选航向，则指引仪将工作在航向保持指引方式。如果飞机产生偏航，航向误差信号进入横滚计算机，经计算转换成一个指引信号，驾驶员按指引操纵飞机，消除飞机的航向误差，在消除的同时，指引信号为零。如果要改变飞机航向，在控制板上预选航向，该信号送入计算机，经计算转换成最佳坡度转弯信号，然后与现实的飞机坡度相比较，得出操纵飞机坡度信号，经放大输至随动系统，由电动机 M 带动测速发电机 G 和减速器，驱使指引杆转动，形成相对飞机符号的指引。同时测速机和旋转变压器形成回输信号抵消倾斜信号，使输入至放大器的信号为零。驾驶员根据指引操纵飞机坡度转弯。航向系统测得飞机的实际航向，当预选航向与飞机现在的航向接近时，计算机输出信号通过随动系统操纵指引杆回平，驾驶员依据指引，操纵飞机回平，飞机保持在新航向上。

5.2.4 自动飞行指引系统 AFDS

飞行指引仪与自动驾驶仪的操作原理类似，现代飞机上一般都将二者综合，组成自动飞行指引系统 AFDS(Auto Pilot Flight Director System)。一般将自动驾驶仪计算机与飞行指引仪计算机综合为飞行控制计算机 FCC(Flight Control Computer)。自动飞行指引系统由飞行控制计算机、方式控制板、飞行方式通告牌、起飞/复飞电门、自动着陆状态显示器组成。飞控计算机通过大气数据计算机、惯性基准等获取飞行参数和导航信息，加上方式控制板和驾驶杆的输入进行运算得到相应的输出，控制三个舵回路，同时将信息传送给电子飞行仪表系统，以及提供其他一些指示和显示信息。

1. 方式控制板 MCP

方式控制板 MCP（Mode Control Panel）包括 FD 开关、AP 接通开关、AP 脱开杆、导航方式选择等。

① AP 接通开关。AP 接通开关可工作在指令方式 CMD，也可以工作在人工操作方式 CWS。CMD 方式是指由机上的设备输出信号给自动驾驶仪，由自动驾驶仪自动操纵飞机。CWS 方式是指驾驶员通过驾驶盘去控制自动驾驶仪，操纵飞机上升、下降或转弯。驾驶员松开驾驶盘后，飞机仍在自动驾驶仪的控制中。

大多飞机都有两部自动驾驶仪。

② AP 脱开杆。按下 AP 脱开杆，将脱开所有的自动驾驶仪，提起 AP 脱开杆，允许接通自动驾驶仪。

③ 导航方式选择按钮。导航方式选择共有 8 种，根据具体情况进行选择。

水平导航方式 LNAV：当满足水平导航截获标准时，按下 LNAV 按钮，飞行管理计算机将控制自动驾驶仪，操纵飞机按预定的生效航路飞行。垂直导航方式 VNAV：按下 VNAV 按钮，接通垂直导航方式。该方式是指令 AFDS 和 AT 按飞行管理计算机计算的垂直剖面飞行以满足各种要求，如预选高度、巡航高度、最大速率、最佳剖面、最大速度、航路点高度限制等。还包括高度层改变方式 LVL CHG、航向方式 HDG SEL、甚高频导航方式 VOR LOC、自动进近方式 APP。

④ 自动油门控制板，后面再详细介绍。

⑤ 垂直速度控制，用于垂直速度的选择和显示。可以通过拨动拇指轮设定升降速度，数值显示在垂直速度指示窗中。按下 V/S 按钮，接通垂直速度方式。允许自动驾驶仪按垂直速度窗中显示的垂直速度去截获高度预选器重所选的高度。

⑥ 高度控制。旋转预选高度按钮可以设定高度，数值显示在预选高度指示窗中。可以用高度层改变 LVL CHG 方式或 V/S 方式去截获所选高度。

⑦ 航向控制。转动预选航向按钮设定预选航线，数值显示在预选航向指示窗中。

⑧ 速度控制。转动按钮可选择速度/马赫数，数值显示在速度/马赫数指示窗中，速度和马赫数的显示切换由按钮完成。

⑨ 航道设定。通过旋转按钮设定航向。

⑩ 飞行指引仪接通电门。

2. 飞行方式通告牌 FMA

告知驾驶员 AFDS 正在以什么方式控制飞机。通告牌一般位于 EADI 上，有的在顶部显示，有的在底部左右两个角显示。绿色表示工作状态，白色表示预位状态。

3. 起飞/复飞电门

起飞/复飞电门位于油门杆上，在起飞和复飞时使用。起飞前按下该电门接通飞行指引的起飞方式。截获下滑道后，自动驾驶/飞行指引和自动油门的复飞方式就处于预位状态，按下复飞按钮，将激活复飞方式。

4. 自动着陆状态显示器 ASA

自动着陆状态显示器 ASA 用于飞行员对自动着陆的状况进行监控。按下测试电门会显示 NO AUTOLAND，自动着陆阶段当有两部自动驾驶仪工作时显示 NO LAND3，进近时有两部 AP 工作时上显框显示 LAND2。

AFDS 的工作方式有人工方式 CWS 和指令方式 CMD，包括 ALT HOLD、FLCH、V/S、VNAV、HDG SEL、LOC、LNAV、APP、GA 等。

下面介绍荷兰滚与偏航阻尼器。

随着技术的不断进步，飞行包线不断扩大，而随飞行高度的增加，空气逐渐变得稀薄，飞机自身的阻尼力矩减小，角运动的阻尼特性变坏。通过引入姿态角变化率反馈可以调节角运动的阻尼比。阻尼器包括俯仰阻尼器、滚转阻尼器和偏航阻尼器。下面主要介绍偏航阻尼器。

1947 年波音 XB－47 首飞后，在一次进行高空试飞时，飞机尚未达到最大飞行速度，就突然发生剧烈机头偏航摆动和机翼滚转，随后发生了一系列周期约 6 s 的“S”形运动。当时经分析认定这是一种后掠翼飞机特有的飘摆运动。飞机在以小速度大迎角状态飞行时，其方向静稳定性和横侧静稳定性发生变化，导致二者匹配失当，造成飞机侧向稳定性变差，可能会发生机体倾斜与偏航的合成振动，即飘摆，又称荷兰滚(Dutch Roll)，据说是根据荷兰人滑冰的样子得来的。(有些资料将飘摆与荷兰滚进行了区分：飘摆泛指一切机翼交替倾斜，机头左右偏转，飞机沿 S 形路线前进的呈明显横侧振荡的非正常飞行状态；荷兰滚是飞机的一种基本固有运动，正常飞行时也存在，不易被察觉。)

1994 年 6 月 6 日，西北航空公司 TU－154M/2610 飞机执行西安到广州的航班任务。机上旅客 146 人，机组 14 人。从西安咸阳机场起飞时的天气条件为云底高 60 m，云顶高 5 400 m，能见度为 1.5 km。于 08:13 离地起飞，起飞后 30 s，飞行员即报告飞机飘摆，保持不住姿态，并在飘摆同时有呼呼的响声。飞行员用额定马力保持 400 km/h 速度爬升，同时采用了部分断开舵机，短时接通自动驾驶仪等方式进行处理，仍不能稳住飞机。08:16:24 飞行员报告飘摆来回坡度约 20°。08:16:58 飘摆坡度约 30°。08:22:27 飞机迎角约 10°。飞机迎角约 10°之后速度 373 km/h，迎角 20°，飞机出现失速警告，飞机飘摆幅度越来越大。在 08:22:42，飞机空中解体，坠毁在咸阳机场 140°、距离 49 km 处，机上人员全部遇难。这起事故的原因就与荷兰滚有关。

荷兰滚运动是飞机的横侧短周期振荡，是一种同时既偏航又滚转的横航向耦合运动，如图 5.12 所示。这种运动用一个特定的值来描述，等于滚转角速度最大幅值与偏航角速度最大幅值之比，与横航向静稳定性的比值成正比；与横航向转动的比值成反比。如前述，由于后掠翼飞机在大迎角飞行时横向静稳定性过大，加之大展弦比(9～10.5)和中等后掠(25°～35°)机翼的客机偏航惯量增大，会导致值很大，这时荷兰滚运动时的滚转角速度比偏航角速度大很多，使飞机猛烈摇摆，驾驶员难以操纵飞机。因此品质规范要求不应超过某一规定值，如苏联品质规范 OTT 规定，对于起飞质量小于 10^5 kg 的运输机应设为 0.75，对于起飞质量大于 10^5 kg 的其系数应设为 1.0。在飞机设计中，当横航向静稳定性的匹配关系不能满足值要求、不能获得满意的荷兰滚特性时，应在操纵系统中采用偏航阻尼器，以增强对荷兰滚运动的抑制。此外，即使匹配关系满足要求，但由于荷兰滚阻尼正比于空气密度，通常飞机在 11 000 m 高空飞行时，荷兰滚阻尼很小，也需要采用偏航阻尼器。

现代大多数喷气式民航运输机，都存在较轻的固有荷兰滚不稳定性，这是飞机的一种固有模态，当采用阻尼器后，可以防止出现荷兰滚运动，因此不存在由此产生的振荡和操纵问题。

偏航阻尼器正是为了消除飘摆所设置的一个装置。它根据空速和偏航角速度信号，经处理，适时提供指令使方向舵相对飘摆、振荡、反向偏转，从而增大偏航运动的阻力，消除飘摆。偏航阻尼器既可以在人工驾驶飞机时使用，又可以在自动驾驶仪操纵飞机时使用。

荷兰滚产生的基本原因是横侧稳定性和方向稳定性互不匹配所致。当飞机受到正侧阵风力影响(见图 5.12)，飞机向右平移，机头向左，产生右侧滑，右翼向前产生过大的升力和诱导阻力，产生左滚转。飞机开始倾斜左转，在方向稳定力矩的作用下，机头向右偏转力图消除侧滑角，在横侧稳定力矩作用下，飞机右滚力图消除左坡

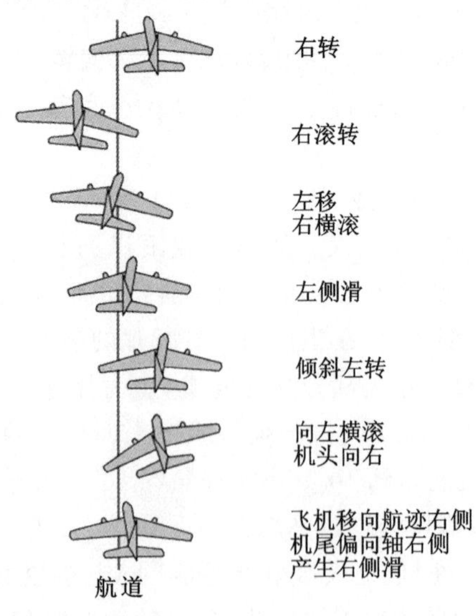

图 5.12　荷兰滚

度。若方向稳定性弱，横侧稳定性强，飞机左坡度改平后，右侧滑还未消失，并且具有一定的右滚角速度，继续向右滚转，形成右坡度，进而产生右侧滑。在横侧稳定力矩作用下，飞机左滚转，在方向稳定力矩作用下，飞机向右偏转。飞机改平后，方向稳定力矩还未消除右侧滑，机头继续向右偏转；坡度改平后，飞机仍然有较大的左滚角速度，继续向左滚转，形成左坡度。这两个因素使飞机产生左侧滑，左侧滑、左坡度又会使飞机向右滚转，产生右侧滑。如此反复，往复摆头，形成飘摆。飘摆的整个过程都带有侧滑，这与杆舵协调一致的正常转弯或蛇形转弯飞行是不一样的。乘坐感不舒服，甚至出现危险。

如果横侧稳定性弱，方向静稳定性强，荷兰滚模态得到改善，但会出现螺旋模态。如果飞机受到干扰产生左坡度，机头左偏，进而产生左侧滑。由于横侧稳定性弱，方向静稳定性强，坡度还未修正侧滑已被方向稳定性消除。左坡度继续产生左侧滑，机头继续左偏。这样飞机就会沿着螺旋线向左盘旋下降，形成螺旋发散运动。

因此，改善横侧振荡模态特性与改善螺旋模态特性的要求存在相互的矛盾，只能在飞机设计中进行折中。一般横侧振荡模态对飞行安全相对比较重要，设计上重点考虑。而现代飞机普遍采用后掠翼设计，静稳定性会随飞行状态发生明显变化。在正常飞行范围内，动态性能良好的飞机在低速飞行状态下会产生明显的荷兰滚模态。一般可以通过加装偏航阻尼器的方法增加偏航阻尼，改善上述问题。

偏航阻尼器的功用：偏航阻尼器可以消除飘摆，根据空速和偏航角速度信号，经处理，适时提供指令使方向舵相对飘摆、振荡反向偏转，增大偏航运动阻力。例如，飞机存在偏航角速度时，垂直尾翼会产生阻止飞机偏转的力矩，也就是偏航阻尼。偏航阻尼器根据测得的偏转角速度信息，控制方向舵向偏转角速度的反方向偏转一定角度，产生了附加力矩，加强了垂尾的偏航阻尼作用。输入信号是偏航角速度和偏航角加速度信号，控制舵面是方向舵。

偏航阻尼器由以下几部分组成(见图 5.13)：

- 偏航阻尼指示器——主要显示偏航阻尼器驱动方向舵时，舵面的偏转情况；
- 偏航阻尼控制板——控制偏航阻尼器的通断及故障显示；
- 偏航阻尼耦合器——属于计算部分，产生或接收偏航信号，输出控制方向舵偏转信号；
- 偏航阻尼伺服系统——包括位置传感器、方向舵转换活门、电磁活门和作动器等。

偏航阻尼器的工作原理如图 5.14 所示。

打开偏航阻尼器电门和飞行控制电门，接通作动器电磁阀。飞机发生飘摆时，速率陀螺感受飞机在偏航轴的摆动，输出角速度信号；带通滤波器滤除高频信号和正常转弯的低频信号，只输出飘摆信号，经放大后送至转换活门控制油路；偏航阻尼器作动器接受转换活门来的液压油动作，与方向舵脚蹬输入相综合，控制方向舵主作动器，

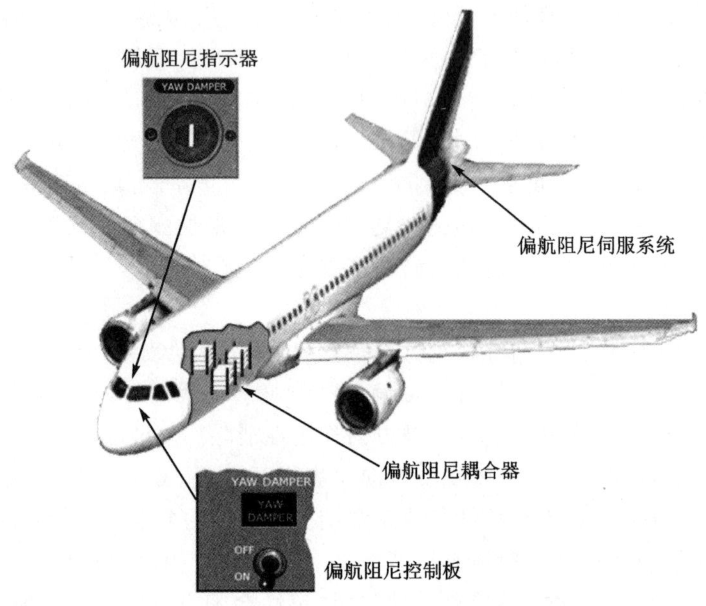

图 5.13　偏航阻尼器的组成

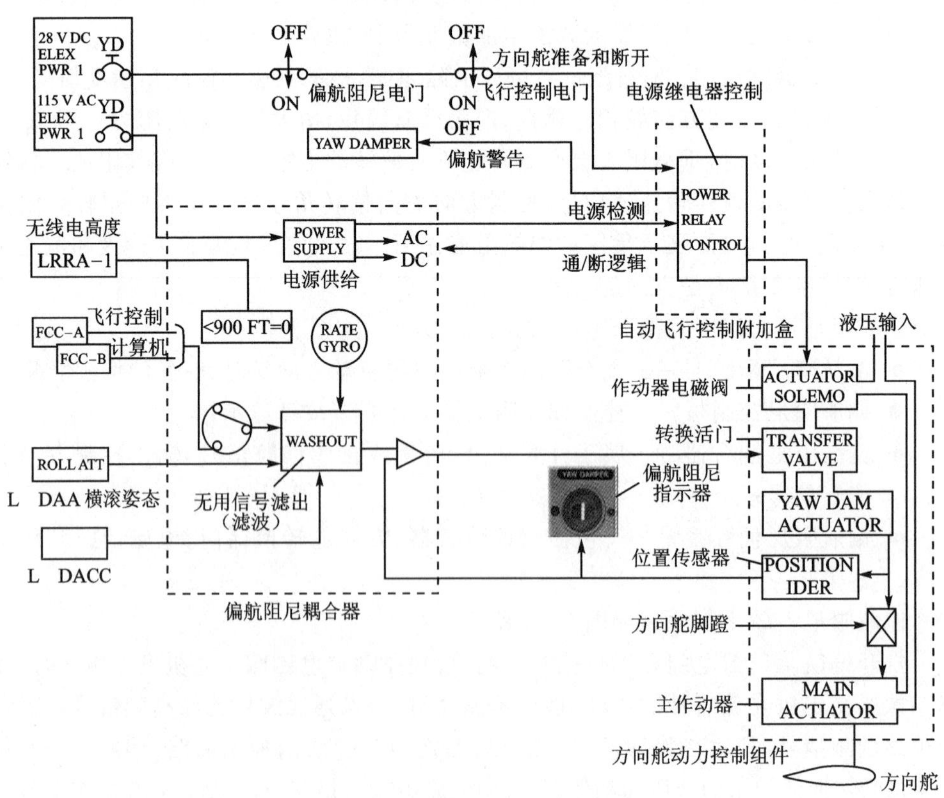

图 5.14　偏航阻尼器的工作原理

操纵方向舵偏转。位置传感器感受作动器的运动，产生回输信号，一方面供指示器指示偏航阻尼器驱动方向舵时，舵面偏转的方向，并抵消偏航角速度信号，使舵面在偏摆停止时，回到原始位置。此外，飞机的倾斜角信号、无线电高度信号和大气数据计算机输出的飞机速度信号也将送给滤波器，改变带通滤波器的时间常数。

偏航阻尼器在起飞前接通，着陆后断开，可以单独使用，也可与自动驾驶仪配合工作。

前面提到的那起事故经调查得到最终的结论。1994 年 6 月 4 日飞行后，维修更换ⅡKA-31 减振交换平台，操作人员插错Ⅲ7、Ⅲ8 插头，错插后地面通电试验又未检查出(6 月 4 日维修后未检查出，6 月 6 日起飞前未检查出)，导致 6 月 6 日带着Ⅲ7、Ⅲ8 错插故障起飞。在起飞滑跑的后段，飞行员偏舵保持航向，产生偏航角速度，从而产生与偏航角速度对应的副翼偏转，只是由于地面限制，飞行员并未感到飞机有倾斜摆动。但飞机离地后，很快形成明显飘摆。阻尼陀螺感受到的倾斜角速度信号应传送给副翼舵机，阻尼陀螺感受到的偏航角速度信号应传送方向舵舵机。但是由于Ⅲ7、Ⅲ8 插头错插，结果阻尼陀螺感受到的倾斜角速度信号传给了方向舵舵机，而阻尼陀螺感受到的偏航角速度信号传给了副翼舵机。此时，飞行员感到飞机对操纵的反应异常(飞机起飞后很快就进入云层，一直是按仪表飞行)，因此保持飞行状态困难。飞机的飘摆加大，地面曾提示断开阻尼舵机，实际上并未断开，飞机飘摆继续加大，其运动有明显的发散趋势，飞行状态保持已极端困难，终于在左坡度急剧下降的过程中表速和侧向过载都超过飞机强度极限值的情况而解体。用于抑制荷兰滚的偏航阻尼器，由于错误的信号输入造成了相反的效果。

5.3 自动俯仰配平系统与自动油门系统

5.3.1 自动俯仰配平系统概述

在操纵飞机的过程中，由于速度的变化，重心的变化和气动外形的改变都会导致飞机力矩不平衡，影响飞机的正常飞行。为保证飞机在任何状态下均能稳定飞行，各操纵面必须置于一定的偏度。同时，力矩会反馈回驾驶杆使其产生杆力。驾驶员必须向驾驶杆、脚蹬施加力，平衡这个杆力。这样长时间操作会引起疲劳并且一旦控制不好会发生危险。所以必须对力矩进行平衡，消除或减轻稳态飞行时驾驶杆的杆力，也就是配平。可见飞机配平的主要目的就是减轻驾驶员的体力劳动，保持飞机飞行速度稳定性改善飞行品质，保证飞行安全。按配平方式可分为人工配平和自动配平。人工配平是由驾驶员操作配平机构来实现的，自动配平主要靠自动配平系统完成。按轴向划分可分为俯仰配平、横向配平和航向配平。其中俯仰配平使用最为广泛，最具代表性，因此本章主要介绍俯仰配平。自动配平系统包括自动杆力配平系统和马赫数配平系统。自动杆力配平系统主要用于消除稳态飞行时的驾驶杆力或脚蹬力，

马赫数配平系统主要用于克服飞机跨声速飞行时马赫数增大而使气动力焦点后移而造成的飞机俯冲。

自动配平不仅仅是为了消除驾驶杆力，更重要的是用以消除作用在自动驾驶仪舵机上的铰链力矩，避免自动驾驶仪断开时由于舵机回中使飞机产生过大的扰动。例如在自动驾驶仪接通工作过程中，假设飞机的纵向力矩平衡受到破坏，飞机产生俯仰偏离运动。此时，自动驾驶仪使升降舵偏转一个角度去平衡纵向力矩保证飞机重新平衡。升降舵偏转产生的铰链力矩将由升降舵机承担。一旦断开自动驾驶仪，舵机回中时，舵面铰链力矩将使升降舵急剧回收，使飞机产生法向过载，造成加速度过大，同时也是不安全的。现在的民用大型客机要求飞行平稳，追求乘坐的舒适感，配平操纵精度高，一般在航线飞行中配平可作为主要的操纵手段。

飞机俯仰方向上配平的控制面主要有水平安定面和升降舵调整片，如图 5.15 所示。调整片是安装在主操纵面(这里是升降舵)后缘的可偏转小片，与主操纵面彼此独立，可进行人工或自动控制。调整片能够产生较小的气动力，但由于它到舵面铰链距离较长，能够产生较大的力矩。这样调整片适时进行反偏(相对于主操纵面)，可以使得主操纵面的铰链力矩为零，消除杆力。此时，即使双手松开驾驶杆，舵面仍能保持原来状态。同时调整片较小，不致影响飞机整体气动参数。

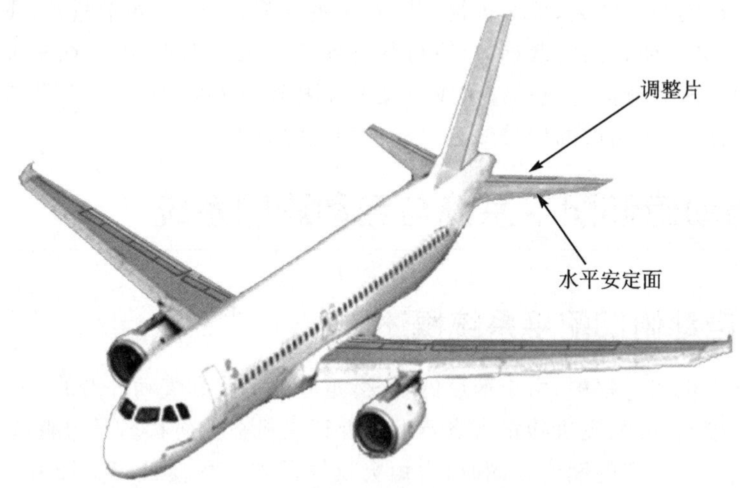

图 5.15　俯仰方向上配平的控制面

水平安定面(可调整水平尾翼)能够提高平尾的平衡能力，可进行俯仰配平，在大型民用飞机应用较多。水平安定面会对飞机运动产生明显的气动力矩作用，飞机产生俯仰运动，通过控制系统反馈使升降舵回中，升降舵机卸载。

如图 5.16 所示，机头向下时，升降舵下偏 15°，水平安定面上偏 6°可消除操纵杆上的力。同样，升降舵上偏 15°时机头向上，水平安定面应下偏 6°消除杆力。

配平的主要目的是减轻驾驶员的体力劳动，保持飞行速度稳定性。配平前驾驶

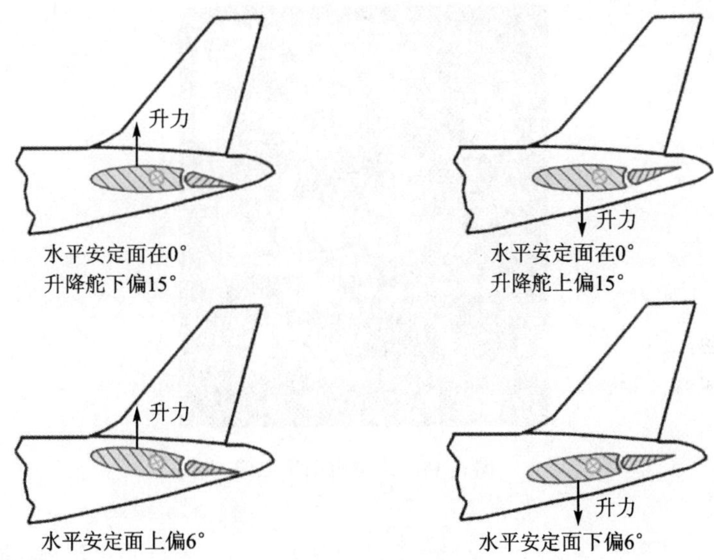

图 5.16 水平安定面配平

员要费力地控制驾驶杆,使飞机保持一定的飞行状态,而配平后,杆力消失,可以轻松地驾驶飞机。另外,还可以减小飞行阻力从而节省燃油。

俯仰方向上配平的方法有俯仰配平、速度配平、马赫配平 3 种。其中俯仰配平操纵方式有 3 种：人工机械配平、人工电配平、自动驾驶仪配平。人工操纵时,升降舵调整片是通过俯仰配平手轮进行操纵的。当驾驶员感受到驾驶盘/杆存在纵向作用力时,通过转动俯仰配平手轮可卸掉升降舵偏转作用在驾驶盘上的纵向作用力。

5.3.2 自动俯仰配平系统的组成

自动俯仰配平系统主要包括安定面配平和升降舵不对称组件、人工电配平电门(见图 5.17)、人工配平手柄/手轮、安定面配平指示器(见图 5.18)、安定面配平切断电门、安定面配平控制组件、极限电门和位置转换组件等。

安定面配平和升降舵不对称组件 SAM(Stabilizer Trim and Elevator Asymmetry Module)主要负责处理和加工所有电气配平指令信号;安定面配平控制组件 STCM(Stabilizer Trim Control Module)是执行机构,用于接收控制安定面配平的信号,操纵安定面动作;人工机械配平手轮(见图 5.19)是驾驶员用机械方法操纵安定面的机构;人工电配平电门用电气方法控制安定面,实现配平;安定面配平指示器指示安定面配平的单位;安定面配平切断电门控制人工电气配平的通断,在正常情况下处于接通位置;安定面配平故障指示会在安定面配平出现故障时,在 EICAS 页面上显示相应的信息通告,驾驶舱中的故障灯也会亮起,需要查找飞行手册。速度配平和马赫配平也有相应的警告。

图 5.17　人工电配平电门

安定面
配平
指示器

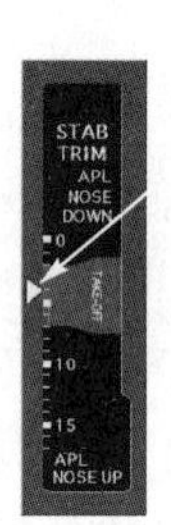

图 5.18　安定面配平指示器　　　　图 5.19　人工配平手轮

自动俯仰配平系统包括安定面配平和升降舵不对称组件、人工电配平电门、人工配平手柄、安定面配平指示器、安定面配平切断电门（见图 5.20）、安定面配平控制组件、极限电门和位置转换组件、水平安定面配平罗纹作动筒组件等。

杆组件超控电门

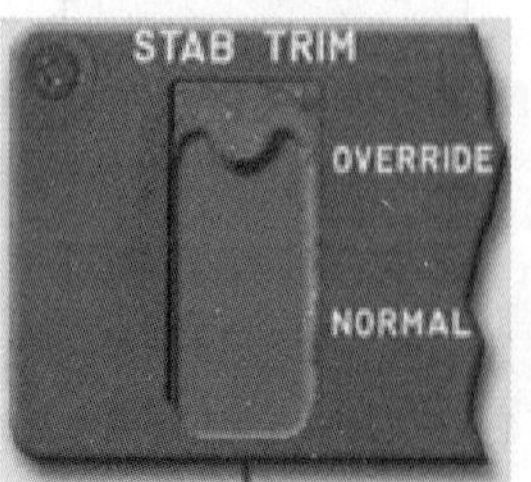

安定面配平切断电门

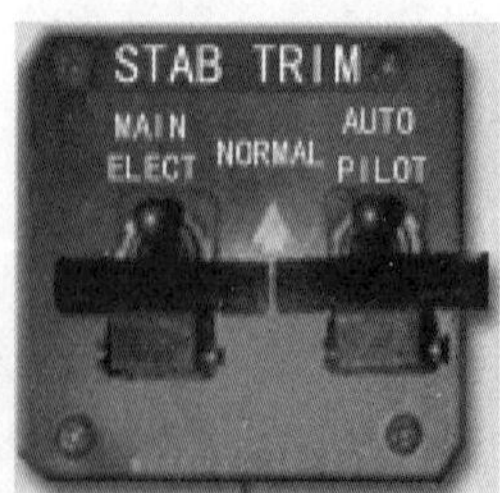

图 5.20　安定面配平切断电门

5.3.3 自动俯仰配平系统的工作原理

1. 自动驾驶仪配平

自动驾驶仪配平是指自动驾驶仪操纵升降舵偏转后，由飞行控制计算机输出配平指令信号给安定面配平系统，实现纵向配平，如图 5.21 所示。

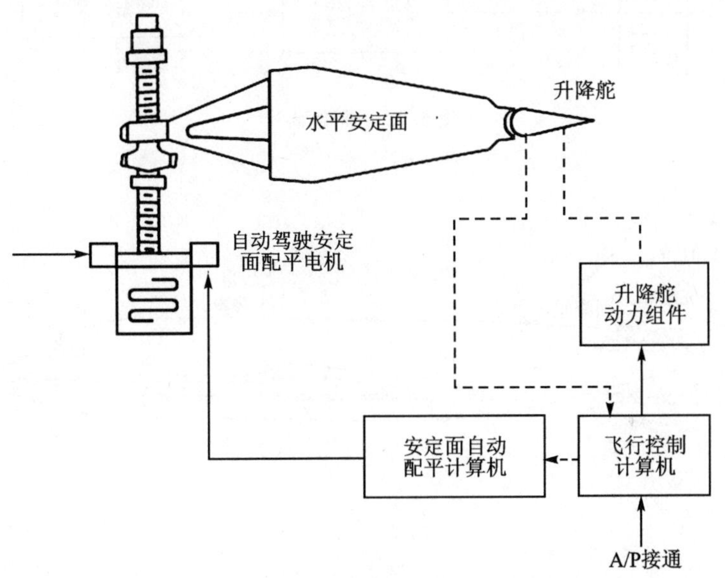

图 5.21 自动驾驶仪配平

当自动驾驶仪操纵升降舵时，升降舵中立位移传感器测量升降舵偏离中立位置的情况，并将该信号送给飞行控制计算机；飞行控制计算机根据自动驾驶仪操纵升降舵偏离中立位置的多少，再发出相应的配平指令信号给安定面配平和升降舵不对称组件，经加工处理后控制安定面控制组件，带动安定面配平。

2. 速度配平

自动驾驶仪断开，飞机重心靠后，襟翼放出，飞机速度较低时，由于速度变化，飞机纵向将出现不平衡。

大气数据计算机输送空速信号至安定面配平和升降舵不对称组件，然后再输出信号到安定面配平控制组件，实现自动配平，保证速度稳定性。速度配平如图 5.22 所示。

3. 马赫数配平

当飞机速度达到临界马赫数时，由于机翼根部的气流接近于声速，产生湍流区，使这部分的升力减小，出现气动力作用中心后移的跨声速效应，造成机头自动下沉现象。升力作用点随飞机速度的变化如图 5.23 所示。

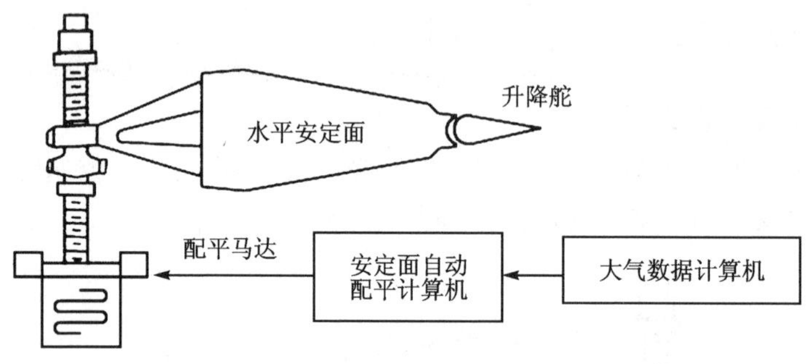

图 5.22　速度配平

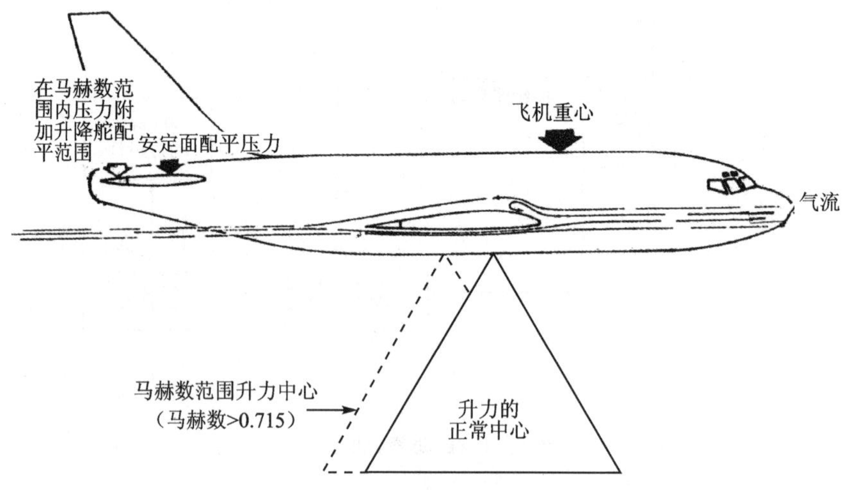

图 5.23　升力作用点随飞机速度的变化

为了使飞机在高速飞行下处于平衡状态，马赫数配平系统以飞机的马赫数作为函数自动地调整升降舵上偏，实现配平飞机，如图 5.24 所示。马赫数传感器按预定要求给出马赫数函数信号，此信号与平尾位置传感器给出的反馈信号综合，其差值输入马赫数配平系统的伺服放大器，通过正交切除，相敏放大得到与误差信号极性相关的直流信号，通过开关放大器，输出信号控制舵机驱动平尾偏转。当平尾偏转角度满足预定曲线要求时，平尾位置传感器输出的反馈信号与马赫数输入信号相抵消，伺服放大器的输入为零，系统停止工作。马赫数伺服系统是一个随动控制系统，使平尾偏角按预定的函数关系随马赫数变化。

5.3.4　自动油门系统概述

飞行速度是标志飞行器飞行性能的重要参数，包括速度方向和大小。对它的控制也就是对方向和大小的控制。角运动和航迹控制是以飞行速度控制为必要前提的。飞行速度方向的改变实质上是一个航迹控制问题，这里只讨论飞行速度大小的

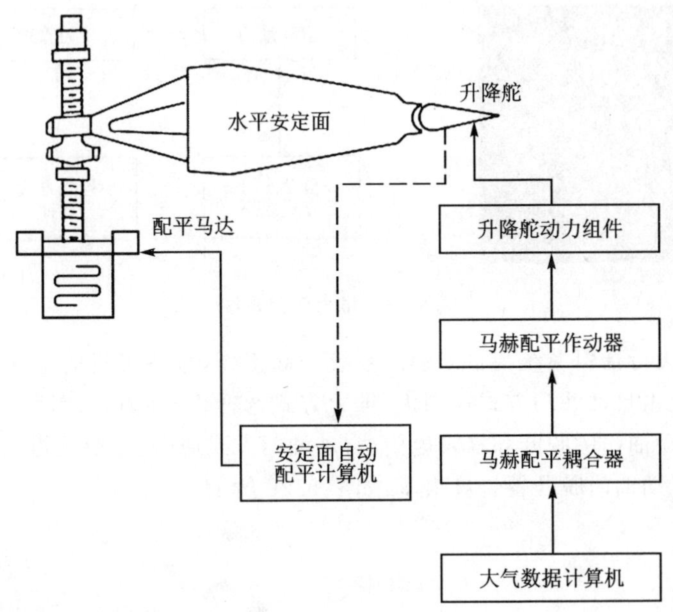

图 5.24　马赫数配平

控制问题。

自动油门控制系统的主要功能就是控制飞机的速度，而直接控制对象是发动机。实现速度控制的方法一般有两种：操纵升降舵和控制发动机油门。操纵升降舵是通过改变飞机的轨迹倾角来改变飞行速度。这种方式结构简单，比较容易实现。例如在巡航状态下飞行速度的控制要求相对宽松，油门杆不必频繁动作，可以采取这一方式。控制发动机油门是通过改变推力大小来改变飞行速度的。飞机纵向运动中飞行速度和俯仰姿态角之间存在气动耦合，推力增加时一方面直接引起飞行速度的增加，另一方面也会引起俯仰角的增大，而俯仰角的增大会导致飞机飞行速度下降。一般自动驾驶仪需要与自动油门配合才能控制飞机姿态和速度。为了获得飞行速度的稳定性，一般将发动机推力线设计在飞机重心以下。当给油门杆一个正的移动量时，推力增加，产生俯仰力矩，空速增大，升力增加。正的升力和俯仰力矩使速度矢量向上偏转，产生航迹偏转角及俯仰角。重力与速度不相垂直，使速度下降。所以单独靠控制油门杆来控制速度是无法实现的，必须与自动驾驶仪协同工作。

5.3.5　自动油门系统的组成

一般大型运输机上都装有推力管理系统(thrust management system)，如图 5.25 所示。推力管理计算机(thrust management computer)或飞行管理计算机(flight management compter)负责发动机推力限制计算和自动油门方式管理，控制自动油门。

自动油门的工作方式可以通过自动油门方式选择板人工选择。在飞行的整个阶

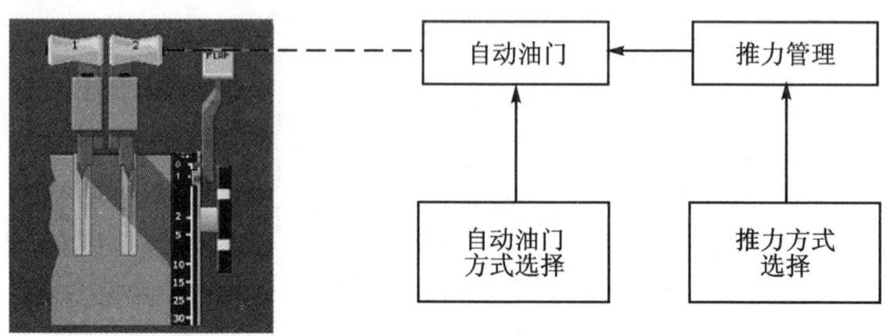

图 5.25　推力管理系统

段，自动驾驶飞行指引系统与自动油门系统一起工作，维持飞机的空速和垂直轨迹。自动油门系统由自动油门方式控制板、推力方式选择板、推力管理计算机、自动油门伺服机构、自动油门的脱开和复飞电门、自动油门方式通告牌、快慢指示器、动力杆角度传感器和自动油门脱开警告灯组成，如图 5.26 所示。

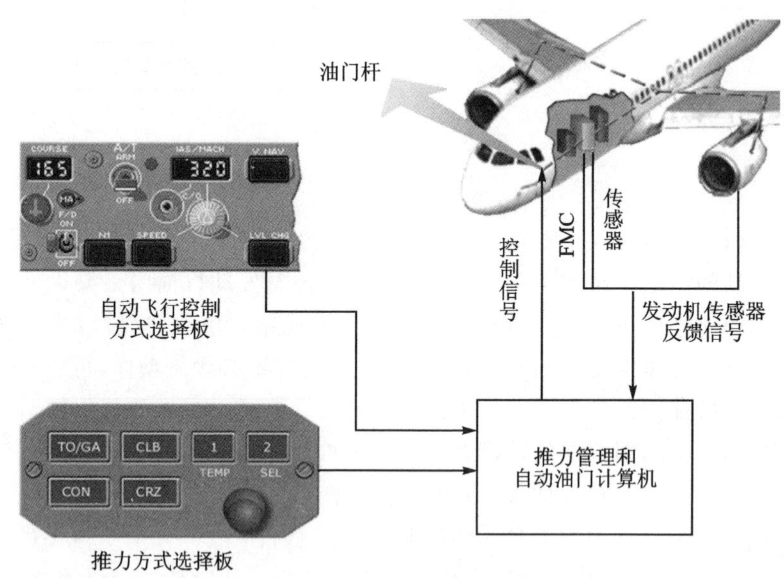

图 5.26　自动油门系统的组成

自动油门方式控制板一般在自动飞行指引系统方式控制板的左侧，包括自动油门的预位电门、发动机推力方式选择电门、速度方式选择电门、飞行高度层方式选择电门、垂直导航方式选择电门及速度/马赫数选择按钮、显示窗等。自动油门的工作方式有两种：EPR(N1)方式和 SPD 方式，可由方式控制板选择。推力方式选择板主要用于选择推力限制方式和输入假设温度。一般有起飞/复飞、爬升、连续和巡航 4 种推力限制方式可以选择。推力管理计算机主要负责发动机推力自动控制的计算，向自动油门伺服机构提供油门杆定位信号，产生信号去自动油门的 FMA 上显示，送信号到 EADI 上进行快慢指示、油门的故障探测等。自动油门伺服机构是执行机构，控制油门杆。自动油门的脱开和复飞电门控制脱开自动油门和启动复飞推力方式。自动油门方式通告牌用来显示自动油门的当前工作方式。快/慢指示器用于监测自动油门在速度方式时的工作情况。指针在 FAST 一侧说明实际空速过快，应减油门；指针在 SLOW 一侧说明实际空速过慢，应加油门。油门杆角速度传感器为自动油门计算机提供油门位置的反馈信号。自动油门脱开警告灯提醒驾驶员自动油门系统已脱开。

5.3.6 自动油门系统的工作原理

推力管理计算机由自动油门控制板和推力方式控制板的输入信号、发动机引气信号、大气数据计算机系统的空速、马赫数、气压高度和大气全温信号、惯性基准系统的飞机姿态和加速度信号、襟翼、缝翼位置信号等经过计算，一方面输出到 EADI 上进行自动油门方式显示和快慢指示；另一方面输出信号至伺服放大器，控制油门杆，控制发动机的 EPR 或 N1，调节推力大小。

在 N1 方式下，推力管理计算机根据人工选择的推力或自动飞行时 FMC（或 FCC）计算出的推力（各飞行阶段不同）和发动机的实际推力相比较，计算出它们的差值；再根据飞机当前的高度、速度、大气温度、姿态等，计算出油门控制指令，驱动伺服机构，移动油门杆，保持所需推力，形成一个闭环控制系统。

在 SPD 方式下，推力计算机根据 MCP 板上给定的速度或 FMC 计算的目标空速（各飞行阶段不同），和实际空速相比较，计算出它们的差值；再根据飞机当时的高度和姿态等，计算出油门控制指令，驱动伺服机构，移动油门杆，控制发动机推力，使空速保持给定空速。

5.4 飞行管理系统概述

随着科学技术的发展，计算机已进入各航空技术领域，飞机上不少机载电子设备配置了微型计算机。飞行管理系统（Flight Management System，FMS）是一个配置了飞行管理计算机系统（Flight Management Computer System，FMCS）并以其为核心的高级区域导航、制导系统和性能管理系统。飞行管理系统是综合性系统，它将导航、制导、控制、动力、气动力以及其他信息高度综合，实现飞机最佳性能飞行。它将多种传感器和子系统综合起来，构成自动飞行系统（Automatic Flight Control System，AFCS）、自动油门系统（Autothrottle，A/T，即发动机推力控制系统）、电子仪表和显示系统，实现以最优性能执行导航、制导飞行计划、性能管理和数据管理工作。

FMS 由几个独立的系统组成，包括飞行管理计算机系统、惯性基准系统、自动飞行控制系统（或自动飞行指引系统）和自动油门系统。其中飞行管理计算机系统又称处理子系统，它是飞行管理的核心。各系统间、传感器和显示等部分用数据总线联系起来。内装自检设备,可快速诊断故障并对其加以显示。

飞行管理系统在 1981 年 12 月首次安装在 B-767 飞机上试飞,取得成功;之后在操纵方便、减小体积、减轻质量、减少耗电量、提高可靠性、维护使用方便、提高性能价格比等方面不断改进,形成了更具灵活性和适应性的系统。使用过的飞行驾驶员都称赞说:“飞行管理系统是一个设计好、操作简便、性能一流的系统。”

5.4.1 飞行管理系统的组成

现代飞机上 FMS 是一个由许多计算机、传感器、无线电导航系统、控制板、电子显示仪表、电子警告组建以及执行机构联系起来的大设备系统,如图 5.27 所示。

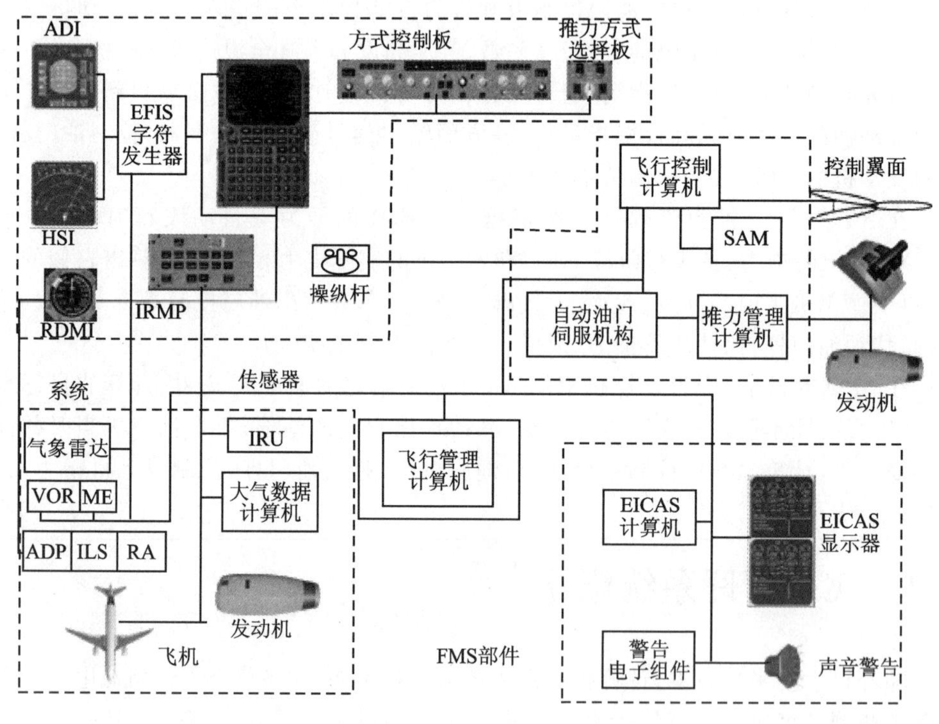

图 5.27 飞行管理系统

抛开一些分散安装的传感器,典型的飞行管理系统主要由 4 个分系统组成,分别是飞行管理计算机系统(FMCS)、惯性基准系统(IRS)、自动飞行控制系统(AFCS)和自动油门系统(A/T),其中飞行管理计算机系统是系统的核心与中枢,基本组成如图 5.28 所示。

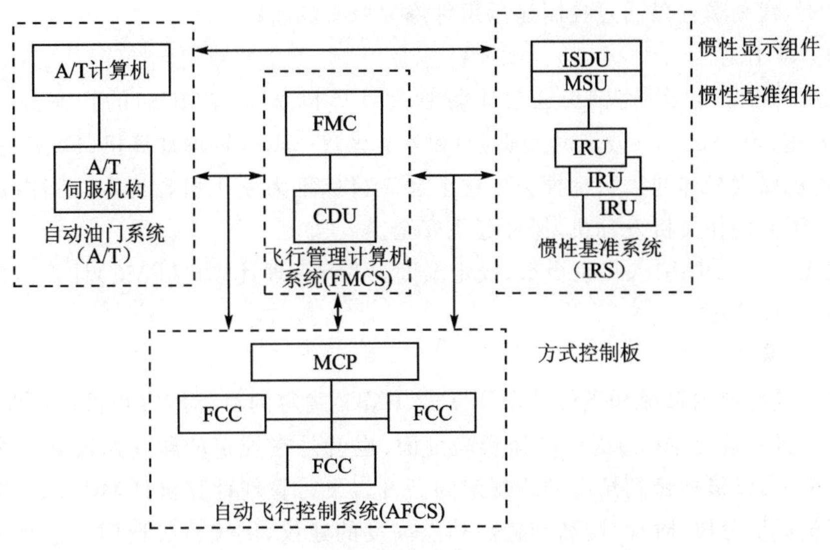

图 5.28 飞行管理系统的基本组成

5.4.2 飞行管理系统的功能

驾驶员在没有配置飞行管理系统的飞机飞行时，必须参考地图、飞行性能手册、航图、各种图表和计算器，以获得飞行需要的导航和飞机性能数据，现在这些数据都存储在飞行管理系统的飞行管理计算机内，建立了导航数据库和性能数据库。驾驶员使用控制显示组件直接可以检索出储存的各种信息数据，并能把飞行全过程的导航、制导、飞行计划和各种性能数据在控制显示组件的屏幕上显示。驾驶员只要向飞行管理计算机输入飞机当前起飞机场、目的机场，并输入待飞航线、亦即在两个机场之间起码指定一个航路点，飞行管理计算机系统就能根据惯性基准系统和无线电导航设备的信号，准确地计算出飞机飞行中的即时位置，并能发出指令到自动飞行控制系统，引导飞机到达目的机场。通过飞行管理计算机系统的控制显示组件，驾驶员给出飞机的起飞全重及飞行性能要求，飞行管理计算机系统就能计算出从起飞机场到目的机场飞行的最经济速度和和巡航高度。也能连续计算推力目标值，传送指令到自动驾驶仪和自动油门系统。

飞行管理系统使用当前飞机所在的位置、飞机性能参数、目的机场的经纬度和可用跑道、各航路点位置值、无线电导航台以及等待航线、进近程序等信号或数据进行综合分析运算，已确定飞机的航向、速度以及爬高、下降角和升降速度、阶梯爬高和下降等指令。

飞机上安装了飞行管理系统(FMS)后，不仅减轻了驾驶员的工作负担，实现了全自动导航，而且经飞行管理计算机提供了从飞机起飞到进近着陆的横向最优飞行剖面与垂直最优飞行剖面，飞机将按最优化飞行轨迹从起飞机场到目的机场。在特殊情况下,驾驶员可以通过控制显示组件修改原来的航路。

(1) 起　飞

在起飞准备阶段,驾驶员通过飞行管理计算机系统(FMCS)的控制显示组件(CDU),键入飞机全重(或无燃油质量)和外界温度,飞行管理计算机(FMC)进行计算,为飞机提供最佳起飞目标推力。这个起飞目标推力使飞机在规定时间内达到起飞速度,不会损伤飞机发动机,保证起飞安全。

起飞——CDU 引入飞机全重,设定温度,飞行管理计算机(FMC)计算出最佳目标能力,目标速度。

(2) 爬　高

根据飞行员的选择和飞行管理计算机(FMC)确定的目标推力和目标速度,飞行管理计算机系统(FMCS)提供最佳爬高剖面,也就是在规定的爬高速度和规定的发动机推力下,以最佳爬高角度到达规定的高度。飞行管理计算机(FMC)还根据情况向飞行员提供分段(阶梯)爬高和爬高顶点高度的建议,供飞行员选用。这些建议一旦实施,便可使飞行进一步节省燃油。

爬高——飞行管理计算机(FMC)提供最佳爬高剖面,即最佳爬升角和速度,阶梯爬升到爬升顶点。

(3) 巡　航

飞行管理计算机系统(FMCS)根据航线长短,航路情况等选定最佳巡航高度和巡航速度。在飞行的两机场之间采用大圆弧路径,结合无线电甚高频导航获得最优巡航飞行。采用大圆弧路径使两点之间的飞行距离最短。

巡航——根据航路距离、航路情况,飞行管理计算机(FMC)确定最佳巡航高度和速度。

(4) 下　降

飞行管理计算机系统(FMCS)根据飞行员输入或储存的导航数据确定飞机开始下降的顶点。飞机在下降阶段时,由飞行管理计算机系统(FMCS)确定下降速度,最大限度地利用飞机的位能,节省燃油消耗。

下降——飞行管理计算机(FMC)确定下降顶点,计算出最佳下降高度,控制油门在慢车位,利用飞机性能,以最佳剖面和速度下降。

(5) 进　近

飞行管理计算机系统(FMCS)在下降结束点,在既定高度、确定航距上,以优化速度引导飞机到跑道上的着陆点。

飞行管理计算机系统(FMCS)以最佳飞行路径操纵飞机,不但安全、可靠,而且使飞机节省了燃油,缩短了飞行时间,大大降低了飞行成本。

进近——飞行管理计算机(FMC)确定下降末端(下降结束点),即在规定的高度和距离开始进近到跑道上的着陆点。

5.4.3 飞行管理系统的传感器设备

飞行管理系统为完成上述功能，需要有多种参数数据，经过综合运算得出输入执行部件的指令，与飞行管理计算机有关的传感设备有惯性基准系统、大气数据计算机(ADC)、全向信标接收机(VHF)、测距器(DME)、仪表着陆系统(ILS)、燃油总和器和飞行时钟等。

(1) 惯性基准系统

惯性基准系统可以认为是飞行管理系统一个特殊的、连接机上其他系统、输出多种飞行参数的传感器。以往惯导系统可以作为一个独立系统应用，现在用惯性基准系统来描述。它不仅要求有导航的功能和精度，还要求满足飞行控制的需要，即满足武器投放要求的速度精度(军机)。这个系统由 2～3 台惯性基准组件(IRU)、方式选择组件(MSU)和惯性系统显示组件(ISDU)等组成。B－747－400 安装激光陀螺的惯性基准组件(IRU)，它安装在电气电子设备舱里。方式选择组件(MSU)和惯性基准系统显示组件(ISDU)连在一起装在驾驶舱头顶设备板上，驾驶员可以通过方式选择组件(MSU)选择惯性基准系统(ISDU)的工作方式，选择的几种方式是导航、姿态、校准和关闭，其上也有故障信息的信号显示。

IRS 向 FMCS 输送飞机经纬度位置、真航向、磁航向、南北和东西向速度、俯仰和倾斜角、高度、生降速度、地速等数据。

IRS 内的激光陀螺在起始校准确定当时位置后，连续测量飞机 3 个轴向的转动位移、3 个轴向加速度计测量飞机 3 个轴向的加速度，IRS 计算机根据这 6 个信号进行处理运算，输出上述各种数据。

惯性系统显示组件(ISDU)如图 5.29 所示，装有显示选择电门与左、右显示窗和字母数字键盘等。飞行员可在上面选择显示飞机的位置经度、纬度、航向、风向、风速等数据，也可通过键盘对惯性基准系统进行起始校准。IRS 是 FMS 整个系统的传感器，对于 FMS 的各分系统来说，FMC、IRS、FCC、A/T 计算机等本身又有许多传感器。

(2) 大气数据计算机

大气数据计算机向飞行管理系统提供飞机高度、空速、马赫数速度和温度信息。飞机上装有 2 台大气数据计算机。

(3) 全向信标接收机(VHF)、测距器(DME)

全向信标接收机通过模/数转换器或直接向飞行管理计算机提供方位和航道偏离信号，测距器也通过模/数转换器或直接向飞行管理计算机提供飞机到莫伊地面台的距离信号。

飞行管理计算机用方位和距离以及惯性基准系统的导航数据进入综合，得出飞机精确的导航数据。

图 5.29　惯性系统显示组件

(4) 仪表着陆系统(ILS)

现在飞机上还装有仪表着陆系统，它们向飞行管理系统提供偏离航向道和下滑道的信号。使用仪表着陆系统的信号是有条件的：航路中包含有仪表着陆程序；飞机已在距离跑道 20 nmile 范围内，水平状态指示器上航向偏差的指示已小于±1.25点，亦即飞机于跑道中线延长线的偏离±1.25°以内；飞机航迹在跑道方位的 45°以内；已经接受到有效的仪表着陆信号。满足以上所有条件时才使用仪表着陆系统信号数据进行位置修正。左仪表着陆系统是主用机，右仪表着陆系统是备用机。

(5) 燃油总和器

燃油总和器把各燃油油箱油量表的油量加起来，得出飞机总燃油量。这个总燃油量信号经模/数转换为数字信号输出到飞行管理计算机。飞行管理系统据此信号预报到达各航路点和目的地机场的剩余油量。飞行管理计算机经过计算，减去燃油储存值后，若现有燃油不够飞达目的地机场时，飞行管理系统将向驾驶员发出警告信号。

(6) 飞行时钟

正驾驶员时钟向飞行管理计算机提供格林威治(GMT)事件。飞行管理计算机用这个时间预报到达各航路和目的地机场的时间。

(7) 其他传感元件

飞机发动机防冰、机翼防冰和发动机引气系统内一些传感元件也向飞行管理计算机输送与之工作情况有关的信号。飞机空气系统从发动机压缩其引出增压热空气供给客舱空调、机翼防冰、发动机防冰等系统用气。发动机被引气后，推力要下降。飞行管理计算机要使用有关信号对发动机目标推力、推力限制、转速限制等数据进行修正计算。飞行管理系统的导航数据库的更新只能在地面进行，在空中更新是不允许的；而无线电导航位置修正只有当飞机在空中时才能实现。分辨飞机在空中还是在地面的离散信号由空地继电器获得，它是由安装在飞机起落架减震柱上的空地微动电门控制的。

上述各系统和部件向飞行管理计算机传送不同的信号，是飞行管理计算机进行各种计算时必不可少的数据。飞行管理计算机接受来自各传感设备的信号后，经过各种形式的分析运算，形成控制信号输送之各操纵机构以及各种指示仪表、显示屏幕和通告牌等（指示各种数据）。飞行管理计算机系统有两类执行部件：执行机构和显示设备。

5.5 飞行管理计算机系统

5.5.1 飞行管理计算机

飞行管理计算机系统（FMCS）是飞行管理系统（FMS）的核心与中枢，由飞行管理计算机（FMC）和控制显示组件（CDU）组成。飞行管理计算机一般安装在飞机的电气电子设备舱的设备架上。有的飞机上安装一台，有的安装两台，其中一台主用，一台备用。控制显示组件都安装在驾驶舱靠近正、副驾驶员的中央操纵台的前方。在飞机上安装两台，分别供正副驾驶员使用，如图 5.30 所示。

图 5.30 飞行管理计算机安装位置

飞行管理计算机是飞行管理系统的关键部件，它除包含有本身的操作程序和数据库外，还含有用于自动飞行控制和自动油门系统的指令逻辑，以及其他软件。飞机上的多种传感器设备向计算机提供大气数据、导航数据和性能数据等。飞行计算机接收到这些数据以后，首先进行检查，然后用来进行连续的导航信息和性能信息更新，最后用于控制自动飞行控制系统、自动油门系统和无线电导航系统进行自动调页。接收的数据还用于飞行计划管理。

飞行管理计算机(FMC)是多微机系统。主要由3台微处理机、电源组件和电池组件组成。3台微处理机分别是导航微处理机、性能微处理机、输入/输出微处理机。3台微处理机有19块电路板，其中A1～A8为输入/输出处理机；A9～A15为导航微处理机；A16～A19为性能微处理机，所有电路板都采用插入式连接。计算机内部的导航处理机、性能处理机和输入/输出处理机工作中是互相独立的，各自执行自己的功能，每一个运算装置使用相同的并行地址数据总线。由于3台处理机之间在结构上互相没有联系，所以一个部件丧失功能时并不影响到其他部件的工作。各计算部件之间的通信是通过公共存储器和内部处理器中断进行的。

(1) 导航微处理机

A9～A15电路板为导航微处理机，由导航微处理器和它的存储器组成，它执行与导航计算、横向和纵向操作指令计算及控制显示组件(CDU)管理等有关功能。

导航微处理器控制和协调所有导航部分元件的工作。它在系统的各部分有秩序地传输导航信息。导航处理器执行一套微程序指令。整个微程序指令共有1K字，每个字为56位，固化在半导体只读存储器(PROM)中。导航处理器由A14和A15两块电路板组成。其中含有一个16位的运算器和逻辑部件，一个24位的复合元件，地址输出接口，数据输入/输出接口，一个串行输入/输出接口，16级优先中断以及有关的定时和控制电路。

导航处理部分共有4种存储器。电路板A13是导航程序存储器，这个程序既有指令，也有操纵计算机所必需的固定数据。存储器包含192K字的6位电信号可编程序只读存储器(EPROM)、地址输入缓冲器、数据输出缓冲器以及控制电路。该EPROM可由紫外线曝光擦除，再由电信号编程序。

电路板A12是易失性读/写存储器，用来作为导航处理机的“便笺”。该组件板内有16位的容量为16K字的高速随机存取存储器(HS RAM)，地址输入缓冲器，数据输入/输出缓冲器的控制电路。

电路板A10和A11内含有导航数据库。每一块组件由字长48K字的写入保护非易失性随机存储器(NV RAM)、地址输入缓冲器、数据输入/输出缓冲器和控制电路等组成。

电路板A9含有公共存储器，公共存储器用以在3个存储器之间进行通信，有一个字长为16位，容量为12K字的非易失性随机存储器(NV RAM)。此外，还有一个优先中断电路、地址输入缓冲器、数据输入/输出缓冲器和控制电路等。在12K字的存储器中有 4K 字用于存储输入/输出处理机需保护的“便笺”。

(2) 性能微处理机部分

A16～A19 电路板为性能微处理机，也由性能微处理器及其存储器组成。它的基本构造与导航处理机部分相同，只是其存储器容量较小。电路板 A17 上除有程序存储器外，还有便笺存储器、高速 RAM。

性能微处理机完成大部分与性能计算有关的功能，即垂直操纵引导(跟踪目标速度)和飞行包络保护。性能处理器根据传感器输入、CDU 输入及性能数据库的数据进行计算，实现最佳纵向飞剖面的管理，包括飞行高度、速度、爬升/下降速率等，并提供显示。

(3) 输入/输出处理机部分

A1～A8 电路板为输入/输出微处理机部分，除有处理器、各种存储器外，还有混合输入/输出装置、ARINC 控制器制器、ARINC 接口、离散信号接口等组件。

输入/输出处理机有规则地在计算机和飞机各设备之间传输信息。这个处理机也和其他两个处理机一样，有地址输出接口、数据输入/输出接口、一个串行输入/输出接口，16 级优先中断、定时的控制电路。不同的是，它没有逻辑处理器，但它的寻址能力可达到 512K 字。

电路板 A6 为混杂输入/输出装置，提供实时时钟、周期冗余码检查、离散信号输入/输出寄存器、ARINC 中断锁存器、回路故障检测器以及一个系统时钟。导航和性能处理器本身具有周期冗余码检查功能，不用专门装置冗余码检查器，离散信号输入/输出寄存器提供各有 16 位的离散信号输入/输出功能。ARINC 中断锁存器负责输入/输出处理器和 ARINC 控制器之间的通信。回路故障监测器确保程序的完整。系统时钟是一个频率为 20 MHz 的晶体振荡器，用它来同步计算机各部分的工作。

5.5.2 飞行管理计算机双系统工作原理

FMCS 系统的结构一般是由两台 FMC 和两台 CDU 组成，即称之为双 CDU/双 FMC 系统。一般正驾驶一边的 CDU 和左边 FMC 组成一个系统，且该 FMCS 在运行中起主导作用，称之为主 FMCS；而副驾驶一边的 CDU 和右 FMC 有时起从属作用，称之为从 FMCS。两套 FMCS 系统可以分别独立工作，但它们之间相互又有联系。各自在进行数据计算和控制飞机的作用上并不分主从关系，所有输入任意一台 CDU 的数据都传输到两部 FMCS 和所有外围设备上。只有在进行数据比较、处理 CDU 请求、故障关断等一些工作时，才区分主和从的关系。如此安排增加了系统的可靠性。

双系统的正常安排如图 5.31 所示，两台 FMC 和两台 CDU 分别组成左、右(主、从)两套 FMCS。只要驾驶舱内的 FMC 仪表选择电门在正常位置，左 FMC 除与左 CDU 直接联系外，还与左中 FCC、左 EFIS 字符发生器和 TMC 通过数据总线联系。右 FMC 和右 FCC、右 EFIS 字符发生器通过总线联系。此外，两台 FNC 之间也通过内部总线联系在一起。对于 CDU 来说,不但与自己一边的 FMC 互相交联,也向另一边的 FMC 输送信息。如此安排使得在任何一个 CDU 上起始的请求,可以先在主 FMC 内处理,然后再由另一台从 FMC 处理。两台 FMC 都处理完以后,才能再接受在 CDU 上起始的下一个请求。处理的结果会同时显示在两个 CDU 页面上。两台 FMC 分别有数据总线与另一边的 CDU 联系,当两个 FMC 仪表元选择电门在正常位置时,这两条总线虽有数据传输,但不被使用。

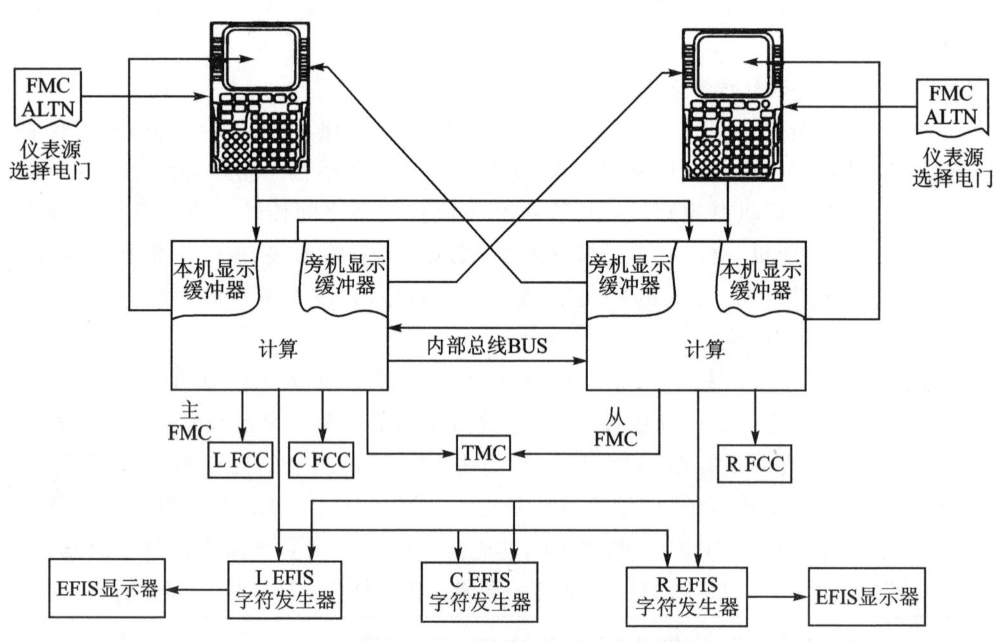

图 5.31　双 CDU 双 FMC 系统

双 FMC 系统中,两台 FMC 之间通过内部总线联系起来,在处理任一 CDU 起始请求时,先由主 FMC 进行处理后,再通过数据总线通知从 FMC 进行处理。在电源刚接通时,两台 FMC 要通过数据总线进行操作程序、性能数据库、导航数据库、程序结构等软件比较,确保两台 FMC 的系统程序正确一致。在系统工作期间,还通过内部总线对各自计算的数据进行比较,确保两台 FMC 之间计算结果始终相同。数据比较的项目有飞行计划、制导误差和制导指令、飞机的经纬度位置和 FMC 计算速度等。

目前,飞机上安装的计算机设备都具有内装自检设备,FMC 也不例外。该自检设备的功能对 FMC 和 CDU 进行连续监控,以防止系统工作不正常,输出错误信号,危及飞机飞行安全。一旦自检电路发现系统故障,除关闭本机的工作外,还立刻以离散信号方式通知飞机其他系统,告知 FMCS 已经失效。故障部件上的失效指示器显示故障信号。与此同时,在双通道的 FMCS 中,重新组合 FMC 和 CDU 的系统传输方式继续工作。

5.5.3 飞行管理计算机控制显示组件

控制显示组件(CDU)是飞行管理计算机系统(FMCS)进行人-机联系的一个重要部件。它与普通电子计算机的键盘和终端显示器的集合体一样,建立操作者和FMCS之间的联系。在CDU前面板上除有一般键盘所有的字母数字键、符号键、清除键、删除键外,还有方式、功能、行选键,可以执行许多特殊功能,以简化驾驶员的操作。CDU都安装在飞机驾驶舱中央操纵台的前电子设备板上。可以装一台或两台CDU;各CDU独立工作,共同控制FMC的运行。任意一个CDU都可以用来输入数据,在一个CDU上输入的数据也会显示在另一个CDU的相应显示页面上。

目前在我国民航飞机上使用的CDU有两种类型,它们分别由美国的利厄·辛格勤(LEAR SIEGLER)和斯派雷(SPERRY)公司生产。两种类型的CDU外形基本相似,内部结构和工作原理也大同小异,功能性能等稍有不同。

1. CDU组成及外形

CDU由包含有一个中间的前面板、一个阴极射线管CRT、一个8位微处理机、包含有接收和发生信号与控制字符产生和显示的内部控制电路、高低压电源和壳体等组成。2577B型控制显示组件外形如图5.32所示。

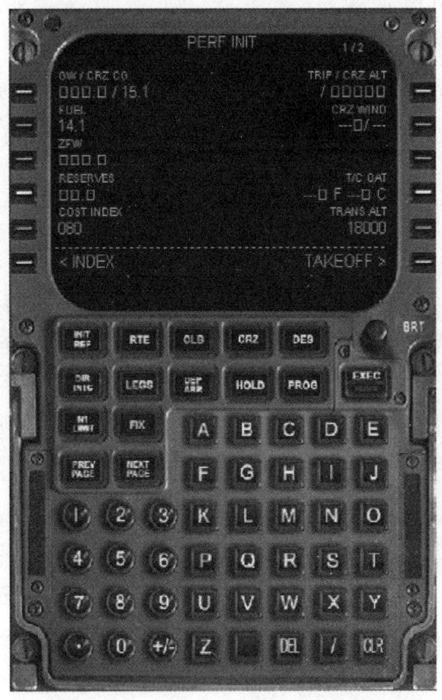

图 5.32 2577B型控制显示组件外形

2. 前面板上的电门及信号灯

CDU 前面板上装有各种各样的键电门和一些信号灯。键电门都是瞬时按压式电门。当任一个电门被按压后，该信号先被编码，然后送到 FMC。所有键电门可分为 4 种类型。

(1) CRT 显示器

在 CDU 上有一个 5 in 见方的屏幕，表面是平的，其上粘贴有一块玻璃光线过滤器。显示的信息以英文字母和带有各种符号的阿拉伯数字为主。有时也显示方框和虚线等。CRT 的数据区域共 14 行，每行 24 个字符，每个字符由 7×9 点的矩阵组成。

CDU 显示屏上的第一行数据区称为标题行，由它显示该页的标题内容、数据状态、页码和页码数量。

显示屏幕中间的 12 行是数据显示区域，显示飞机飞行的各工作数据，如飞行动态、可供选择的数据信息清单、自检信息。输入列在这里显示输入的信息或下选的数据。

显示屏的最后一行，即第 14 行数据称为便笺行或暂记行。它有许多用途，当操作者用键盘输入数据，或用行选键选择数据行中的信息时，首先在便笺行上显示(暂记)，以供操作者审阅。故障信息、操作警告以及提醒信息等，也在该行上显示。每个字符显示的颜色黑、白可以互换。

(2) 行选键

12 个行选键分别位于 CRT 两边，左、右两侧各 6 个，主要作用是对数据区域的信息、数据进行管理。第 3、5、7、9、13 行是数据显示区，第 2、4、6、8、10、12 行是各数据行的标题名称。

行选键的主要作用是对数据区域的信息、数据进行管理。它们的使用与显示区域的便笺行密切联系在一起。若便笺行空白，没有现实内容，则按压行选键，就把与该行选键相对应的数据复制到便笺行内。如果在数据区域与行选键对应的数据行内不是可以复制的数据，而是可供选择的一些页面标题，则按压相应的行选键，就显示该标题的页面。以上两种情况称为标准“选择”功能。

如果在便笺行内已经有用行选键复制的内容或用字母数字键输入的数据，则按压行选键，就把便笺行内有效的数据传输到与该行选键相对的数据行内。原来在该行内的数据被清除，便笺行也再次空白。这称为标准“输入”功能。

行选键还有一个删除功能，要和删除(DEL)键合在一起使用。删除键用于删除在数据区域的数据。首先，按压删除键，在便笺行会出现“DELETE”字符，然后再按压需要删除数据行所对应的行选键，即可将对应行的数据删除。同时，便笺行的“DELETE”字符也消失。一次只能删除一个数据行的内容。这称为“删除”功能。

行选键的功能是有限制的，在许多页面上，大多数行的内容既不能选择，也不能输入，更不能被删除。至于在那个页面上，哪些行选键具有选择、输入和删除功能完全在 FMC 软件控制之下。以免在误操作下输入错误数据或把需要的数据无意中抹除。操作页面时，要严格按照页面具有的功能进行。

(3) 功能键

执行键(EXEC)、下页键(NEXT)、前页键(PREV)。

(4) 方式键

航路(RTE)键、航路段(LEGS)键、离场/进场(DEO/APR)键、直接/切入(DIR/INTC)键、等待(HOLD)键、起始和基准(INIT/ REF)键、进程(PROG)键、爬高(CLB)键、巡航(CRZ)键、下降(DES)键、定位(FIX)键、N1 转速限制显示(N1/LIMIT)键。

功能键和方式键是飞机在飞行中操纵使用最多的一类键，这些键代表了 FMCS 的工作能力。利用这些键可使操作者作飞行计划；一旦起始飞行方式后，可使用它们来再现飞行各阶段的飞行方式、选择各种飞行参数，并可修改预先选定的飞行计划。其中，爬高(CLB)、巡航(CRZ)、下降(DES)3 个键是飞行阶段键。

按压爬高(CLB)、巡航(CRZ)、下降(DES)方式键后，显示当时的或可供选择的各阶段的性能方式，供飞行员进行审视、评估。也可在这些页面显示时输入爬高顶端、下降底端高度、高度速度限制值等。并可通过行选键重新选择其他的飞行方式。

起始/基准(INIT/ REF)键：用来检索 FMCS 的起始数据页面。该系列页面有“识别”“位置”“性能”“起飞”“进近”“导航数据”等页。在不同的情况下，按压起始/基准键时，由 FMCS 控制显示相应的页面。

直接/切入(DIR/INTC)键：提供变异页面，供驾驶员选择直飞航路点或在任意选定的点上切入一个计划好的航道。

N1 转速限制显示(N1/LIMIT)键：允许人工指令发动机第一转子转速 N1 的限制值，并选择任意减推 N1 限制值。

航路段(LEGS)键：做好飞行计划后，通过该键可以详细地显示与飞行航段有关的数据，由横向和纵向剖面的航向、距离、高度和速度等。也能接收操作者输入的数据。

定位(FIX)键：允许飞行员在飞行中选定一个固定参数点，然后由 FMC 通过该页显示飞机当时位置到定位点的距离和方位。

离场/进场(DEO/APR)键：飞行员在其他页面确定起飞和着陆机场后，可通过该键选择起飞、目的地机场的跑道和离场、进场程序。

等待(HOLD)键：在指定点实施等待航线。

进程(PROG)键：飞行中通过该键显示当时飞行状态信息，使飞行员一目了然地了解飞机飞行过程。按压该键向飞行员显示下一个航路点名称、待飞距离、预计到达下一个航路点的时间、飞抵下一个航路点时的剩余燃油量，无线电导航设备处于人工调谐还是自动调谐的状态，风速、风向以及飞行中的航迹误差等。

执行(EXEC)键：和两个页面选择键一样属于功能键。它们和当时现实的信息结合在一起才具有意义。执行键用于在作飞行计划时所选定的航路实施生效，或实施修改的飞行计划。只有当执行键上的矩形条被照亮以后,执行键才起作用。说明已在当时 CDU 上确定了有效的数据,此时通过按压执行键可以实施生效。

下页(NEXT)键、前页(PREV)键:可以利用这两个键进行翻页到前一页或后一页,两个键是连续工作的。

(5) 字母数字键

供操纵者用来向系统输入数据。例如,输入起始 L NAV(水平导航)、V NAV(垂直导航)的必需数值和标识,对飞行计划进行修改,选择定位参考点,选定边道航线、等待航线。所有通过字母数字键输入的内容首先出现在便笺行,使用清除(CLR)键可以清除输入的内容。其他键的功能与普通计算器上的同类键功能相同。

除键电门外,在前面板两边各有两个灯光信号器,有时只使用两个,右边的"MSG"是信息灯,当控制显示装置 CRT 上显示信息时,该白色信息灯亮,以引起操作者的注意,左边的"FALL"是 FMC 失效灯。

5.5.4 飞行管理计算机数据库

飞行管理计算机(FMC)数据库的存储器内除存储有各种操作程序以外,还有许多数据,这些数据也是 FMC 正常发挥其功能所不能缺少的。当操作者通过 CDU 选择飞行控制的各种工作方式、选择各种航路结构时,就需要使用这些数据;FMC 在进行各种数据计算时,也需要这些数据。按数据的种类分类,与飞机性能有关的各种参数集中存储起来,称为性能数据库。这些数据是固定不变的,不能进行更改。飞机导航方面的数据称为导航数据库,这些数据都存储在飞行管理计算机的存储器内,但对不同机型其性能数据库不同。

1. 导航数据库

导航数据库用于导航计算,确定飞机即时位置,以及导航台自动调谐管理。

这些数据都存储在计算机的磁盘存储器或半导体存储器或磁泡存储器内,每隔 28 天更换一次。数据库内的数据是飞机飞行区域的机场、航路点、导航台的地理位置、频率以及航路组成结构等。这些数据可以分成两大类:一类是对各航空公司都适用的标准数据,它们由世界范围的机场、导航台等有关数据组成;另一类导航数据是一种特定数据,仅是与航空公司飞行航线的航路结构有关的数据。

这两类数据由导航数据库制造中心汇集后,首先按 ARINC 424 格式进行编码,然后送入特别的计算机进行处理,再制成 DC-300 式盒式磁带或其他形式的媒质,包装后分发到航空公司,每隔 28 天用数据装载机把数据库装到飞机的 FMC 内,进行数据更新。

导航数据库所存储的具体内容由以下 6 个方面的资料组成:

(1) 导航设备

① 导航设备类别:导航台可分为测距机(DME)台、全向信标(VOR)和测距机(DME)装在一起的 VOR/DME 台,其 VOR 的频率也可用特高频(UHF)的塔康

(TA - CAN)台。

② 位置：所有导航台在地球上的位置都用经纬度来表示。

③ 频率：各导航台的使用频率。

④ 标高：各导航台所在位置的海拔高度。

⑤ 标识：各导航台以 3 个英文字母作为各自的识别标志。

⑥ 级别：导航台分为低高度、高高度和终端级。

(2) 机　场

① 归航位置：飞机归航机场的经纬度位置。

② 登机门参考位置：机场候机楼各登机门处的经纬度位置。这个位置在飞机起飞前供飞行员用于起始 IRS。

③ 跑道长度和方位：每条跑道有从两个方位进出的方位数值。例如，若跑道的一个方位为 35°，则另一个方位为 215°。

④ 标高：机场的海拔高度。

⑤ 仪表着陆系统(ILS)设备：设备运行等级。

(3) 航　路

航路分为高空、低空航路和机场进近的终端航路等。航路数据包括航路类型、高度、航向、航段距离及航路点说明等。

(4) 公司航路

它们是航空公司负责飞行的固定航线数据，由飞机用户规定。

(5) 终端区域程序

包含标准仪表离场和标准仪表进场程序、过渡和进近程序，以及各程序的飞机航向、距离、高度等。

(6) 仪表进近着陆(ILS)系统

包含 ILS 设备频率和识标、穿越高度、复飞程序以及距离等数据。

导航数据库内的数据除导航台和机场所在地的标高不大可能改变以外，其他数据都有可能在经历一段时间以后有所变化，如导航台频率更改、更新或增添新的导航台，机场跑道延伸，候机楼改建，扩大后增加登机门等。尤其公司航路有可能有较频繁的变动，因而国际组织规定导航数据库要定时进行更新。

2. 性能数据库

性能数据库包含对飞机垂直(纵向)导航进行性能计算所需的有关数据，它们是与飞机和发动机型号有关的参数。性能数据库一类是详细的飞机空气动力模型；另一类是发动机的模型数据。

飞机空气动力模型有基本阻力面(襟翼完全收起和放下到一定位置时的阻力面)、偏航阻力等；最大速度、最大马赫数、激波的限制包络线，以及与飞机和发动机型号有关的固定参数，如远程马赫数、单发停车飞行巡航马赫数、进近速度、机翼面积、翼展、经济爬升速度、经济巡航马赫数、襟翼放下时的规定速度等。

发动机数据模型有：在飞机爬高和巡航单发停车连续飞行时的额定推力值，在不同高度和不同速度（马赫数）下的额定推力值的修正；发动机压力比或转速限制值；推力和燃油流量关系参数；发动机在客舱、驾驶舱空调系统工作以及各防冰系统工作时的引气量等，这些数据用于发动机流量计算和调节、推力计算和调节、发动机压力比或转速限制和转速目标值（或压力比目标值）的计算，也用于使用空调和防冰引气时对发动机推力的修正。

上述两方面的性能数据基本上是固定的值，一般不用更改。但是包括在性能数据范围内的飞机阻力系数和发动机燃油流量系数可能会有一些变动，这可由工程维护人员在控制显示组件上修改。

5.5.5 飞行管理计算机的三种功能

1. 导航功能

导航就是有目的地、安全有效地引导飞机从一地到另一地的飞行横向控制过程。飞行管理计算机的导航功能是要确定飞机当时所在的位置、飞行前进方向、确定离地面某一点的距离或速度、时间。也就是说，在导航状态时，飞行管理计算机要完成飞机横向剖面的飞行管理，引导飞机按预定航线飞达目的地。

导航功能的数据管理和计算是由计算机内的软件来操作的，它主要包含下列几方面的功能。

(1) 导航数据库管理

导航数据库由用户通过数据库装载机装入计算机的存储器内。数据库管理程序包含接收计算机内各电路运行要求、调用寻址、调用数据等。

(2) 位置计算

把飞机无线电导航接收机所接收到的地面无线电信号和 IRS 产生的信号进行综合计算，以获得最高的准确性。无线电位置数据选择的优先顺序如下：

① DME/DME：两个不同位置的 DME 台。

② DME/VOR：当只能收到一个有效 DME 台的信号时，使用共址的 VOR 台。

③ ILS：正在进行仪表进近着陆时，使用 ILS 的偏离信号。

④ 仅用 IRS 导航：在空中，不能接收到有效的无线电导航信号时或飞机在地面不能使用无线电导航信号时使用。

(3) 速度计算

FMC 速度计算主要使用由 IRS 来的南北、东西速度分量进行地速和风速计算。这是由惯性基准系统内的三个轴向加速度计对三个轴向进行积分而获得的。FMC 计算合成速度，再与由 ADC 来的空速结合起来进行风速计算。

(4) 高度计算

对 IRS 立轴加速度计的飞机垂直加速度进行两次积分就作为基本的飞机高度数据。这个数据再由从大气数据计算机输来的气压信号进行修正。未经气压修正的高度为原始高度,经修正后的高度称为气压修正高度。高度计算时,若 IRS 无法提供高度数据,则计算机的自动补缺方式是选择相应的 ADC 数据。

(5) 导航设备的选择和调谐

导航数据库内存储着各导航台数据。在 EFIS 所提供的飞机当时位置附近的 20 个导航台清单中,选择 2 个最佳导航台,并对这 2 个选定的导航台进行自动调谐,以获得这 2 个导航台的无线电导航位置数据。

若无法获得 2 个合适的 DME 导航台,则选择离开飞机当时位置最近的 DME/VOR 导航台的距离和方位数据。把飞机上的无线电导航接收机的接收频率调到选定的地面导航台的使用频率上。

飞行管理计算机的导航功能由无线电位置计算、导航台选择、合成速度、IRS 数据综合、当地地球半径计算,以及位置、速度、高度等功能方块组成。

输入无线电位置计算功能方块的数据,有从导航数据库内取来的选定的导航台数据和经飞行管理计算机导航部分计算得到的导航数据,如飞机的即时位置、即时高度、当地地球半径等。

无线电位置计算得出无线电位置数据输送到位置滤波器,同时 IRS 的数据也输入到位置滤波器,实现对 IRS 位置数据进行修正。

飞机飞行速度计算可用来自 IRS 的南北和东西速度分量以及来自 ADC 的真空速。

速度路波器输出的南北、东西速度送到合成速度方块。合成速度方块根据送来的速度信号和其他信号一起计算飞机的其他数据(偏流角、风速、风向等)。

飞机的高度综合计算数据一类是来自气压修正高度,另一类数据是 IRS 的惯性高度。由于从 ADC 来的气压有场压修正高度和压力高度(即标准气压高度)两种,一般飞机在 5 500 m 高度转换。在此高度以上,飞机都使用气压高度;在此高度以下,使用场压修正高度。由于驾驶员随时有可能调整气压高度,因而为防止高度数据转换或气压调节所产生的瞬变,计算的高度首先经高度滤波器,使高度数据平滑。计算所得的高度数据从起飞到着陆的全部系统误差不超过 40 m。

飞行管理计算机导航功能部分的最后一组输出信号是对无线电导航接收机的调频信号,这部分功能由导航台选择方块完成。

2. 性能计算功能

前面所述的飞行管理计算机的导航功能是确定飞机当时所在位置,引导飞机按预定的航线到达目的地,属于飞机的横向剖面的飞行管理。飞机的纵向(垂直)剖面管理,即以飞机的飞行高度、速度、爬升、下降、爬升和下降速率等,则属于飞行管理计算机的性能管理功能。

飞机沿着预定航线飞行,纵向剖面参数(如飞行速度和高度等)是决定飞行经济成本的参数。飞机起飞后,爬升速率、以多长时间爬到预定高度、巡航高度、飞行速度、能否分段爬到更高的巡航高度、什么时候开始下降、下降速率多少等,都是关系到对预定航线所需时间和耗用多少燃油的问题。驾驶员按下自动飞行控制板上的"V NAV"电门后,飞机的纵向剖面就由飞行管理计算机控制。驾驶员若在自动飞行控制系统控制板或控制显示组件上选择一些参数,飞行管理计算机即根据选择数据计算出满足数据要求的纵向剖面。驾驶员若没有选择特定参数要求,飞行管理计算机就根据驾驶员在控制显示组件上输入的飞行成本指数,计算最佳的纵向飞行剖面参数。这些参数分别在控制显示组件和电子飞行仪表系统上显示。

飞行管理计算机的性能计算是依据性能数据库提供的基准数据、外部传感器送来的一些信号数据、要求驾驶员在控制显示组件上输入的必要数据和参数制值等进行的。

性能数据库存储的是发动机和飞机机身以及国际大气层数据。

飞行管理计算机根据这些数据计算纵向剖面各个阶段的各种性能参数;连续计算飞机全重;根据航路距离、飞机全重、爬升剖面和下降剖面情况、当时外界温度计算最佳高度;根据飞机质量、发动机推力、大气温度、风速和飞行方式等数据计算最大高度;速度方面有最大速度和最小速度、目标速度、极限速度等。

飞机纵向剖面的航路计算还依赖于驾驶员输入的飞行计划。

3. 制导功能

飞行管理计算机的制导部分存储有实时航路和纵向航段剖面数据,在计算了飞机应处的位置并和飞机实际的位置进行比较后,根据它们之间的误差产生输入飞行控制计算机和推力管理计算机的指令,再由飞行控制计算机和推力计算机产生实际的舵机指令和自动油门推力指令操纵飞机,以实际飞行管理计算机对飞行航路的自动驾驶控制。

飞行管理计算机的制导功能着重于利用惯性基准系统和无线电导航信号确定飞机当时的位置。

飞行管理计算机的制导功能部分包含三个主要功能方块,分别是飞行计划管理、横向制导指令和纵向制导指令方块。

装有飞行管理系统的飞机,通常都由飞行管理计算机进行全自动制导操纵。飞机起飞后,只要飞到 140 m 的高度,即可衔接横向导航和纵向导航电门,直到飞机进近结束。仪表着陆系统截获航向道和下滑道为止,横线导航和纵向导航电门才脱开。整个飞行过程除起飞、着陆外,驾驶员只是通过控制显示组件和其他仪表系统对飞机的飞行实行监控。若自动驾驶系统和自动油门系统没有衔接,驾驶员也可根据在控制显示组件和其他仪表的显示经制导功能人工操纵飞机。飞行计划管理是制导功能部分软件之一,它包括路经计算和剖面预告,并管理飞行计划,确定飞机在飞行计划中已达到的位置。

驾驶员作飞行计划时,其横线路径是由一串按顺序排列的航路点来确定的。这些航路点可由驾驶员通过控制显示组件从导航数据库内检索得到,也可由驾驶员通过控制显示组件键入。飞行计划软件对应这些航路点进行横向和纵向剖面的预报处理，组成一组数据，即选定高度和到达的时间，预计达到该航路点飞行高度和剩余燃油量，预计到达该航路点的距离和两个航路点之间的航迹。

横向路径是由两个航路点之间的一段航段所组成的，横向制导功能就是把它们以大圆弧路径连接起来并计算转弯路径，把所有这些数据结合起来就构成横向剖面。一旦驾驶员按下在 CDU 上发亮的执行键以后，就开始执行横向和纵向指导功能。

纵向路径是使飞机按预定的路径进行爬高、平飞或下降。纵向制导功能提供供空速和升降速度目标指导自动驾驶控制系统，以实现纵向剖面导引。速度指令和发动机压力比目标指令输入到自动油门系统。

5.5.6 飞行管理计算机系统的控制设备

FMS 的操纵控制主要在 CDU 上进行。此外，驾驶舱内许多控制板也可进行 FMS 的控制。图 5.33 所示为飞行管理计算机系统的控制设备。

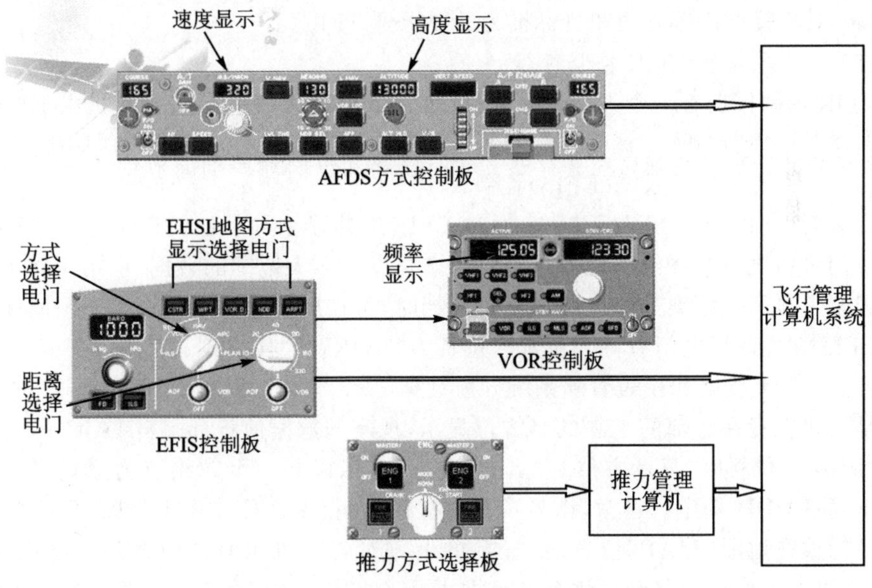

图 5.33 飞行管理计算机系统的控制设备

(1) 控制显示组件(CDU)

飞行员主要通过 CDU 对 FMS 进行控制。在 CDU 的面板上有许多键钮，它们分为三类。第一类为字母键、数字键；第二类为功能键；第三类为显示屏幕两边的行选键。飞行员通过键盘控制各种不同的输入数据，显示各种不同的页面、转换各种数据等。虽然 CDU 是 FMCS 的组成部件，但也是一个控制设备。

(2) 自动飞行控制系统(AFCS)方式控制板

AFCS 方式控制板上有飞行指引系统、自动驾驶系统、自动油门系统等控制元件。与 FMCS 有关的控制元件是横向和垂直导航的方式选择按钮等。通过操作这两个按钮电门,可使 FMCS 完成横向和垂直导航功能。

操作者按压横向导航按钮后,就把 FMC 和 FCC 的横向导航衔接起来。横向导航衔接后,FCC 送回信号到 AFCS 方式控制板,使按钮电门灯亮,并把衔接信号送到 FMC。按压垂直导航按钮后,情况与横向导航的情况类似。

当飞机飞行正处于 FMCS 的控制下时,由高度选择控制旋钮选择好飞机飞行高度后,飞机就不会飞离或飞越这个选定高度。

当由 FMCS 控制飞行时,AFCS 方式控制板上的速度衔接和选择控制旋钮提供了由人工操纵速度的功能。在正常情况下,由 FMCS 自动控制飞行速度期间,速度衔接和选择控制旋钮上的速度显示窗口是空白的。一旦将速度衔接和选择控制旋钮压下,速度显示窗口就会马上显示当时飞机的飞行速度。转动速度衔接和选择控制旋钮,可以人工操纵飞机的飞行速度,再由 FMCS 控制使飞机达到人工选择的速度。这个人工选择的速度也会在 CDU 上的暂存行上显示。

ADCS 方式控制板上的自动油门准备电门接通后,一个离散的信号输出到 TMC,FMCS 就可传送方式和目标推力的要求到 TMC。

(3) 无线电导航 VOR 控制板

VOR 控制板上有一个人工调谐选择电门,可控制无线电导航接收机由 FMS 自动调谐还是由飞行员人工调谐。控制板上的频率显示窗口显示所调定的频率。

(4) 电子飞行显示系统(EFIS)控制板

在装有 EFIS 的飞机上,FMCS 通过 EFIS 屏幕显示导航图。EFIS 控制板上有三个电门可由飞行员操纵。距离选择电门选择发送多大范围的数据,已用于在 EFIS 的下屏幕上显示。距离选择电门放在不同挡时,可在屏幕上显示比例尺不图的地图。

EFIS 方式选择电门有 4 个位置。位置为“VOR”和“ILS”时以飞机为中心,进行 360°的全方位无线电和仪表着陆系统导航数据显示。而计划“PLAN”和地图“MAP”位置是飞机位置在底部的 180°的半方位显示,现实的数据信息都来自 FMC。电门在计划“PLAN”位置时,显示方位是“真北”向上,显示以某一个航路点为原点,这个航路点可通过 CDU 选定。通常,该显示是飞机在地面、飞行员在作飞行航线计划时使用。电门放在地图“MAP”位置时,显示的上方对着飞机当时的航迹线。飞机飞行时,整个显示也变换和移动。这个显示方式是飞机在空中时的动态航图,通常用来进行导航观察。

EFIS 控制板的最下端有 4 个按压试点门,称为“地图”显示电门。只有 EFIS 方式选择电门在“地图”位置时,这些电门才起作用。按压这些电门,可在导航图中显示一些导航附加符号。

(5) 其他控制设备

驾驶舱遮光板上有一个 HIS 指示转换电门,电门只有放在“导航(NAV)”位置时,HIS 才根据 FMC 来的数据显示;否则根据无线电导航设备来的数据指示。

在装有两台 FMC 的飞机上,在左、右仪表源选择板上,还有一个 FMC 选择电门。这个电门是用来选择使用左还是用右 FMC 的数据作为导航数据源,并在 EHSI

上显示，它也决定用哪个 FMC 来为自己一边的 CDU 提供显示。

(6) 发动机/警告系统显示(E/WD)

飞行管理计算机(FMC)输出相关的发动机参数、机载燃油、缝翼/襟翼位置，包括发生故障时的警告/注意信息，无故障时的备忘信息，以图形的方式显示在发动机/警告显示器上(E/WD)。上部区显示发动机主要参数；下部区用于显示警告信息、警戒信息和备忘录信息，包括飞行管理计算机的故障信息。

(7) 其他备用显示设备

还有一些备用仪表接收飞行管理计算机的参数进行显示，如备用罗盘、备用地平仪、备用空速表、备用高度表、电磁指示器等，不同型号的飞机，其备用仪表是有所不同的。

(8) 马赫数/空速表(MASI)

马赫数/空速表(MASI)是大气数据计算机的显示仪表，显示飞机的空速，指示飞机飞行的每小时海里数，同时也在表盘上用数字显示。

(9) 发动机 N1 转速表

飞行管理计算机通过数据转换在转速表上显示计算的目标转速。

5.6 飞行模拟实验

在模拟器上分别设定预选高度、速度、航向、爬升速率等，接通自动驾驶仪及自动油门，观察飞机状态的变化。可在主飞行显示器和导航显示器上观察飞机姿态、航向、高度、速度等参数的变化。图 5.34 所示为方式控制板。

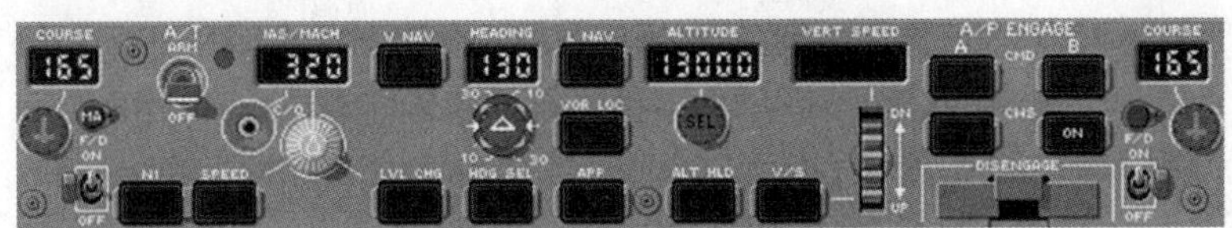

图 5.34 方式控制板

接通飞行指引仪(F/D)，在 EADI 或 PFD 上会显示飞行指引杆，例如选择航向方式，飞机机头朝向正北，预选航向通过旋钮设定为 10，这时纵向指引针会向右侧偏移，提示驾驶员向右修正航向，如图 5.35 左图所示。如果驾驶员按照要求进行操作或者接通了自动驾驶仪，随着飞机向右偏航，纵向指引针会逐渐回中，这时飞机的航向就变为 10，如图 5.35 右图所示。

通过手打配平轮或按电配平按钮设定俯仰配平，观察飞机俯仰角的变化及在 PFD 上的显示。图 5.36 所示为配平轮及俯仰配平。

选择起飞机场和目的机场，自动生成航路或手动输入，将相关信息输入飞行管理计算机 CDU(见图 5.37)。起飞爬升后，接通垂直导航方式和水平导航方式，观察飞机姿态及航迹的变化。

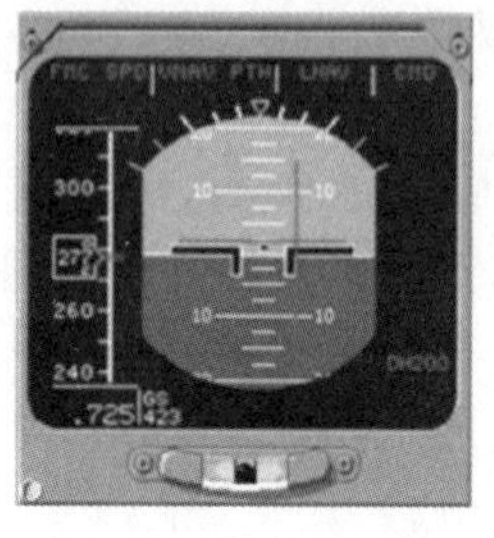

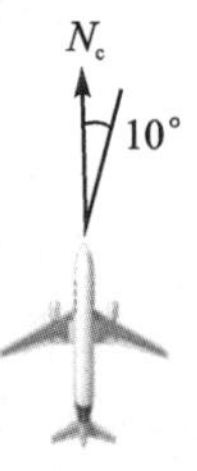

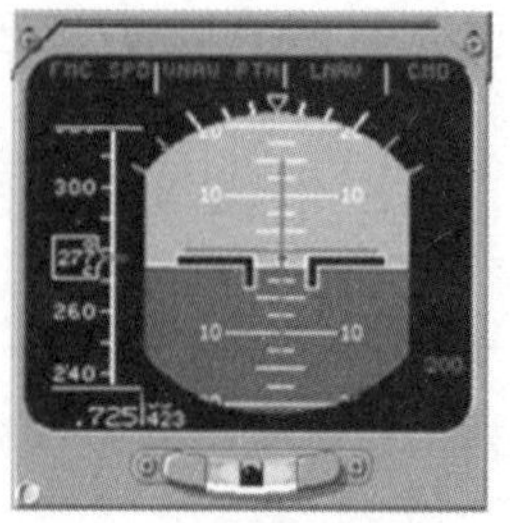

图 5.35　飞行指引杆在航向方式时的变化

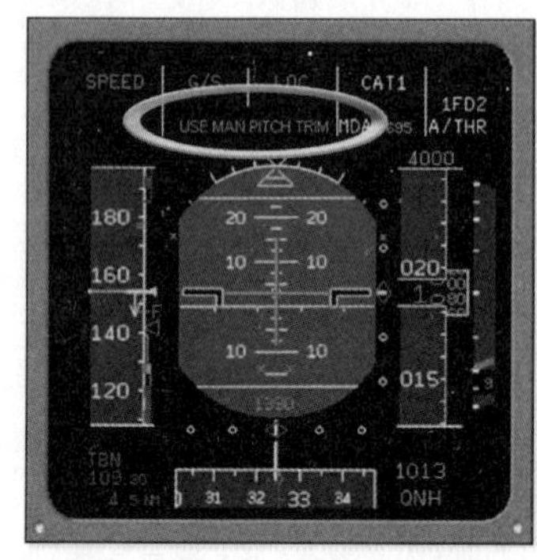

图 5.36　配平轮及俯仰配平

页标题：
当前CDU页的标题

页码：
相关CDU页的当前页码和总页数

行标题：
描述显示在下方的信息

行选键(LSK)：
选择屏幕上的提示符，输入数据到输入区，或复制数据到数据输入列

数据输入区：
供输入数据的区域。方框表示必须输入。破折号表示按需要输入

数据输入列：
在这里显示输入的信息或下选的数据

提示符：
标有“>”符号。按压行选键(LSK)选择，将产生一些反应或显示下一页

模式选择键：
按压显示不同的CDU页

EXEC钮和灯光：
确认大部分操作

CDU键盘：
输入数据的按键

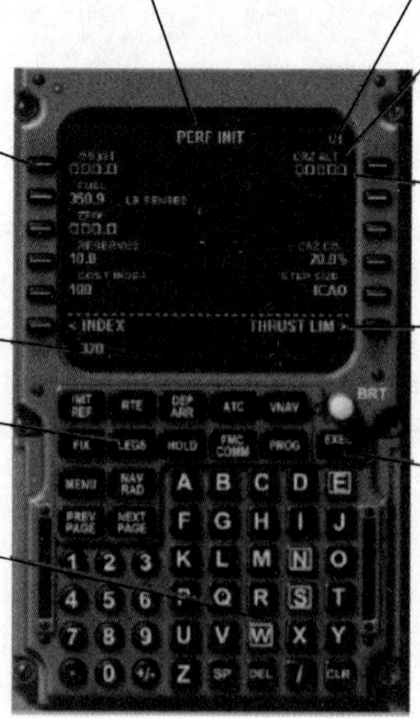

图 5.37　飞行管理计算机 CDU

复习思考题

1. 飞机的俯仰是通过哪个舵面控制的？如何实现俯仰的自动控制？
2. 自动驾驶仪的基本功能是什么？
3. 飞机的飘摆是如何形成的？采用什么装置可以消除飘摆？
4. 为什么要进行配平？俯仰方向上配平的控制面有哪些？
5. 飞机实现速度控制的方法有哪几种？
6. 比例式自动驾驶仪有什么问题？如何改善控制效果？
7. 飞行管理计算机系统有哪些功能？
8. 飞行管理系统的组成部分有哪些？
9. 飞机的姿态和位置信息由哪个系统提供？
10. 为什么要让计算机管理飞行？

第6章

导航系统与雷达

6.1 导航的基本概念

导航系统是航空电子系统中的重要系统。它的主要用途是引导飞机沿着预定航线，飞到预定地点，并能随时给出飞机准确的即时位置。导航的领域是很广泛的，导航的定义从字面上说，就是引导航行的意思，导航系统就是定位系统，导航是有目的地、安全有效地引导运动体(船只、潜艇、地面车辆以及飞机、宇宙飞船等)从一地到另一地的控制过程。导航的过程一定是从起始点开始。根据要飞往的终点来选择航线、确定距离、安排时间表，这就是飞机的进程。飞机沿着所选定的航线、时间飞行，也就是飞机在某一方向(一般称为航向)、以一定的速度飞行，为了得到所要求的速度和航向，要通过驾驶仪表来控制飞机飞行的加速度。控制飞机轴线加速度是为了遵守进程中的时间表；控制飞机横向加速度是为了改变飞机的航向；控制垂直面内加速度是为了爬高或下降。一个领航员，不管他采用什么样的导航方法，都是为了解决三个基本的导航课题：如何确定他的位置；如何确定他从一个位置向另一个位置前进的方向；如何确定距离(或速度、时间)。

6.1.1 确定飞机瞬时位置的方法

导航的关键在于确定飞机的瞬时位置。目视定位、航位推算和几何定位是常用的确定飞机位置的方法。早期的飞机主要依靠目视导航，飞行器在空中飞行仅依靠地标导航——飞行中盯着公路、铁路、河流等线状地标，山峰、灯塔、公路交汇点等点状地标，湖泊、城镇等面状地标。后来，空勤人员利用航空地图、磁罗盘、计算尺、时钟等工具和他们的天文、地理、数学知识，根据风速、风向计算航线角，结合地标修正航线偏差，这种工作叫做“空中领航”。1927年5月航空先驱林德伯格驾驶一架活塞式单发动机飞机“圣路易斯精神号(Spirit of St. Louis)”独自由美国西海岸起程，直接飞越大西洋到达巴黎。飞行总长5 810 km，历时33 h 30 min。他就是利用“空中领航”方式飞越茫茫大西洋时还通过观察海上的洋流、夜空中的星座来辨别方向、确定位置的。

然而仅仅依照人为的导航方式，在天气良好条件下或周遭存有许多明显参考目标物时，单纯凭目视来判断飞行并不困难，但如果遇上天气条件不佳、能见度差、参考目标不存在或不明显时，就得依靠飞行员的经验、技巧及运气来进行方位及位置的判别。这无形中会造成飞行员的压力，更会严重影响到飞行安全的诸多不确定因素。因此，人们就积极开发各种导航技术，借着科技的快速发展与进步，导航的技术也变得更多样化且精确可靠。

从20世纪20年代开始发展仪表导航系统，利用飞机上的仪表所提供的数据计算出飞机的各种导航参数。早期阶段航向的测量用罗盘，距离的测量用空速表和航空时钟。航向表示飞机的飞行方向，测量航向的仪表叫做航空罗盘。罗盘是飞机上重要的驾驶领航仪表之一，随着航空技术的发展，罗盘的种类日益增多，测量原理日趋完善。有利用地磁来测量航向的磁罗盘，有利用陀螺来测量航向的陀螺半罗盘，有利用天体来测量航向的天文罗盘。还有陀螺磁罗盘，即综合测量航向的罗盘系统。

20世纪30年代无线电导航设备应用到航空领域，利用地面无线电导航台或空间的导航卫星和飞机上的无线电导航设备对飞机进行定位和引导，无线电导航是借助于运动体上的电子设备接收和处理无线电波来获得导航参量的一种导航，出现了利用中波无线电台导航的无线电罗盘。20世纪40年代开始研制甚高频伏尔(VOR)导航系统和仪表着陆系统(ILS)。无线电导航的特殊优点是：不受时间、气候的限制；精度高，几米的定位精度也是可能达到的；定位时间短，甚至可连续地、适时地定位；设备简单、可靠；在复杂气象条件下或夜间飞机着陆中，无线电导航则是唯一的导航手段。无线电导航的一个先天性缺点是：它必须辐射和接收无线电波，因而易被发现和干扰，其地面设施也易遭到破坏。

20世纪50年代惯性导航系统和多普勒雷达系统相继用于飞机导航，作用距离达2 000 km的罗兰C无线导航系统于20世纪60年代初投入使用。为满足军事上的需要，以后又相继研制出作用距离达10 000 km的奥米伽超远程导航系统和近程战术空中导航系统“塔康(TACAN)”。20世纪70年代以后卫星导航系统问世，其中最著名的有美国研制的GPS和前苏联研制的GLONASS卫星导航系统，我国的“北斗”卫星定位系统也已基本建成并逐步推广使用。

6.1.2 飞机导航系统的分类

目前，实际应用飞机导航系统按照工作原理的不同可分为下列几种：

① 仪表导航系统。利用飞机上的简单仪表，如空速表、磁罗盘、航向陀螺仪和时钟所提供的数据，通过人工计算或自动计算得出各种导航数据。

② 无线电导航系统。利用地面上设置的无线电导航台和飞机上的相应设备对飞机进行定位和导航。无线电导航系统按所测定的导航参数可分为：测角系统，如无线电罗盘和VOR系统；测距系统，如无线电高度表和测距器；测距差系统，即双曲线无线电导航系统，如罗兰C和奥米伽导航系统；测角距系统，如TACAN和VOR-DME系统；测速系统，如多普勒雷达。通常作用距离在400 km以内为近距导航系统；达到数千千米的为远程导航系统；10 000 km以上为超远程导航系统。还有仪表

着陆系统(ILS)和卫星导航系统亦属于无线电导航系统。

③ 惯性导航系统。利用安装在惯性平台上的3个加速度计测出飞机在惯性空间的加速度,经过计算,可以得出飞机的准确即时位置。

④ 天文导航系统。以天体为基准,利用星体跟踪器测定水平面与对此星体视线间的夹角(星体高度角)。通过测定对两颗星体的不同夹角,即可确定飞机位置。

⑤ 组合导航系统。由以上两种或几种导航系统组合起来,可以使导航系统更准确、可靠,在现代飞机中已广泛采用。

6.2 无线电导航

6.2.1 自动定向仪

自动定向仪(Automatic Direction Finder,ADF)俗称无线电罗盘,是飞机上最基本的导航设备。从手动到半自动、自动已有近90年的历史,从1925年开始试验,1927年首次使用,是一种具有广泛用途的无线电导航设备。它是一种利用无线电技术进行测向的设备,它既可以利用专门为导航设置的地面全向性无线电发射台,也可以利用普通的广播电台作为定向的信号源。它与地面无线电台配合,可测量无线电电波的来波方向。这种设备装在飞机机体上,利用它就可确定飞机的航行方向。

1. 自动定向仪功能

自动定向仪是利用无线电技术进行导航测向的设备。无论机上测向还是地面测向,均包括机载设备和地面设备两部分。利用机载自动定向仪和地面导航台(或称无方向信标- NDB)组成的导航系统,可以引导飞机飞向导航台或飞离导航台,以及提供某些导航计算所需要的参数。

自动定向仪的主要功用有:

① 测量飞机纵轴方向(航向)到地面导航台的相对方位角,并显示在方位指示器上。

② 对飞机进行定位测量。在现代飞机上,一般都装有两部自动定向仪,在使用中,一般装有两部自动定向机,使用时分别调谐在两个不同方位的已知导航台或广播台的频率,两部自动定向机所测得的相对方位,分别显示在同一个指示器(无线电磁指示器)上。其中单针指示第一部自动定向仪所测得的相对方位角。双指针指示第两部自动定向仪所测得的相对方位角。根据这两个相对方位角在地图上可画出飞机对地面导航台的两条相应的位置线,两条位置线的交点便是飞机的位置,如图6.1所示。

③ 利用自动定向仪判断飞机飞越导航台的时间。当飞机飞向导航台时,可根据相对方位角的变化来判断飞越导航台的时间。如当方位指示器的指针由0°转向180°的瞬间即为飞机飞越导航台的时间,如图6.2所示。

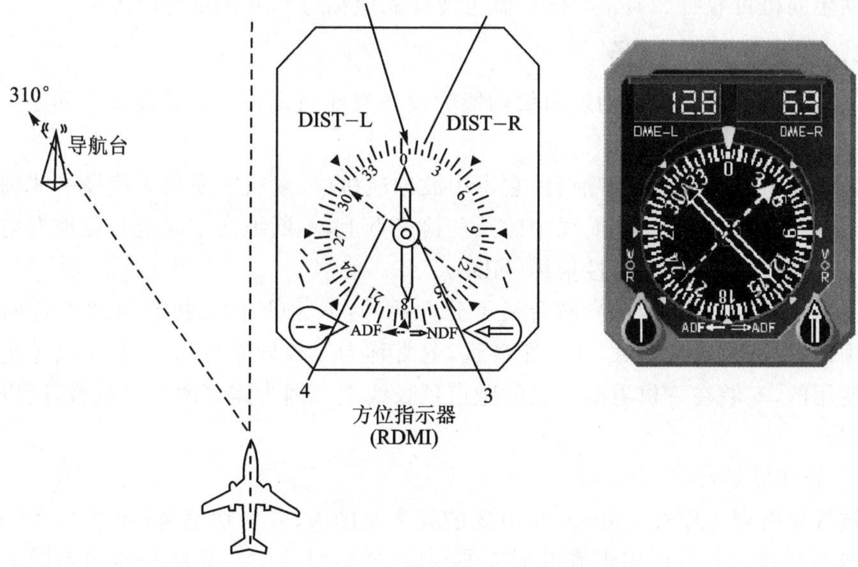

图 6.1　利用两个地面导航台为飞机定位

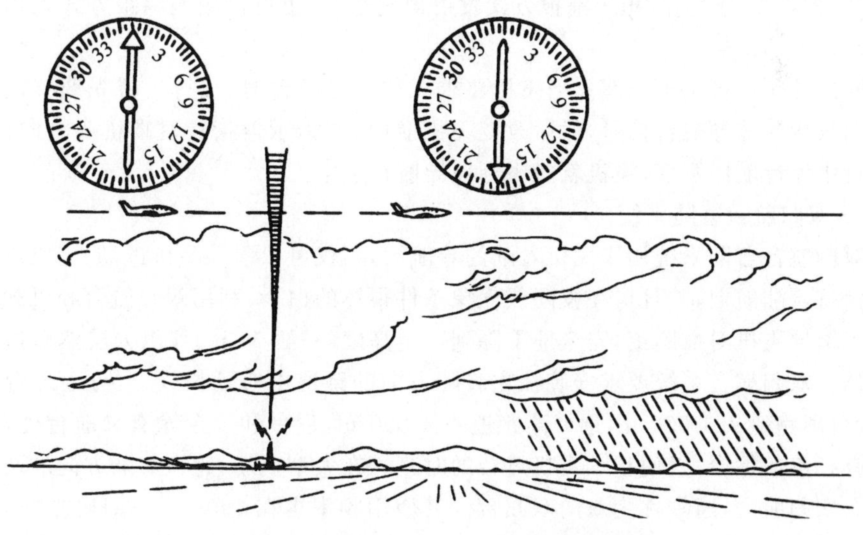

图 6.2　判断飞机飞越导航台的时间

④ 当飞机飞越导航台后，可利用自动定向机的方位指示保持沿预定航线飞行，即背台飞行。向台飞行或背台飞行时，还可求出偏流修正航迹。

驾驶员利用向台或背台飞行，可操作飞机切入预定航线。同时可进行穿云着陆和等待飞行。

⑤ 此外，由于自动定向机一般工作在 190～1 750 kHz 的中长波段范围内，因此可以接收民用广播电台的信号，并可用于定向，还可收听 500 kHz 的遇险信号(700

型自动定向机可收听 2 182 kHz 的临近海岸遇险信号)，并确定遇险方位。

2. 自动定向仪设备

飞机在飞行中完成自动定向仪功能的设备有地面设备和机载设备两部分。

(1) 地面设备

地面设备主要是地面导航台，它由中波导航机(发射机)、发射天线及一些辅助设备组成，安装在每个航站和航线中的某些检查点上，不断地向空间全方位地发射无线电信号，因此也叫做无方向性信标(NDB)。

根据不同的用途，地面导航台又可分为两种：一种是供飞机在航线上定向和定位使用的，要求发射功率大，作用距离远，通常称为航线导航台；另一种是供飞机在着陆时使用的，安装在飞机着陆方向的跑道延长线上。因为需要两个导航台，所以成为双归航台。

1) 航线导航台

航线导航台工作在 190～550 kHz 的频率范围内，发射功率为 400～1 000 W(我国一般 500 W)，有效作用距离不少于 150 km。不同的航线导航台使用不同的识别信号，识别信号有 2 个英文字母组成(如 EK)，用国际莫尔斯电码拍发，拍发速度为 20～30 个字母/分，一般用等幅报方式发射识别信号，也可以用调幅报方式以相等的间隔发射识别信号。

航向导航台可用于归航。当飞机要求飞往某导航台时，飞行员首先调节机载自动定向仪接受该导航台信号，然后改变飞机航向，使指示器指针对准机头方向，并且在飞行中保持航向不变，飞机就能飞到该导航台上空。

2) 双归航台着陆系统

双归航台着陆系统用于飞机着陆的导航台，不仅可以引导飞机进场，完成机动飞行和保持着陆航向，并且可在夜间或气象条件很坏的白天，利用双归航台和机载自动定向仪引导飞机对准跑道，安全地下降到一定高度(一般 50 m)穿出云层然后进行目视着陆。双归航台系统要求安装在主着陆方向的跑道中心延长线上，分为近台和远台，近台离跑道头 1 000 m，远台离跑道头 4 000 m，近台和远台除有导航台外，还必须配有指点信标台，以便指示飞机过台的时刻。在大型机场，跑道着陆方向的两端均安装有双归航台，通常称为双向双归台。其使用频率也在 190～550 kHz 之间，一般远台频率和近台频率的间隔不能小于 15 kHz，以保证机载自动定向机在工作中不致互相干扰。

(2) 机载设备

几十年来机载自动定向设备在技术上及结构上都有很大的发展和改进，国内外都相继研制出了各种不同的新型号。机载自动定向设备一般包括自动定向接收机、控制盒、方位指示器、环形天线和垂直天线或组合式环形/垂直天线几部分，如图 6.3 所示。

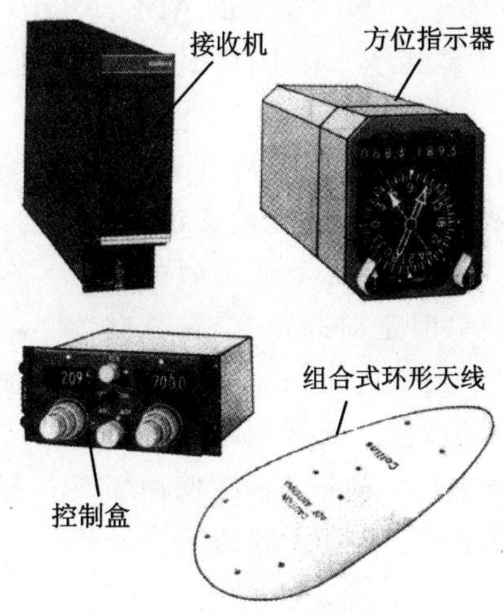

图 6.3 自动定向机组成

1) 自动定向接收机

自动定向接收机是机载自动定向机系统的主要组成部分。它主要用来接收和处理环形天线和垂直天线收到的地面导航台的信号,并将处理后的信号送到自动定向机的方位指示器(数字式方位信息送至电子飞行仪表系统 EFIS)显示出飞机与地面导航台的相对方位、分离出来的地面导航台的音频识别信号送至飞机音频系统。自动定向接收机还可以作为普通中波收音机使用,收听广播信号,接收和处理地面广播电台的信号,也能用中波广播电台进行定向。现代自动定向接收机采用集成电路和全固态数字化微处理器,与第一、二代相比,体积更小,质量更轻,耗电更少,可靠性也大大提高。

2) 控制盒

控制盒与自动定向接收机配套使用,控制盒用来控制接收机的工作方式和选择电台的频率。工作方式一般有断开(OFF)、天线(ANT)、定向(ADF)和测试(TEST)4 个位置。控制盒上装有增益控制钮,可调节接收机输出的音量;音调电门,可选择接收机等幅报信号,提供 1 020 Hz 音频。

3) 方位指示器

方位指示器也叫航向指示器,早期的指示器叫方位表,有两种不同的形式。它们都是以飞机纵轴为基准,从指示器顶部固定标记开始,用顺时针转过的角度表示飞机与地面导航台的相对方位角。

现代飞机上所使用的方位指示器是一个综合性仪表,叫做无线电电距离磁指示器(RDMI),(也有叫无线电方位距离磁指示器 RDDMI),如图 6.4 所示。这种仪表的选择开关置于“ADF”位时,可指示飞机与地面导航台的相对方位角;当转换到“VOR”位时,指针将指示 VOR 方位,同时用数字显示出无线电测距机(DME)测出的飞机到地面 VOR 台的斜距。一般飞机上的 ADF、VOR 和 DME 设备都是双套配置，所以指示器(RDMI)也为双指示。在 RDMI 上还有方位故障旗和航向故障旗。

4）天 线

自动定向机在进行自动定向时需要两个天线：一个是无方向性天线，叫做垂直天线或变向天线，其接收的信号用来调谐接收机并与环形天线接收的信号叠加，为自动定向机提供单值定向；另一个是方向性天线，叫做环形天线，用于提供方位信息。两个天线都工作于 190～1 750 kHz 波段。天线用绝缘罩壳封闭起来，固定在飞机纵轴线上。现在的天线使用新的材料和技术，新型组合式环形/垂直天线组装在一起应用到飞机上。

图 6.4 无线电电磁指示器

ADF 工作的无线电频率在 150 kHz～2 MHz，属于中长波段，作用距离约 300 km，这一波段的无线电波易受地形、时间和季节等因素的影响，而造成测量误差。此外，它只能测量飞行器轴线相对于导航台的方位，要想知道飞行器相对于地球北极的方位，还需要结合其他的导航方法提供航向基准。

6.2.2 甚高频全向信标系统

甚高频全向信标系统(Very High Frequency Omni-directional Range，VOR)是一种进程导航系统。它由地面导航台向飞行器提供以导航台北向子午线为基准的方位信息，或为飞行器提供一条“空中道路”，引导飞行器沿预定的航道飞行。也可以预先把沿航线的各 VOR 导航台的地理位置、发射频率、应飞的航道等信息输入飞行管理系统和自动驾驶系统，飞行器按输入的数据顺序自动飞向目的地。

VOR 系统使用 VHF 波段，工作频段在 108.0～117.95 MHz 之间，各导航台可使用其中某些指定的频率。在这一频率的无线电波以空间波方式直线传播，其传播方向不受气候和季节的影响，但作用距离受视线距离限制，作用距离在 64～480 km 之间，飞行高度越高，作用距离越远，如图 6.5 所示。

VOR 系统由全向信标台和机上接收系统组成。地面全向信标台发射的电波幅度是变化的(称为调幅)，幅度的变化规律受两个低频余弦信号控制。其中一个是基准相位信号，在所有方向上都同时达到最大值；另一个是可变相位信号，只有在正北方向与基准相位信号同时达到最大值(相位差为 0°)，而在其他方向，它与基准相位信号的相位差与所在的方位角一致，飞行器上的接收系统，接收来自导航台的信号后，测出基准相位信号与可变相位信号之间的相位差，就可以确定飞行器位于地面导航台哪个方位了。每个导航台还以一定的间隔时间重复发射自身的识别码，飞行器可以通过接收两个导航台的信息，根据预先存储在飞行器计算机内的导航台地理坐标，计算出飞行器的位置。如图 6.6 所示，VOR 导航台也经常作为机场自动着陆系

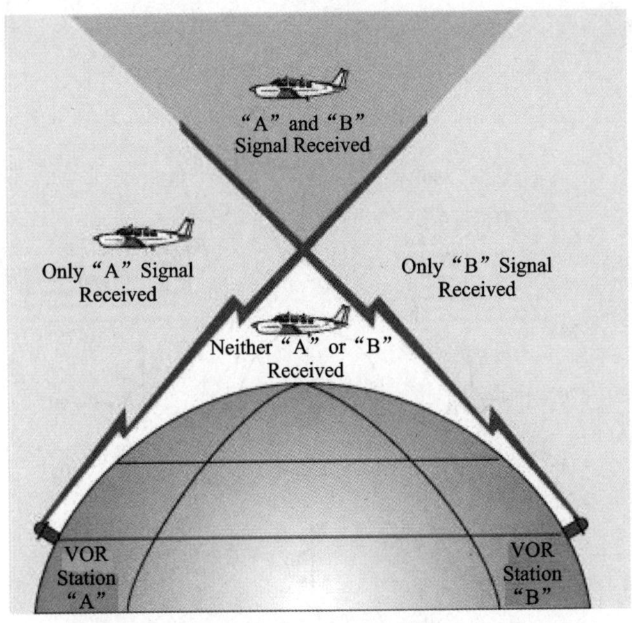

图 6.5　VOR 视距传输

统的归航导航台，作为引导飞行器接近机场使用。

6.2.3　测距系统

测距系统(Distance Measuring Equipment，DME)是飞机无线电导航系统的重要组成部分，在飞机无线电导航中得到广泛应用。用来测量飞机到地面测距台的直线距离叫斜距，工作时与地面测距信标台相配合，属于脉冲二次雷达系统。测距机最初在二战期间开始使用和发展，1959 年被国际民航组织批准为标准测距系统。由于测距机所测距离是空中的飞机到地面信标台的视线距离，并不是真正的水平距离，所以二者存在着一定偏差。不过由于一般大型飞机飞行高度都在 30 000 ft 左右，飞机与信标台的距离大于 35 nmile 时，二者的偏差小于 1%。当飞机准备着陆，距信标台距离小于 30 nmile 时，高度一般也会降低，所以二者偏差也基本在 1%左右。飞机以较高的高度接近信标台时，二者误差才会明显加大。一般情况下 1%的误差还是可以接受的。

用无线电技术测量距离的方法很多，但用得最多的是测量两点间电波传播所经过的时间，从而计算出距离。测距系统由发射机和接收机组成，当发射机发送一个射频测距信号时，射频信号将以光速直线传播，距离等于光速乘以电波传播的时间，即

$$R = CT_r \tag{6-1}$$

式中：R 为发射机与接收机之间的距离(m)；T_r 为电磁波从发射机传送到接收机的时间(s)；C 为光速，约 3×10^8 m/s。

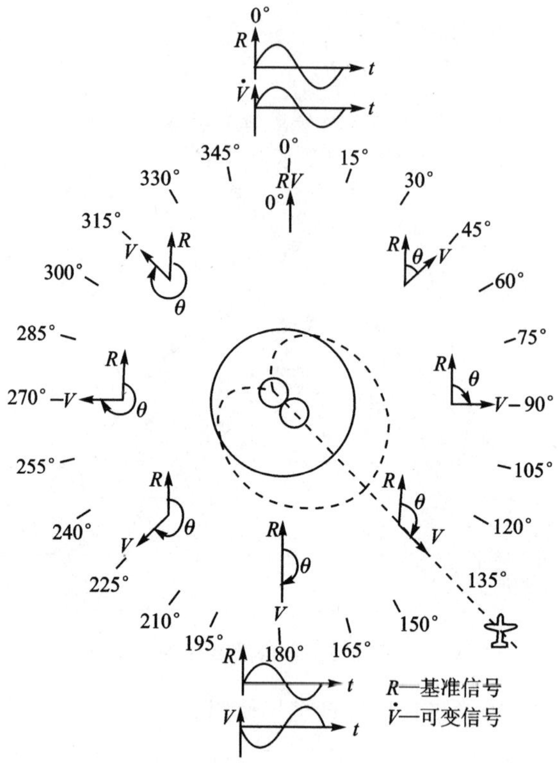

图 6.6　VOR 地面台基准信号和可变信号相位关系示意图

由式(6－1)可以看出，只要测得电磁传播时间 T_r，就可测定距离 R。因此，只要测量出飞行器发射的无线电波往返于地面导航台所需的时间，就可以确定出飞行器到地面导航台的斜距，这类导航方式称为测距导航。若要确定飞行器到导航台的水平距离，还要根据飞行器的高度进行计算。

飞机上的测距设备(DME)就是利用飞机上询问脉冲与地面台应答脉冲的时间差来确定飞机相对地面台之间斜距的机载近程无线电导航设备。工作在 969～1 213 MHz 频段。设备由发射机、接收机、询问脉冲发射器、应答脉冲译码器和距离指示器组成。DME 广泛用于民用和军用飞机，它经常与 VOR 配套使用，发射功率一般为 500～2 000 W，作用距离为 300～500 km。

6.2.4　无线电高度表

无线电高度表是一种测距导航设备，与雷达工作原理相同，以地面为反射体，在飞机上发射电磁波，接收反射波测定高度，如图 6.7 所示。

测量飞机离地面的实际高度，其测量范围为 0～2 500 ft。在起飞和最后进近时使用。

在非 EFIS 飞机上，高度表由专门的指示器指示。无线电高度指示器由高度刻

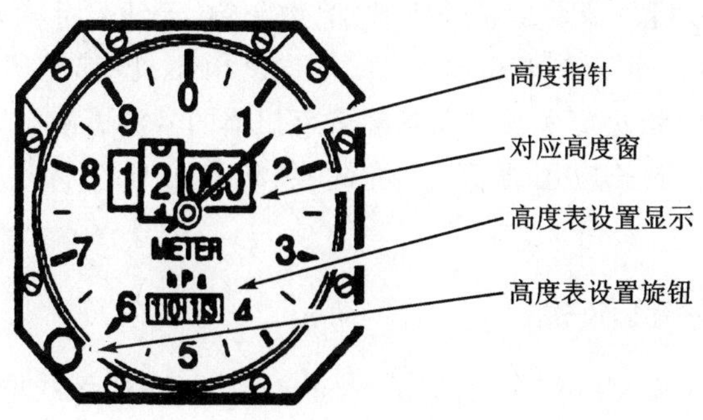

图 6.7 高度表

度、高度指针、警告旗、决断高度游标及旋钮、决断高度灯、自检按钮组成。高度指针指示当前高度，超出范围时，遮挡板遮蔽高度指针。警告旗出现时，表示高度数据无效。

在 EFIS 飞机上，由 PFD 显示无线电高度值。显示在姿态窗正下方，显示数据为白色，单位 ft。在飞机低于 2 500 ft 时 FWC(飞行警告计算机)通过扬声器产生合成声音报告无线电高度，并将警告信息显示在发动机及警告显示器(E/WD)上。

6.2.5 仪表着陆系统

早期飞机是完全靠着目视进行着陆的。但恶劣的气象条件和极低的能见度，往往使视线受到影响，无法保证着陆的安全。几十年来飞机着陆系统已经过了几代更新。

着陆过程通常包括进场阶段和着陆阶段。目前国际上广泛使用的是仪表着陆系统(Instrument Landing System，ILS)。它由甚高频航向信标、特高频下滑信标和 75 MHz 的指点信标组成。每部分都有各自的地面发射台和机上接收机。能向飞机提供一条指示跑道中心线的航向道和飞机正常下滑道及指示飞机距跑道端点的数个特定的距离(如 2 km 和 4 km)。航向信标台一般安装在跑道中心延长线的终端，工作在 VHF 频段，下滑信标台一般安装在离跑道入口处大约 1 000 ft 的一侧，工作在 UHF 频段。航向台用来提供进近飞机的水平面内的引导，而下滑台则提供垂直面内的引导，这两个信号在空中垂直交错在一起，为进近飞机建立了一条位于跑道中心延长线上方的下滑道。有效信号的中心下滑道的水平宽为±4°，垂直宽为±0.3°，与跑道平面构成的下滑角为 2°～3°。对于特定的机场而言，这个下滑角是预先置定的，恒定不变的。指点信标台有两个或三个，提供进近飞机与跑道入口处之间的距离。指点信标台设置位置是既定的，所以这些点的距离也是预先置定的。工作在 75 MHz 的固定频率上。飞机在进近过程中，与正确的航向道和下滑道之间的偏差信号在综合仪表指示器上显示出来，供飞行员校准飞行航线。

ILS 的地面设备配置的特点是使用简单，驾驶员有一定的主动性，航向信标可与

VOR 共用一个接收机。缺点是易受地形、地物影响，天线尺寸大，安装调整复杂，而且只能作直线引导。对于有更高要求的军用、民用飞机，其使用有一定的局限性。1978 年，国际民航组织决定采用时间基准波束扫描的微波着陆系统(MLS)逐步取代现有的 ILS，但由于 ILS 应用普遍、造价低廉、维修方便等特点，至今仍然被广泛使用。

6.2.6 卫星导航系统

卫星导航系统(Satellite Navigation System)是新一代无线电导航技术，这种导航技术使用专用的导航卫星取代地面导航台向地面发射导航信息，它充分利用卫星的特点实现全天候、全球覆盖、高精度的功能，完成地面导航台无法实现的功能。目前世界上有几种卫星导航系统，性能最好、功能最完备的是美国的卫星全球定位系统(Global Positioning System)，简称 GPS。另外，还有俄罗斯的全球导航卫星网(Glonass)、欧洲空间局(ESA)计划中的"伽利略"导航卫星系统和中国的"北斗"导航定位系统等。

GPS 是美国国防部于 1973 年开始研制，1993 年正式投入使用的海陆空三军共用的卫星导航系统。GPS 地面站的组成如图 6.8 所示。

GPS 系统有由主控站和 4 个监控站组成的地基部分、24 颗卫星组成的空间部分、安装在运动载体上的用户部分。主控站设在美国本土，4 个监控站分别设置在大西洋、太平洋和印度洋的岛屿上。24 颗卫星分布在与赤道倾角为 55°的两个轨道平面上，每个轨道平面有 4 颗星，卫星在高约 20 183 km 的近圆轨道上运行。GPS 系统能在全球范围内提供连续的高精度的三维位置、三维速度和时间信息，实现近乎实时的导航定位。

GPS 系统在定位时采取无源测距方式。通过比较接收到的卫星发射时钟信号和本机中石英晶体振荡器产生的时钟信号之间的时间差来计算卫星到用户的距离。若二者时钟严格一致，则时间差与卫星到接收天线之间的电波传播延时相等，可计算出卫星与用户间的距离。再由接收到的导航电文中提取出的卫星星历可知卫星的准确位置，用户在以该位置为球心的球面位置上，半径是卫星到用户的距离。只要知道三颗星的位置就能够通过三个位置面的交点得到用户位置。

(1) 空间部分

24 颗导航卫星运行在空间，21 颗主星、3 颗备份星，分布在与地球赤道成 55°夹角的 6 个轨道平面内，轨道高度约 20 000 km，每条轨道上有 4 颗卫星，每颗卫星的运行周期约 12 h。这样就能保证在任意时刻，在地球表面周围任意位置的地平线上仰角 7.5°的空间范围内，至少有 4 颗导航卫星。导航卫星的工作频率在 2 200～2 300 MHz，它们每隔 1 s 向地面播发一次卫星星历，星历内容包括卫星编号、发射该条星历的时刻、卫星在该时刻的位置(在大地坐标系中的三个坐标值)以及其他修正和加密编码等信息。

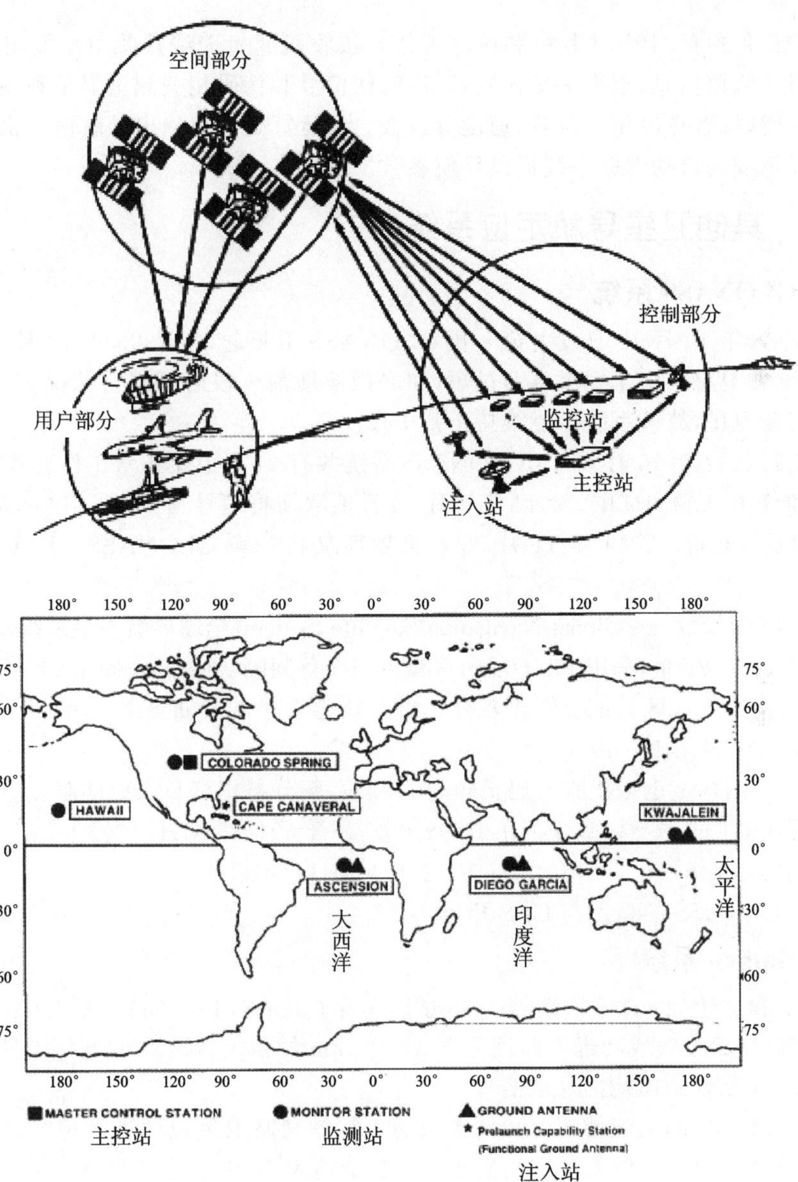

图 6.8　GPS 地面站的组成

(2) 地基部分

地面站组包括 4 个监控站、1 个上行注入站和 1 个主控站。监控站监测卫星及气象等数据，并经初步处理后送至主控站。主控站汇集所有数据后进行运算处理，计算出卫星运行轨道参数的变化，各卫星原子钟的修正参量、大气层对电波传播的校正参量等，变成导航电文送到注入站，注入站每天一次向各卫星注入导航电文。

(3) 用户部分

用户设备包括 GPS 接收机和接收天线。接收机通过天线接收卫星发射的时间信号和卫星轨道信息,求得卫星位置,利用时间信号和伪码相关测量卫星到测者的伪距,并由计算机解算出用户位置、速度等参数。经运算处理再输出导航信息供导航显示器上显示或为自动驾驶系统提供导航参数。

6.2.7 其他卫星导航定位系统

1. GLONASS 系统

从 1982 年 10 月 12 日发射第一颗 GLONASS 卫星起,至 1995 年 12 月 14 日共发射了 73 颗卫星。由于卫星寿命过短,加之俄罗斯前一段时间经济状况欠佳,无法及时补充新卫星,故该系统不能维持正常工作。

截止到 2012 年 10 月 10 日,GLONASS 系统共有 24 颗卫星正常工作、3 颗卫星备用、3 颗维修中、1 颗测试中。2014 年 3 月 24 日俄罗斯将编号为 54 的 GLONASS - M 导航卫星送入轨道。2014 年 11 月 30 日俄罗斯又将一颗 GLONASS - K 卫星送入轨道。

① GLONASS——Global Navigation Satellite System(全球导航卫星系统)24 颗中高度轨道(MEO)卫星,采用 19 100 km 高度的三个等间隔轨道,轨道倾角 64.8°。

② 对高纬度地区的信号覆盖较好。每个轨道上平均分布 8 颗卫星。卫星绕地球旋转周期约 11 h 15 min。

③ 信号结构上也采用直序码扩频的 L 频段,频分复用(FDMA)体制。

民用码 G1 的主要频率分布在 1 598.062 5～1 604.25 MHz 频段上。

军用码 G2 分布在 1 246.437 5～1 256.5 MHz 频段上。

④ GLONASS 的精度与 GPS 相当。

2. Galileo 系统

2005 年 12 月 28 日第一颗 Galileo 试验卫星(Galileo In - Orbit Validation Elements,GLOVE - A)成功进入高度为 2.3×10^4 km 的预定轨道。2006 年 1 月 12 日,GLOVE - A 已开始向地面发送信号。

① 2018 年由阿丽亚娜 5 型火箭搭载的 4 颗伽利略卫星成功进入预定轨道。至此,伽利略全球卫星定位系统空间星座卫星数量达到 26 颗。计划到 2020 年 30 颗卫星全部发射完毕。其提供的民用免费信号精度能够达到 1 m。伽利略导航类似于 GPS 架构,在中程地球轨道上部署多颗卫星,可以在地球上任何一点,最少保证同时同步 4 颗卫星,提供定位、导航、测速等服务。

② 伽利略系统建成后,美欧两大相互兼容的导航定位系统将大大有助于提供导航定位的精度和可靠性。

3. 北斗系统

我国自行研制的两颗北斗导航试验卫星分别于 2000 年 10 月 31 日和 12 月 20 日

从西昌卫星发射中心升空并准确进入预定的地球同步轨道(东经 80°和 140°的赤道上空),此外另一颗备用卫星也被送入预定轨道(东经 110.5°的赤道上空),标志着我国拥有了自己的第一代卫星导航系统——BD-1。

“北斗卫星导航系统”是由空间卫星、地面控制中心站和北斗用户终端三部分构成的。

空间部分包括两颗地球同步轨道卫星(GEO)。卫星上带有信号转发装置,完成地面控制中心站和用户终端之间的双向无线电信号的中继任务。

与 GPS 系统不同,所有用户终端位置的计算都是在地面控制中心站完成的。因此,控制中心可以保留全部北斗终端用户机的位置及时间信息。同时,地面控制中心站还负责整个系统的监控管理。

与 GPS、GLONASS、Galileo 等国外的卫星导航系统相比,BD-1 有自己的优点,如投资少、组建快,具有通信功能、捕获信号快等特点。但也存在着明显的不足和差距,如用户隐蔽性差,无测高和测速功能,用户数量受限制,用户的设备体积大、质量重、能耗大等。

我国于 20 世纪后期开始探索适合国情的卫星导航系统发展道路,逐步形成“三步走”发展战略:2000 年年底建成北斗一号系统,向中国提供服务;2012 年年底建成北斗二号系统,向亚太地区提供服务;2020 年前后建成北斗全球系统,向全球提供服务。

2018 年 11 月 19 日,我国在西昌卫星发射中心用长征三号乙运载火箭成功发射了第 42、43 颗北斗导航卫星。这是北斗三号系统第 18、19 颗组网卫星,北斗三号基本系统星座部署完成。

6.3 惯性导航系统

6.3.1 概　述

惯性导航是通过测量飞机的加速度(惯性),并自动进行积分运算,获得飞机即时速度和即时位置的一门综合性技术。惯性导航设备安装在飞机内,工作时不依赖于外界信息,也不向外界辐射能量,是一种自主式导航系统。它不受各种人为的和自然界的电磁干扰,同时也具有良好的隐蔽性,在军用、民用飞机上都已得到广泛的应用。

按惯性测量元件在飞机上的安装方式分为平台式惯性导航系统和捷联式惯性导航系统。

惯性导航系统常由惯性测量组件、计算机、控制显示器等组成。惯性测量组件包括加速度计和陀螺仪。三个陀螺仪用来测量飞机的沿三轴的转动运动;三个加速度计用来测量飞机的平动运动的加速度。计算机根据加速度信号进行积分计算,还进行系统的标定、对准以及进行机内的检测与管理。控制显示器实时显示导航参数。

惯性导航系统不仅能提供即时速度和即时位置，还可以测量飞机的姿态。在捷联式惯性导航系统中可提供多达 35 个参数，构成惯性基准系统。

参数有航向、方位角、航迹与航迹角、所需航迹角(DTX)、航迹角误差(TKE 或 TAE)、偏流(DA)、航路点(WPT)、距离(DIS)、偏航距离(XTK)、地速(GS)、空速(AS)、风速(WS)与风向(WD)、估计到达时间与待飞时间(ETA)。

目前飞机上其他测量装置都没有惯性基准系统提供的信息多。

6.3.2 平台式惯导系统

平台式惯性导航系统是以惯性导航平台为核心的惯性导航系统，它一般由惯性平台、计算机和控制显示器三个部件组成。惯性平台可采用单自由度陀螺、二自由度陀螺、三个单自由度陀螺方案。平台式惯导系统计算导航参数，是让平台坐标系模拟所选定的导航坐标系，依据导航坐标系与地球坐标系的关系，建立导航参数的计算方程，由导航计算机计算出导航参数。所以导航需要的俯仰角、倾斜角及航向角，通过平台相对机体轴的转动直接求得。加速度分量通过安装在平台坐标轴的加速度计求得。

图 6.9 所示为三个单自由度陀螺组成的指北方位平台式惯性导航系统结构示意图。图中惯导平台是一个三环平台，从里往外，分别时方位环、横滚环和俯仰环。平台上装有三个单自由度速率陀螺 G_x、G_y、G_z，其中 G_x 与俯仰环组成单轴稳定平台，G_y 与横滚环组成单轴稳定平台，G_z 与同方位环组成单轴稳定平台，其工作过程与单轴陀螺稳定平台相同。

指北方位平台式惯导平台建立的平台坐标系(O, x_p, y_p, z_p)以平台中心为坐标

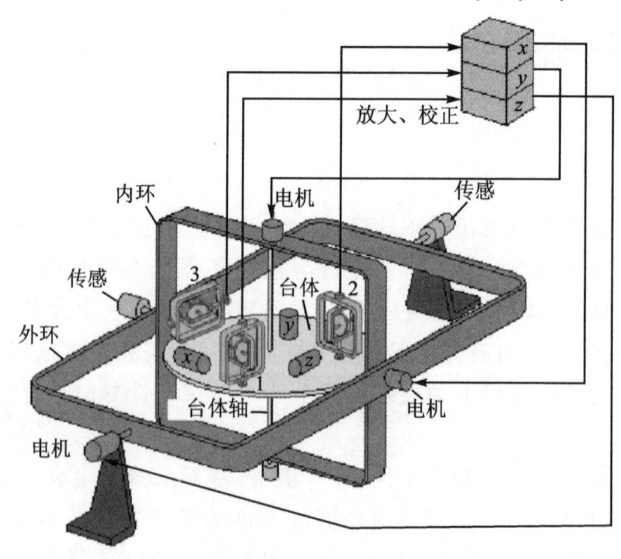

图 6.9　惯导系统结构示意图

原点。理想情况下，平台坐标系与当地地理坐标系重合，因此其中的 Oy_p 轴指向北方，即与地理坐标系 Oy_t 轴(N 轴)重合，Ox_p 与地理坐标系 Ox_t 轴(E 轴)重合，Oz_p 轴与当地垂线重合。可见，平台台面(O,x_p,y_p)在当地水平面内。平台模拟了当地地理坐标系。

平台上装有三个单自由度速率积分陀螺、三个加速度计。由于飞机在空间中作任意运动，惯性平台由三套单轴稳定平台组成。利用单自由度陀螺的特性可实现平台相对惯性空间单轴方位稳定，也可实现平台稳定轴指令角速度方位跟踪。

平台上装有三个加速度计 A_X、A_Y、A_Z，它们的测量轴分别沿平台 Ox_p 轴、Oy_p 轴、Oz_p 轴，即与东向轴、北向轴和垂直方向轴一致。当飞机以任意方向作加速度运动时，加速度计便可测得三个方向的加速度。再通过对三个加速度测量值的处理和积分计算，便可得到需要的导航参数。

指北方位惯导系统的特点如下：

- 指北方位惯导系统的平台好像是一个综合姿态传感器，飞机的航向、俯仰、横滚信号均可直接从框架上拾取。
- 相当于一个地平方向仪，或称高精度的全姿态传感器，使用比较方便。
- 三个正交加速度计可测出东向、北向、垂直方向的比例分量，利用这些信号推算导航参数，计算直观、简单。
- 缺点是始终指北，高纬度地区经线密集，东西向速度会引起很大的精度变化率。方位陀螺就要加大控制力，平台稳定回路设计困难。

在平台式惯导系统中，惯导平台占据系统体积和质量的一半，且结构复杂，加工难度大，故障率高。一种新型惯导系统出现了，即捷联式惯导系统。

6.3.3 捷联式惯导系统

捷联式惯性导航系统是将惯性元件(陀螺仪和加速度计)直接固联在飞机上的惯导系统。捷联式惯性导航系统与平台式惯性导航系统的区别是去掉了实体的惯导平台，陀螺仪和加速度计等惯性测量元件直接安装在飞行器上，并与三条机体轴向一致。将完成平台功能的职能存储在计算机里，加速度信息的坐标变换、姿态矩阵计算、姿态角和航向角的提取，都在计算机里完成，起着物理平台的作用，构成了所谓的“数学平台”。与平台式惯性导航系统在组件组成上基本相同，也有控制显示组件和方式选择组件。

捷联式惯导系统加速度计和陀螺直接安装在飞机上，计算机根据陀螺仪的信息，通过变换矩阵将机体坐标系与导航坐标系进行变换，测量飞机各轴的惯性加速度和绕各轴的转动角速度。经误差补偿得到所需测量值。

6.3.4 激光陀螺惯性基准系统

激光陀螺惯性基准系统实际上是采用激光陀螺的捷联式惯导系统。激光陀螺惯性基准系统由惯性基准组件、方式选择组件和控制显示组件组成。但是在不同飞机上有不同组合。波音777客机采用一种大气数据激光陀螺惯性基准系统，捷联式惯导测量组件用了6个斜置陀螺和6个加速度计。采用了余度技术，增加了系统的容错能力，提高了系统的任务可靠性。

惯性基准组件是惯性基准系统的重要组件，内部主要有：固联于箱体上分别沿飞机机体轴安装的3个激光陀螺、3个挠性加速度计组成的惯性组件。惯性基准系统输入信号的设备有大气数据计算机和飞行管理计算机系统。大气数据系统向惯性基准系统输入气压高度、升降速度和真空速。前两个参数用来与惯性系统的垂直通道组合，计算飞机的高度和垂直速度；输入的真空速用来计算风速、风向、偏流角等。飞行管理计算机可以用来向惯性基准系统引入起始数据，同时，惯性基准系统也向它提供数据。波音757、767飞机惯性基准系统连接方框图如图6.10所示。

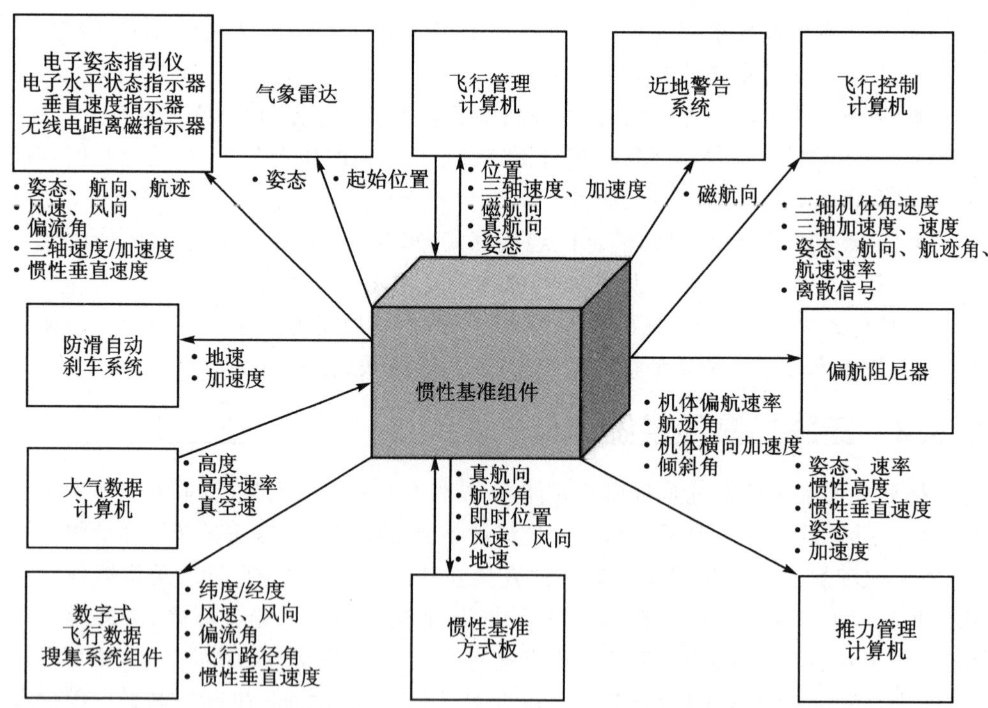

图6.10 波音757、767飞机惯性基准系统连接方框图

6.3.5 惯导技术的发展

惯性导航是综合性技术，随着电子技术、计算机技术、控制理论的发展及新成果在惯性导航技术领域中的应用，惯性技术也有新的发展趋势。

① 微型固态惯性传感器兴起：一类是光学陀螺(激光陀螺，光纤陀螺)；另一类

是微型固态惯性传感器。

② 平台惯导系统向捷联式激光陀螺惯性基准系统发展。捷联式惯导系统优点：体积小、质量轻、成本低，可靠性高，可实现多种功能。

③ 以惯导为主的组合导航系统的应用。

④ 惯性导航系统将向多功能惯性基准系统发展。

6.4 飞机上的导航设备

在空客 A320 飞机上的导航设备有 3 个相同大气数据惯性基准组件(ADIRU)、2 套 VOR、2 套 ILS、2 套 ADF、2 套 DME；VOR 接收机里有 1 个 MARKER BEACON(指点信标机)、1 个 DDRMI(数字距离及无线电磁指示器)、2 套无线电高度表；飞机上有 2 个独立的 GPS 接收机、1 部具备风切变预测功能的气象雷达、1 套近地警告系统。

6.4.1 大气数据惯性基准系统的控制与显示

大气数据惯性基准系统(ADIRS)向 EFIS(电子飞行仪表系统)PFD 和 ND 提供温度、气压及惯性参数，同时向机上其他系统如 FMGC(飞行管理引导计算机)、FADEC(全权数字式发动机控制)、FLAC(升降舵副翼计算机)、SEC(扰流板升降舵计算机)、FAC(飞行增稳计算机)、FWC(飞行警告计算机)、SFCC(缝翼、襟翼操纵计算机)、ATC(空中交通管制)、GPWS(近地警告系统)、CFDIU(中央故障显示界面装置)、CPC(客舱压力控制器)提供上述数据。

1. 大气数据惯性基准组件(ADIRU)和探头

该系统包括 3 个相同的 ADIRU(大气数据惯性基准组件)。每个 ADIRU 被分成 ADR(大气数据基准)和 IR(惯性基准)两部分，如果一部分失效，另一部分能独立工作。ADR 部分提供气压高度、速度、马赫数、迎角、温度、超速警告。IR 部分提供姿态、飞行航迹引导、航迹、航向、加速度、角速率、地速及飞机位置。

大气数据惯性基准系统使用 4 种传感器探测数据。4 种传感器包括空速管3 个、静压探头(STAT)6 个、迎角传感器(AOA)3 个、全温探头(TAT)2 个，这些传感器由电加温以防积冰。8 个 ADM(大气数据模件)把来自空速管及静压头的气压数据转变为数字数据供给 ADIRU。3 个相同的 ADIRU 在 ADIRU1 或 2 失效时，转换设备提供 ADR3 或 IR3 信息供仪表显示。图 6.11 所示为探头位置，图 6.12 所示为探头示意图。

2. 大气数据惯导系统控制板

通常通过 FMGS 起始 IR(惯性基准组件)工作，一个位于顶板的 ADIRS 控制板(ADIRS CDU)可作为备用方式使用，用来选择工作方式(导航、姿态、OFF)及显示

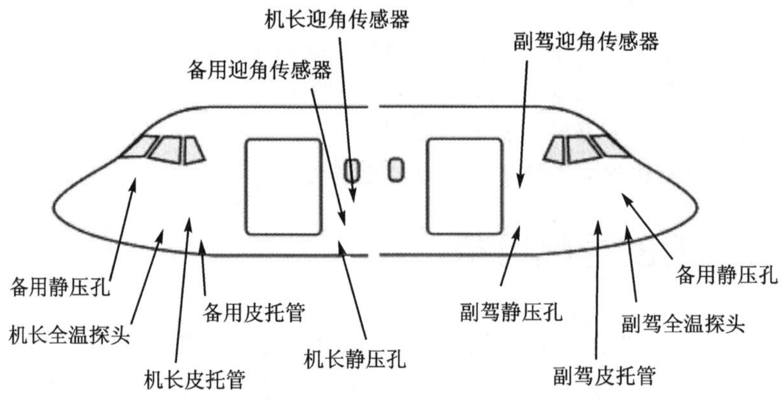

图 6.11 探头位置

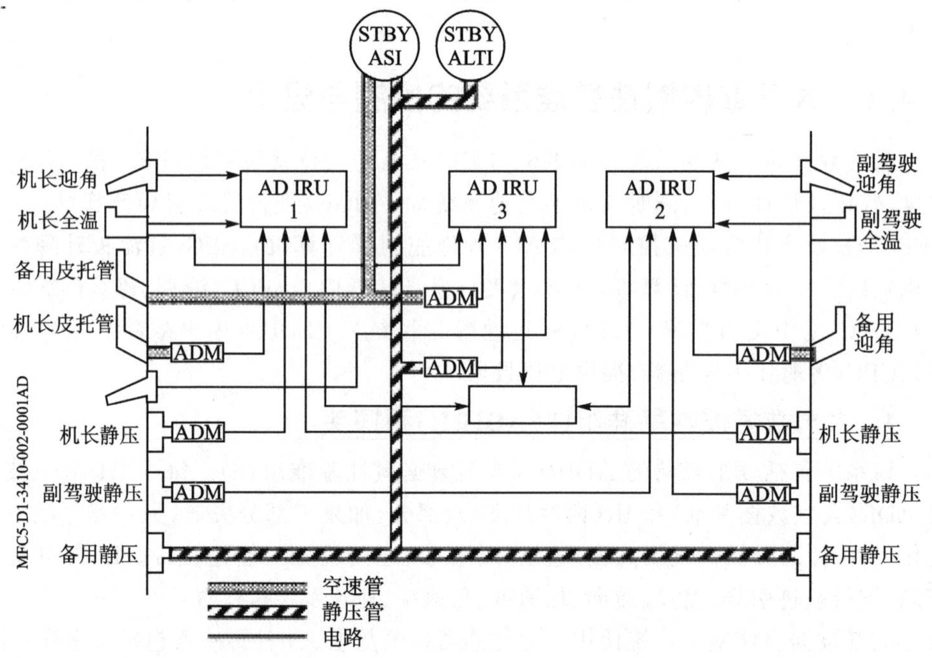

图 6.12 探头示意图

故障。它们提供以下的控制与指示：

- 向 ADR 及 IR 系统的供电选择；
- 导航数据的选择及显示指示；
- 人工起始(通常由 FMGC 完成)；
- IR 或 ADR 的大气数据的状态及指示。

大气数据惯导系统图如图 6.13 所示，其控制板如图 6.14 所示。

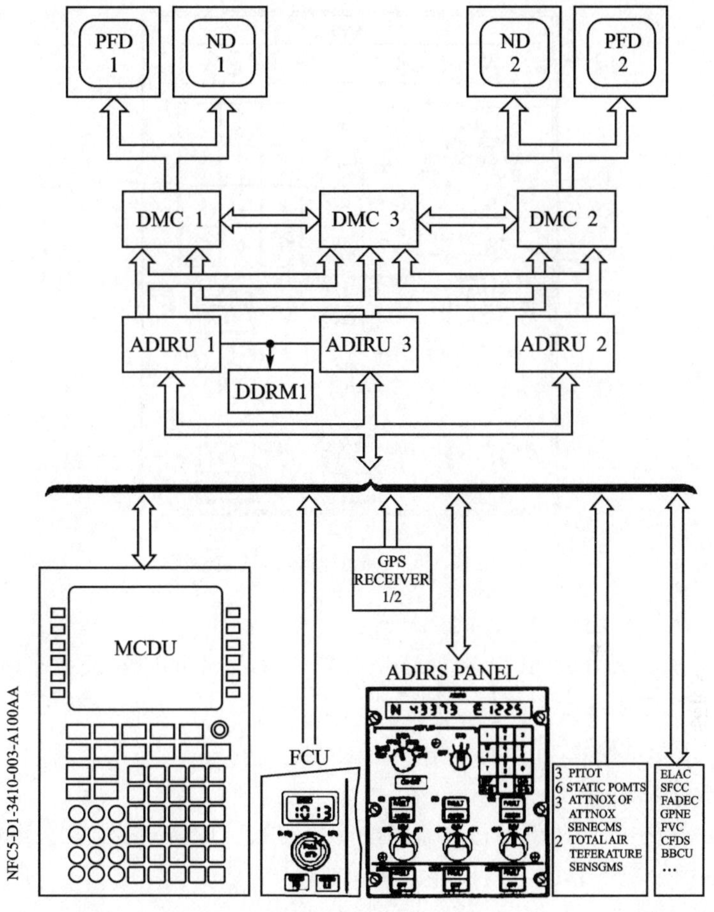

图 6.13 大气数据惯导系统图

图 6.14 中各部分介绍如下：

① IR1～IR3 方式旋钮。

OFF：ADIRU 未通电。ADR 及 IR 数据不可用。

NAV：正常工作方式。给飞机各系统提供全部惯性数据。

ATT：在失去市区导航能力时，IR 方式只提供姿态及航向信息。

必须通过 CDU 控制组件输入航向并须不断地更新(大约每 10 min 一次)。

② IR1～IR3 灯。

故障灯(FAULT)：当失效影响了相应的 IR 时，琥珀色灯亮，并伴有 ECAM 注意信息。

- 常亮表示相应的 IR 失去；
- 闪亮表示在 ATT 姿态方式里姿态及航向信息可能恢复。

校准灯(ALIGN)：

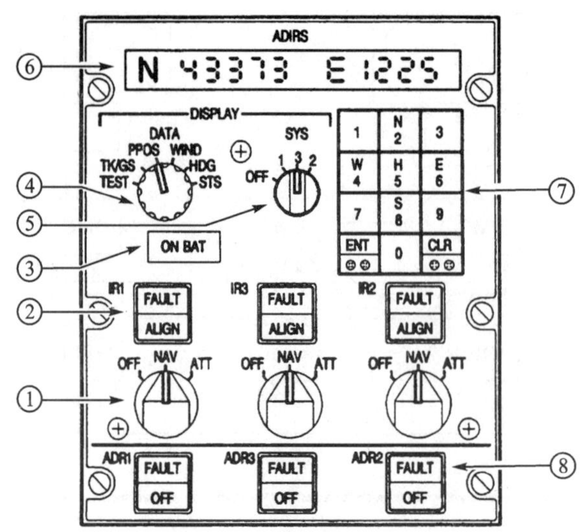

图 6.14 大气数据惯导系统控制板

- 常亮表示相应的 IR 正常；
- 闪亮表示 IR 校准失效或 10 min 后没有输入现在位置，或关车时的位置和输入的经度或纬度差超过 1°时；
- 熄灭表示校准已完毕。

③ 电瓶供电指示灯。

仅当 1 个或多个 IR 由飞行电瓶供电时，琥珀色灯亮。在校准的开始阶段，但不在快速校准的情况下它也会亮秒钟。

④ 数据选择钮。

该选择钮用来选择将显示在 ADIRS 显示窗里的信息。

测试：输入(ENT)和消除(CLR)灯亮且全部 8 字出现。

TK/GS：显示真航迹及地速。

PPOS：显示现在的经纬度。

WIND：显示真风速及风速。

HDG：显示真航向和完成校准需要的时间(以 min 为单位)。

STS：显示措施代码。

⑤ 系统选择钮。

OFF：控制及显示组件(CDU)没通电。只要相关的 IR 方式选择器没 OFF(关)位，ADIRS 仍在通电状态。

1、2、3：显示选择系统的数据。

⑥ 显示。

显示由数据选择器选择的数据。

键盘输入将超控选择的显示。

⑦ 键盘。

允许现在位置或在姿态(ATT)方式里的航向输入到选择的系统里。

字母键：N(北)、S(南)、E(东)、W(西)，作为位置输入。H(航向)作为航向输入(ATT 方式)。

数字键：允许人工输入现在位置(或姿态方式里的磁航向)。

CLR(消除)键：如果数据是一个不合理的值，则输入后综合提示灯亮。当按下此键时，键入的数据(但还未输入)被清除。

ENT(输入)键：N(北)、S(南)、E(东)、W(西)、H(航向)数据被键入时，综合提示灯亮。当按下此键时，键入的数据被输入 ADIRS。

⑧ ADR1～ADR3 按键开关(瞬间动作)。

OFF 位：大气数据输出断开。

故障灯(FAULT)：如果大气数据基准部分探测到故障，则琥珀色故障灯亮并伴随有 ECAM 信息。

3. 中央操纵台

中央操纵台如图 6.15 所示。

图 6.15 中央操纵台

姿态航向和大气数据选择器。

NORM：ADIRU1 向 PFD1 ND1 及 RMI 和 VOR DME 提供数据。ADIRU2 向 PFD2 及 ND2 提供数据。

CAPT 3：ADR3 或 IR3 代替 ADR1 或 IR1。

F/O 3：ADR3 或 IR3 代替 ADR2 或 IR2。

6.4.2 无线电导航设备的控制与显示

1. 无线电导航设备的控制结构

飞行管理引导计算机(FMGC)是导航设备的基本手段，有 3 种调谐方式可以使用，即自动调谐、人工调谐、备用调谐。

自动调谐：在正常工作方式，导航设备由 FMGC 自动调谐，如图 6.16 所示。每个 FMGC 控制同侧的接收器，如果一个 FMGC 故障，另一个则控制两边的接收器。

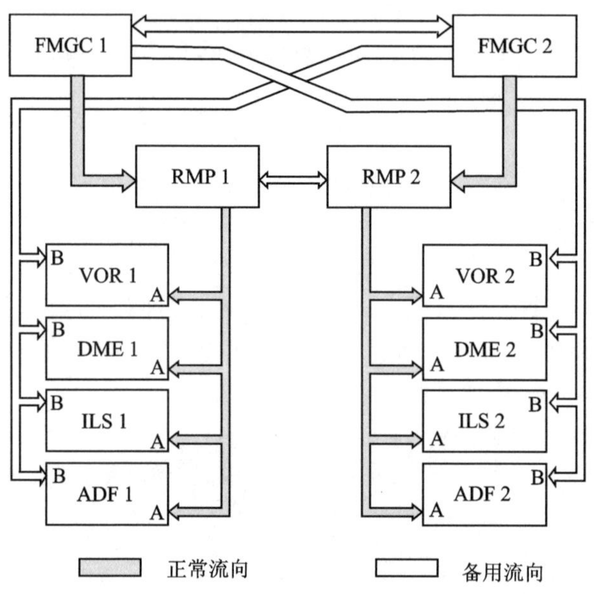

图 6.16　自动调谐

人工调谐：机组可通过 MCDU(多功能控制显示组件)超控自动选择的 FMGC 导航设备并且可选择以具体导航设备显示。这不会影响 FMGC 的自动功能。在双重方式下，一个 MCDU 上的输入被送到两个 FMGC 中。在单一方式下，送到所剩的 FMGC 中。

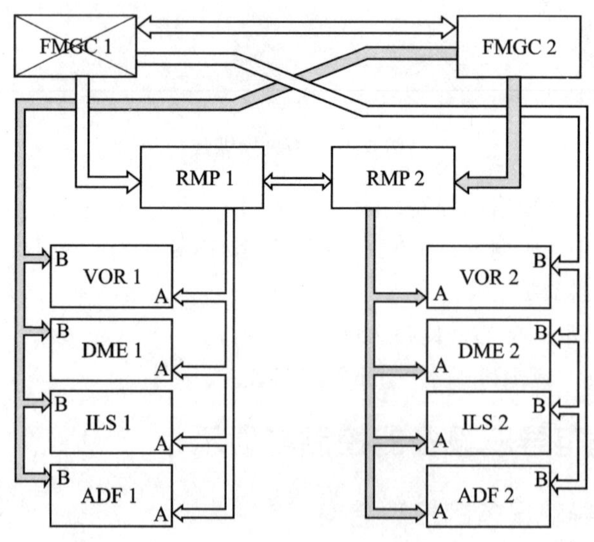

图 6.17　FMGC1 失效

备用调谐：在双 FMGC 失效的情况下，如图 6.17 所示，位于操纵台上的 RMP

(无线电管理面板 1 和 2)提供导航设备备用调谐,如图 6.18 所示。机长的 RMP 控制 VOR1 及 ADF1,副驾驶的 RMP 控制 VOR2 及 ADF2,任一 RMP 控制两部 ILS(只要在 RMP1 和 RMP2 上选择了导航备用方式)。RMP3 不用于导航设备的调谐。

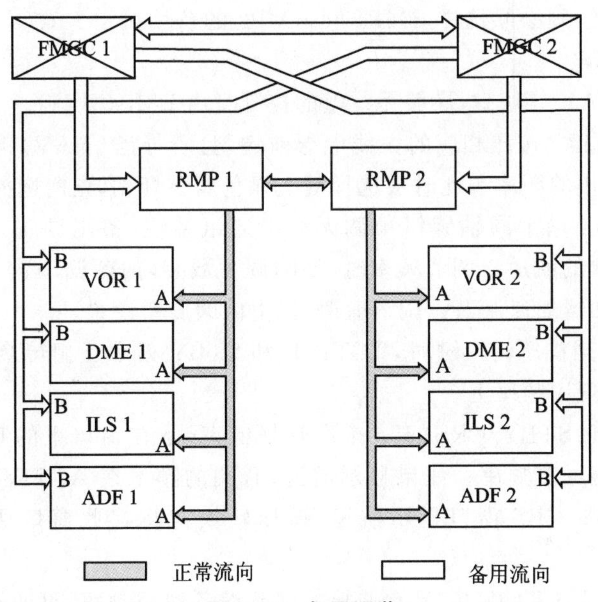

图 6.18　备用调谐

2. 无线电管理面板(RMP)

无线电管理面板(RMP)如图 6.19 所示。

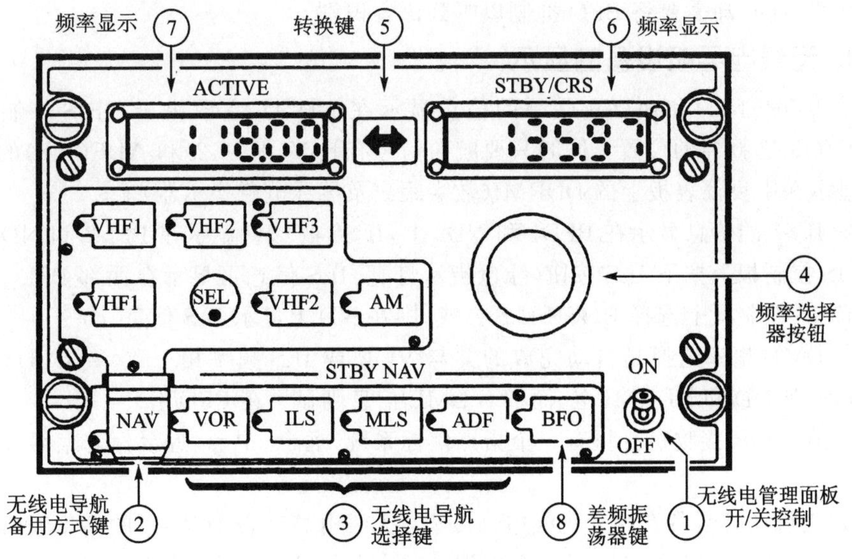

图 6.19　无线电管理面板(RMP)

① ON/OFF 开关：控制每一个 RMP 的供电。

② 导航键：当压下 NAV 时，接通无线电导航备用方式。VOR、ILS、MLS 及 ADF 都由 RMP 控制而不再由 FMGC 控制，此时绿色监控器灯亮。如果 2 个 FMGC 或 MCDU 都失效，则必须选择 RMP1 和 RMP2 的备用调谐方式。飞机在应急供电时只有 RMP1 有电。

再次按压 NAV 导航键，导航无线电的控制又由 FMGC 控制。

③ 备用导航键：按压相应的无线电导航键，且若导航（NAV）键接通，ACTIVE 窗口显示当时所用的频率。此时被选择键上绿色监控灯亮，先前选择键上的灯熄灭。

④ 频率旋钮：两个同轴旋钮预调无线电通讯系统，备用导航系统频率并选择 VOR 和 ILS 需要的航道。调节频率时，外圈调大数字，内圈调小数字。当旋钮快速转动时，速率倍加器加速调谐。调节航道，仅由内圈旋钮设置。

⑤ 转换键：当按压转换键时，ACTIVE 和 STBY 频率互相转换，被选接收机现在被调谐到新的现用频率上。

⑥ 备用航道（STBY/CRS）窗：按压转换键，显示在窗口里的频率变为现用频率，转动调谐旋钮可变频率。如果显示航道，有关的频率在 ACTIVE（现用）窗口显示。如果在 STBY/CRS 窗口显示航道，按压转换键将在此窗口切换显示现用的频率。

⑦ 现用（ACTIVE）窗口：显示选择的导航设备现用频率，可通过选择键上的监控等来识别。

⑧ BFO（差频振荡器）键：如果选用了 ADF 接收机，当按下 BFO 键时，绿色监控灯亮，BFO 方式变为现用。对于大多数 ADF、BFO 现用时，可以听到语音识别。然而某些 ADF 却需要将 BFO 抑制以听到语音识别。

3. 无线电导航设备的显示

① VOR（1、2）和 ADF（1、2）的信息显示在 ND 上，它取决于 EFIS 控制板上 ADF/VOR 选择器的位置。同时只要航向信号有效 VOR（1、2）和 ADF（1、2）的方位信息显示在中央仪表板上的 DDRMI（数字距离及无线电磁指示器）上。

② ILS1 的信息显示在 PFD1 和 ND2 上，ILS2 的信息显示在 PFD2 和 ND1 上。在 EFIS 控制板上按下 ILS 按钮（绿色指示灯亮）ILS 信息可显示在两部 PFD 上，如果在 EFIS 控制板上选择 ROSE ILS 方式，则在 ND 上显示 ILS 信息。

③ DME 频率选择是自动完成的并与 VOR 或 ILS 频率相一致，VOR DME 信息可显示在 ND 和 DDRMI 上，而 ILS DME 信息则显示在 PFD 上。

④ 在 VOR 接收机 1 里有一个指点信标系统，远台、中台、近台标志信号显示在 PFD 上。

⑤ 飞机通常装备有两套无线电高度表：无线电高度表 1（RA1）的高度通常在机长 PFD 上显示，RA2 的高度显示在副驾驶的主飞行显示器上。如果 RA1 和 RA2 其中一部出现故障，则工作的无线电高度表高度显示在两个 PFD 上。

4. 全球定位系统 GPS 的控制与显示

全球定位系统 GPS 是一种基于卫星的无线电导航设备，飞机可用 GPS 来确定其精确位置。飞机有两个独立的 GPS 接收机，每部接收机集成在一个模块化的航空电子组件 MMR（多方式接收机）里，GPS1 接收机在 MMR1 里，GPS2 接收机在 MMR2 里。MMR 接收到的数据进行处理并传送给 ADIRU 进行 GP－IRS 混合位置计算。FMGC 使用这此混合位置。MCDU1 或 MCDU2 上的 GPS 监控页面可以显示实际的 GPS 位置、真航迹、地速、预计的位置精确度以及机组使用的方式。同时机组可用 MCDU 的 NAVAID（导航设备页）来抑制用于位置计算的 GPS 数据。

正常情况下，GPS1 号接收机向 ADIRU1 和 ADIRU3 提供数据，GPS2 号接收机向 ADIRU2 提供数据。GPS 工作在不同的方式下，这些方式显示在 GPS MONITOR 页面上。当 GPS 进入起始方式时（INIT），GPS 硬件和软件被起始。GPS 工作方式与显示如图 6.20 所示。

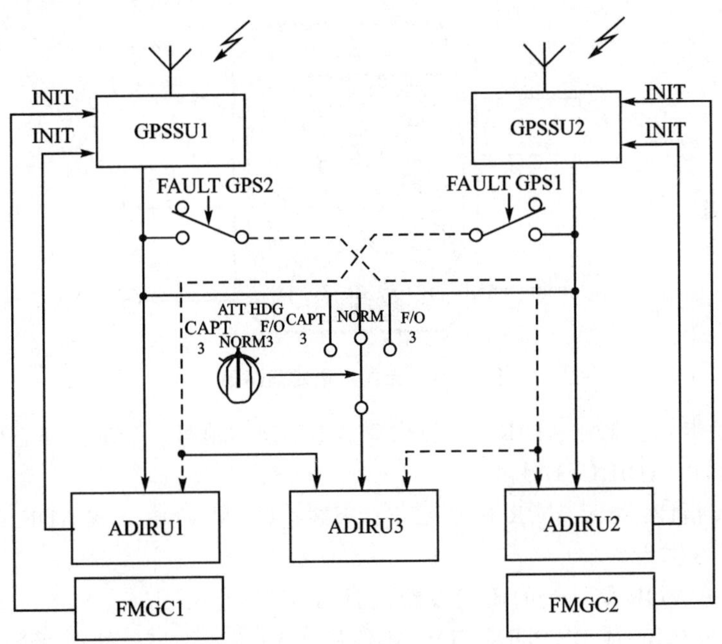

图 6.20　GPS 工作方式与显示

如果接通电源后或长时间未收到卫星信号，MMR 会进入搜索方式（ACQ）。MMR 能跟踪到至少 4 个卫星后才转换到导航方式。进入导航方式后可不断地向 ADIRUS 提供数据。为了能更快地进入导航方式，MMR 可以使用 IRS 的起始位置、时间和高度。如果直接收到 3 部卫星，高度偏差冻结，GPSSU 进入 ALT AID 方式，用 IR 高度来修正偏差。如果 2 min 后仍未收到第 4 部卫星，GPSSU 就转换到 ACQ。

当探测到可能影响 GPSSU 传送有效数据的故障时,设备进入故障方式。如果 GPS 接收机和 ADIRU 的一台失效,其他的可以互换使用工作的设备接收和提供数据。

如果一台 GPS 接收机失效,则三部 ADIRU 自动选择工作的 GPS 接收机。如果 ADIRU1 失效,则由 GPSSU1 向 ADIRU3 提供数据,GPSSU2 向 ADIRU2 提供数据,万一 ADIRU2 失效,为了保证 1 和 2 分开,ATT HDG 选钮必须放到 F/O 3 位,这样 GPSSU2 才能向 ADIRU3 提供数据,如果两部 ADIRU 均失效,剩下的 ADIRU 由自侧的 GPS 接收机提供数据。

6.4.3 备用导航设备

1. 数字距离及无线电电磁显示器(DDRMI)

无线电电磁显示器如图 6.21 所示。

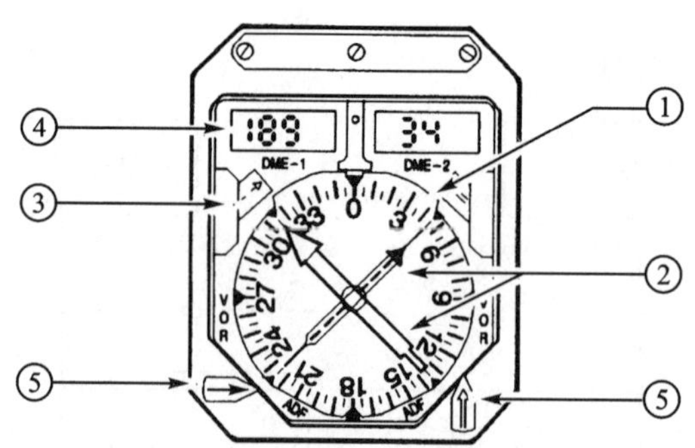

图 6.21 无线电电磁显示器

① 罗盘卡:通常由 ADIRU 1 提供罗盘卡的定位信号。当通过姿态航向转换选择器选择时,由 ADIRU 3 提供。

② 方位指针:指示 VOR 1 或 ADF1(虚线指针)和 VOR 2 或 ADF2(宽指针)接收的向台磁方位。

注: 根据 VOR 信标台的质量及距离是否大于 25 nmile/h,若飞机上装备的是 COLLINS(科林斯)或 BENDIX VOR(本迪科斯 VOR),则信号处理可能会产生指针摆动。

③ VOR/ADF 故障旗:有下列情况时故障旗出现。

- VOR 或 ADF 接收机失效(VOR/ADF 选钮位置指出失效的接收机);
- 无线电电磁指示器(RMI)内部故障;
- 来自 ADIRS 的航向信号无效电源失效;
- 出旗时,有关指针停留在地平线位置上。

④ DME 测距机 1(2)计数窗:距离在 20 nmile 以内以海里和(1/10) nmile 显示;1 nmile 以内显示为 0 nmile。

2. 综合备用仪表系统

综合备用仪表系统(ISIS)提供信息的第三级备份并显示给机组。它安装在仪表板的中央,如图 6.22 所示。ISIS 系统显示姿态、空速和马赫数、高度、气压、LIS 功能、游标,相当于电子飞行仪表 PFD 的显示功能,如图 6.23 所示。同时通过按压 BUGS 按钮,可以启动"游标功能"并显示所选的游标值,通过转动 BARO(气压)旋钮来设置游标值,对于速度游标该值不能低于 30 nmile/h,对于高度游标值则不能为负数。有 4 个速度、2 个高度值可由机组选择。按压"+"或"-"按钮,进行方式选择及设定数值。按压 RST 按钮至少 2 s 可以复位姿态显示。按压 LS 按钮,下滑道和航道信号有效时,会出现指针并显示偏差刻度。有故障时,在 ISIS 上会出现不同的故障旗。

图 6.22 ISIS 在仪表板中的位置

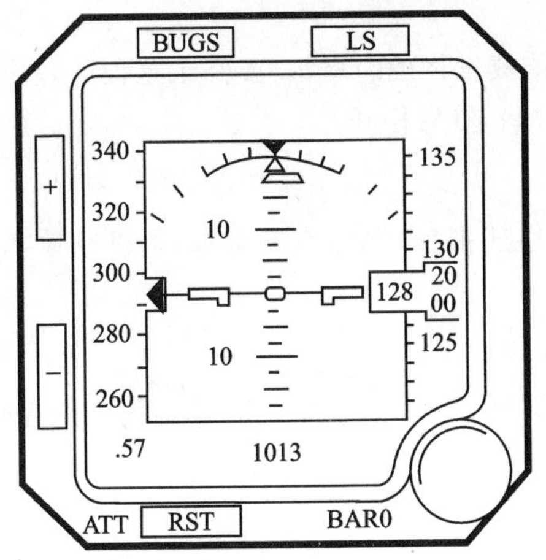

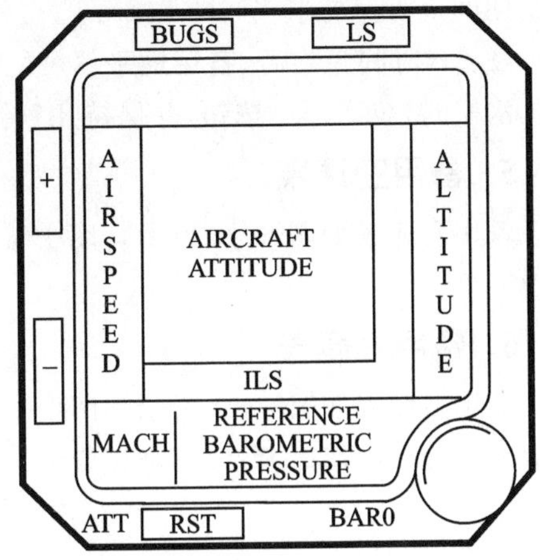

图 6.23 ISIS 的显示

3. 备用罗盘

位于风挡上端中心位置,误差卡安在罗盘上方。

注: 因为驾驶舱里有 APU 电源接头,所以 APU 启动时备用罗盘的指示可能会受到干扰。备用罗盘如图 6.24 所示。

4. 备用地平议

备用地平仪如图 6.25 所示,通常是由主直流汇流条供电,若所有电源失效,则机械式陀螺仪依靠陀螺的惯性运转一般还可以持续提供 5 min 的正确姿态指示。

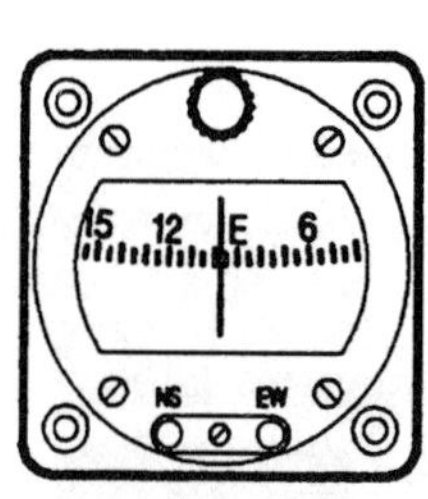

图 6.24 备用罗盘

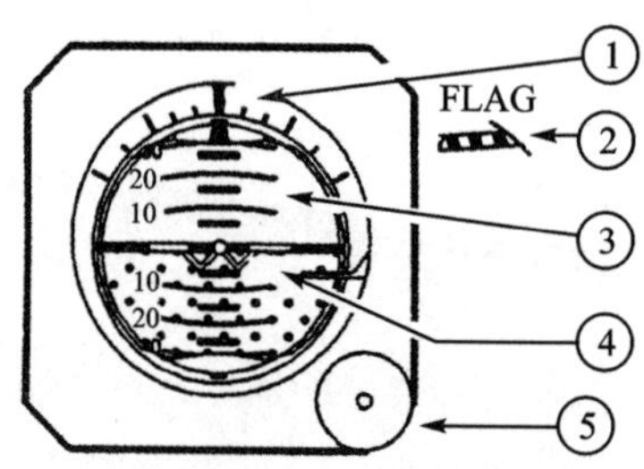

图 6.25 备用地平仪

图中各部分介绍如下:

① 横滚刻度:坡度角刻度到 60°。

② 故障旗:仪表或供电失效时出现。

③ 俯仰刻度:测量俯仰角度转动限制为±85°。

④ 飞机基准:固定符号。

⑤ 锁定旋钮:当拔出时,陀螺直立地平仪呈水平状态并在中心位置(飞机在此操作期间应为保持平飞)。

注: 长时间盘旋后,备用地平仪可能不能提供精确的指示,要修正这种误差应在飞机水平时,拉出锁定按钮,并保持几秒钟时间,然后松开。

5. 备用空速表

备用空速表如图 6.26 所示。图中①为空速指针;②为空速游标,提供空速基准标识。

6. 备用高度表

备用高度表如图 6.27 所示。图中①为高度指针;②为高度窗;③为场压设置窗,显示装订的场压值;④为气压修正旋钮。

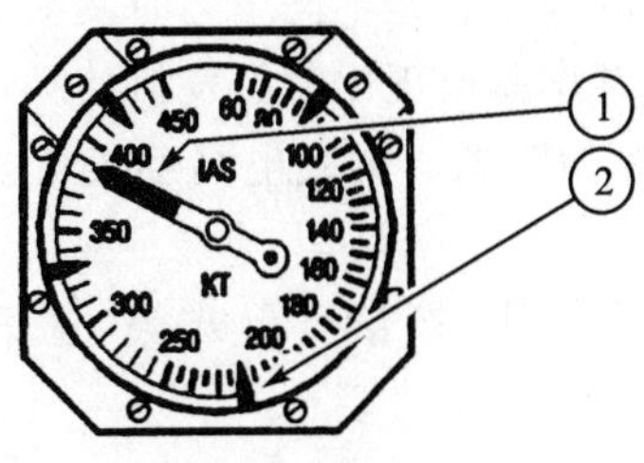

图 6.26 备用空速表

图 6.27 备用高度表

6.5 雷达概述

雷达是一种通过发射无线电波,并检测目标的反射回波及回波特性,获取目标位置和有关参数的电子设备,在航空领域有着广泛的应用。雷达(Radar)是 Radio Detection And Ranging 的缩写,直接翻译过来就是发现目标和测定位置。随着新理论、新技术的发展,尤其是计算机的广泛应用,现代雷达的功能已远远超出检测和测距的范围,可以获取目标的更多信息,如目标属性、目标识别等。雷达主要利用无线电波反射、恒速直线传播及定向辐射和接收的原理,发现目标并测量目标的参数。前者称为雷达探测;后者称为雷达参数提取或参数估值。雷达最早的应用就是探测飞机。雷达发射机向空间发射电磁波,遇到飞机时一部分电磁波会被反射回接收机,这些回波信号代表了探测到空中飞机的存在,并且通过计算电磁波的往返时间可获得目标的距离。

6.6 雷达的分类

按照雷达接收回波的方式可分为两类:

① 一次雷达。由发射系统发射一束射频信号,接收由目标直接反射信号的雷达称为一次雷达。

② 二次雷达。由雷达发射一组目标飞机应答机可以识别的特征脉冲,由目标飞机在约定的精确时间间隔内发射一串编码脉冲,靠发射这些脉冲来提供飞机信息的雷达叫做二次雷达。

按照雷达的工作原理可分成两类:

① 脉冲雷达。脉冲雷达工作时断续发射射频脉冲,在不发射的间隙接收回波信号,并利用发射脉冲同回波信号之间的间隔时间来完成测定目标距离和方位的功能。气象雷达就属于脉冲雷达。

② 连续波雷达。连续波雷达发射连续的无线电信号,工作频率按照某一规律做

周期性改变。每一时刻雷达接收到的回波信号的频率总是不同于当时发射信号的频率。目标距离的远近与发射信号和回波信号的频率差成正比。将发射信号和回波信号的频率作比较,得到频率差就可以计算出目标的距离。无线电高度表就是典型的连续波雷达。

当然,雷达还有其他的一些分类方法,如按作用、按信号形式等,这里就不再赘述。

6.7 雷达的基本组成

为了能够发现目标和测定目标位置或其他参数,雷达需要具有产生、传输、辐射和接收电磁波的功能,同时能够测量电磁波往返时间以及指示目标方向。相应地,雷达的组成一般包括定时器、发射机、收/发转换开关、天线、接收机、显示器、天线控制装置及电源等部分,如图 6.28 所示。

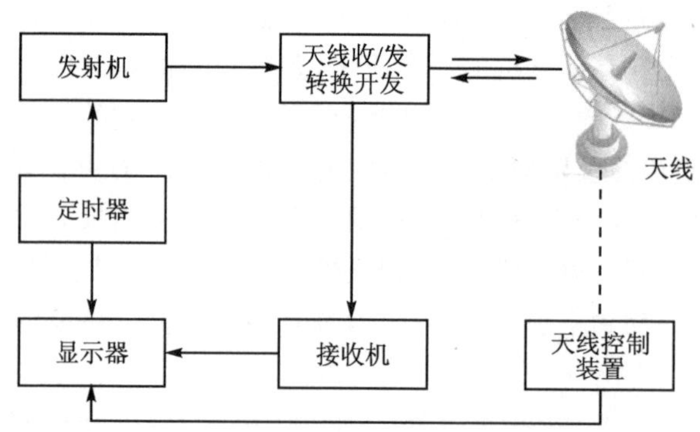

图 6.28 典型脉冲雷达组成

定时器产生定时触发脉冲,为发射机、显示器等雷达分系统提供同步脉冲,使雷达各部分在时间上协调一致、同步工作。发射机根据触发脉冲产生功率较强的射频脉冲进行发射,起到一个功率放大的作用。天线收/发转换开关控制天线与发射机和接收机的通断。在发射期间将发射机与天线接通,断开接收机,而在其余时间将天线与接收机接通,断开发射机。收、发共用一幅天线的雷达,必须具备收/发转换开关。天线将发射机输出的电磁波集中成极窄的波束,定向辐射和接收目标反射回来的电磁波。波束越窄,发射功率越集中,作用距离越远,测向准确度越高,方位分辨率越高。接收机将天线接收到的微弱高频目标回波信号放大、滤波后转换成视频回波脉冲送到显示器。显示器用来显示目标回波、指示目标位置,是雷达的终端设备。伺服装置控制天线转动,驱动雷达的机械扫描天线在空间扫描,搜索或跟踪目标。

6.8 雷达的工作原理

雷达测定目标的信息包括距离、方向和高度等。目标的空间位置可以用多种坐标来表示，采用极坐标的方式最为简便，如图 6.29 所示。

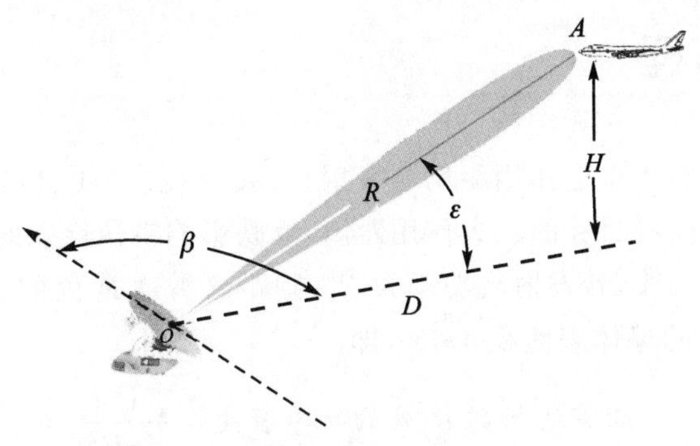

图 6.29 雷达的坐标系

以雷达所在地为坐标原点 O，目标 A 的空间位置可表示为斜距 R、方位角 β 和俯仰角 ε 三个量。目标高度 H、水平距离 D 和斜距 R 及迎角 ε 的关系：$D=R\cos\varepsilon$，$H=R\sin\varepsilon$。测定目标的位置就是测距和测角坐标，即测定目标的斜距 R 和两个角度 ε 和 β。

(1) 测距原理

雷达测距是基于无线电波在空间以等速直线传播，测出雷达从发射电波、接收到目标回波所需的时间间隔，确定目标到雷达的距离。可设电磁波来回传播的时间为 t，而电磁波是以恒定的光速 c 传播，则雷达到目标的距离 R 为

$$R=\frac{1}{2}ct$$

(2) 测向原理

雷达对目标角坐标的测量(测向)是基于电波的直线传播，并通过天线的方向性发射和接收来实现的。雷达发现目标时依据回波的方向就可以测出目标所在方向。雷达通常采用方向性很强的天线将发射波束集中成很窄的波束，在方位上作机械旋转，天线波束在方位上扫描。当波束照射到目标时，雷达回波在时间顺序上从无到有，由小变大，再由大变小，最后消失。波束最大值对准目标时回波信号最强，此时天线的指向就是目标的方向。

同样，雷达波束在垂直方向扫描时，可以测量目标的俯仰角。

(3) 测高原理

目标高度的测量是以测距和测仰角原理为基础的。目标高度 H 与斜距 R 和仰角 ε 之间的关系为

$$H = R\sin\varepsilon$$

测出目标的斜距 R 和仰角 ε，即可计算出目标的高度。而地球表面是弯曲的，所以目标距离较远时还要加上高度修正量。

$$H = h + R\sin\varepsilon + R^2/(2\rho)$$

式中：h 是雷达天线的高度；ρ 是地球曲率半径；高度修正 $H_{修正} = R^2/(2\rho)$。

6.9 雷达方程

雷达方程能够描述雷达作用距离与发射机、接收机、天线、目标特性及环境的关系。可以给出雷达探测目标的最大作用距离，反映影响雷达性能的因素。

对于各向同性天线，若发射机功率为 P_t，则距离雷达 R 处的功率密度等于发射功率除以半径为 R 的球体表面积 $4\pi R^2$，即

$$距雷达距离\ R\ 处的功率密度 = \frac{P_t}{4\pi R^2}$$

对于采用定向天线的雷达，发射功率 P_t 集中在一个特定的方向上。天线增益 G 定义为

$$G = \frac{定向天线所辐射的最大功率密度}{具有相同输入功率的各向同性天线所发射的功率密度}$$

于是，定向天线在目标处的功率密度为 $\frac{P_t G}{4\pi R^2}$。

被探测的目标吸收一部分能量，再将雷达发射的电磁波向各个方向反射。其中向雷达方向反射的回波能够被雷达接收，并且携带了被探测目标的信息，所以对它的研究具有重要意义。目标的雷达横截面积决定了雷达接收回波信号的功率密度，用 σ 表示。雷达接收的回波信号功率密度为 $\frac{P_t G}{4\pi R^2} \cdot \frac{\sigma}{4\pi R^2}$。目标的雷达横截面积与目标的形状有关。

雷达接收到的信号功率 P_r 与入射功率密度和雷达接收天线面积有关。接收天线的有效孔径面积 $A_e = \rho_a A$，其中 A 为接收天线的物理尺寸，ρ_a 为天线孔径效率。这样，接收到的信号功率为 $P_r = \frac{P_t G}{4\pi R^2} \cdot \frac{\sigma}{4\pi R^2} \cdot A_e = \frac{P_t G A_e \sigma}{(4\pi)^2 R^4}$。设雷达最小可检测信号为 S_{min}，代入上式可得到雷达最大作用距离 $R_{max} = \left[\frac{P_t G A_e \sigma}{(4\pi)^2 S_{min}}\right]^{1/4}$。此式为雷达距离方程的基本形式。

6.10 雷达在飞机上的应用

(1) 气象雷达

机载气象雷达能够探测危险天气区域,显示其位置和范围,使飞行员能够及时处理,选择航线绕开危险区。

(2) 无线电高度表

无线电高度表是进近和着陆过程中保证飞行安全的重要电子设备。通过向地面发射无线电信号,接收回波探测飞机离地面的实际高度。利用无线电高度表能够在复杂气象条件下飞行,在能见度很低的情况下着陆。

(3) 二次雷达应答机

空中交通管制雷达信标系统是保证空中交通安全与畅通的主要工具,应答机是空中交通管制雷达信标系统的机载设备,向地面管制中心报告飞机的识别代码、飞机的气压高度及一些特殊代码,是机载防撞系统的主要组成设备之一。

(4) 多普勒雷达

多普勒雷达是利用电磁波的多普勒效应实现无线电导航的一种自备式导航设备。能够测量飞机的偏流和地速,与航向、真空速等信号计算得到飞机相对地面的位置。

6.11 彩色气象雷达

6.11.1 彩色气象雷达的功能

雷达在飞机上的另一项重要应用就是探测气象,称为机载气象雷达,是一种自主式的机载电子设备。气象雷达利用气象目标(如雨、冰雹等)或其他目标对雷达辐射的电磁波信号的反射来探测目标,确定危险气象区域。可实现的功能如下几个方面:

- 探测航路前方扇形区域中的降雨区、冰雹区、湍流区等气象区域;
- 观察飞机前下方的地形;
- 发现航路上的山峰等空中障碍物;
- 辅助信息显示;
- 雷达导航信标。

气象雷达的基本功能是探测大面积的气象降雨区,对山峰、相遇飞机的探测能力和所显示的相应图像及位置的准确程度,均不能满足地形回避和防撞要求,不能作为地形回避和空中防撞的依据。

(1) 雨区探测

雷雨区中心及周围有强雷电,特别是降雨量突变的区域,气流的变化十分剧烈,对飞行安全有较大影响。机载气象雷达能够探测前方航路上的雷雨区等危险气象区域，确定危险区域的具体方位、距离和强度，保证飞行安全。现代民用飞机的速度可达 900 km/h，军用飞机的速度更高，并且高空气象变化复杂，所以无法依靠地面或其他气象预报掌握实时的气象动态。彩色气象雷达能够将飞行航路前方的气象状况用彩色图像实时显示，使飞行员实时掌握气象状况，及时调整飞机避开危险区域。彩色气象雷达用不同颜色来表示降雨率不同的区域：大雨区域降雨率超过 12 mm/h，用红色表示，说明具有一定的危险性；中雨区降雨率在 4～12 mm/h 之间，用黄色表示，提醒驾驶员注意；小雨区降雨率小于 4 mm/h，用绿色图像表示，说明该区域安全；微雨或无雨区降雨率小于 1 mm/h，用黑色（屏幕对应区域不产生图像）表示。彩色气象雷达如图 6.30 所示。

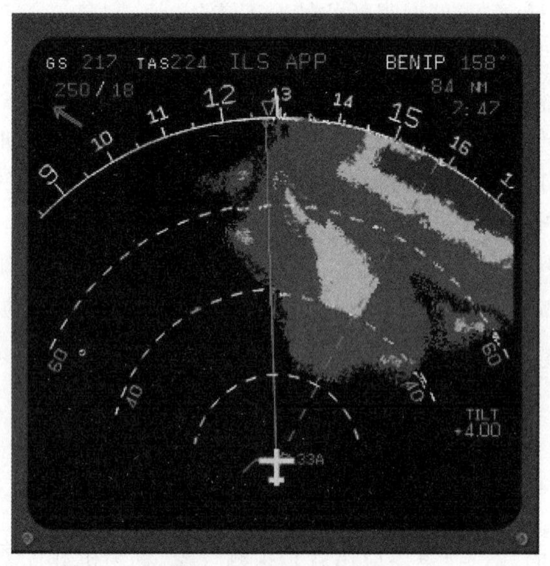

图 6.30　彩色气象雷达

（2）湍流探测

在降雨区周围会伴随肉眼不可见的湍流区域，该区域中气流速度和方向的变化相当剧烈，飞机在湍流区内会产生剧烈的颠簸，机翼、尾翼等部分会承受巨大的作用力，操纵困难，对飞行安全造成不利的影响。早期常规雷达不具备探测湍流的功能，只能通过观察雨区图像凭经验判断。现代气象雷达一般采用全固态形式，能够产生频率十分稳定的相参发射信号，准确探测湍流区。

（3）观察飞机前下方地形

地面的城市、河流、海洋、山峰等对雷达波的反射能力不同，在雷达上表现为不同的颜色，表示不同的地貌和建筑物。江、河、湖、海对雷达电磁波的反射能力较差，其图像用绿色或青色表示；一般陆地反射能力稍强，用黄色表示；大型城市中的工矿企业及大型桥梁含有大量的金属结构，反射能力较强，用红色或紫色表示。通过不同颜色就能够区分不同的地形、地貌，方便地判断飞机当前所处的地理位置。

(4) 发现空中障碍物

突立的山峰及空中的障碍物都会对雷达波束产生反射，飞机在飞行高度较低或准备下滑进近过程中，遇到山峰等障碍物能够被雷达探测到，在屏幕上形成明显的图像。在相邻高度层上飞行的近距离大型飞机一般也能形成目标回波。这样能够为在黑夜、浓雾等能见度不好的情况下的飞行提供参考信息。但气象雷达所提供的地形信息准确程度有限，不能满足地形回避和防撞的要求，所以不能将气象雷达显示的图像作为地形回避和空中防撞的依据。

(5) 辅助信息显示

气象雷达除显示空中气象目标和飞机前下方的地貌特征图像外，还可以像一般的计算机终端一样显示由其他机载系统所提供的文字或图像信息，如由防撞系统输入的图像与文字信息、快速检查单、导航数据资料等。

有些气象雷达还具有雷达导航信标功能，与地面或海上钻井平台上的雷达信标台相配合，提供简易的导航定位功能。地面雷达信标台以二次雷达方式工作，接收到机载气象雷达发射信号后，发射应答信号。机载气象雷达接收机能够这个应答信号。

6.11.2 气象雷达的基本原理

(1) 探测气象的基本原理

雷达是通过目标对雷达波的反射来探测目标的。导体在外界电磁场作用下能够产生感应电流，形成对入射电磁波的反射。物体的这种反射能力既与物体本身的物理性质、形状、反射面积等有关，又与电磁波的频率、入射角度等因素有关。

液态的雨粒具有良好的导电性，包含有较大雨粒的降雨区域能够对气象雷达发射的 X 波段电磁波产生一定程度的反射，形成降雨区域的雷达回波，能够被气象雷达所接收。

(2) 探测降雨区

一般空中的降雨区域不会被雨滴全部填充，而气象雷达发射的电磁波的波长很短，当雷达波由无雨区射向降雨区界面时，除了会在雨区界面处反射一部分入射波能量外，雷达波仍能继续穿过整个降雨区域而产生不断的反射。雷达波在穿透整个雨区而射向位于雨区后面的其他气象目标时，同样可以使这些较远的气象目标产生各自的雷达回波。雷达波的这种穿透能力使气象雷达能够透过近距离目标的遮挡而发现较远的气象目标，把探测范围内不同距离处的气象目标分布情况以平面位置显示图形的方式提供给飞行员。

单位时间中的降雨量称为降雨率，用来定量描述降雨程度。

彩色气象雷达用象征性的颜色表示降雨率的不同区域。大雨区域的图像为红色，表示该区域具有一定的危险性；中雨区域的图像为黄色，提醒飞行员注意；小雨区域用绿色图像表示，代表安全；微雨区或无雨区在屏幕上为黑色。

雷达常用的图像颜色与降雨率对应关系如表 6－1 所列。

表 6-1　雷达常用的图像颜色与降雨率对应关系

图像颜色	降雨率	
	mm/h	in/h
黑	<0.76	<0.03
绿	0.76～3.81	0.03～0.15
黄	3.81～12.7	0.15～0.5
红	12.7～50.8	0.5～2.0
紫	>50.8	>2.0

(3) 探测冰雹区

湿冰雹由于表面包裹着水层,对入射的雷达波能够产生有效反射,而且冰雹的直径通常比雨滴大,所以湿冰雹容易被气象雷达所发现。而干冰雹表面没有水层,对雷达波反射能力差,不易被雷达发现。只有当干冰雹直径达到雷达波长的 4/5 左右时才能被雷达正常检测。

(4) 探测湍流

湍流是根据微粒的速度偏差来定义的,与微粒的绝对速度无关。湍流的速度偏差越大,湍流越强,相应把湍流分为轻度湍流、中度湍流和严重湍流。湍流的探测是通过与湍流夹杂在一起的水粒反射雷达波时产生的多普勒效应原理来实现的。雨粒本身的运动与飞机之间存在相对运动,与飞机运动方向相背运动的雨粒反射的雷达回波频率低于发射频率,与飞机运动方向相向运动的雨粒反射的雷达回波频率高于发射频率。由于湍流区域中雨粒的速度是杂乱的,所以形成一个偏离发射频率且频谱宽度较宽的多普勒频谱,与一般降雨区所产生的反射回波明显不同。通过对回波信号的频谱宽度检测可以探测湍流的存在。用红色或紫色表示湍流区域。而有一类湍流不含有雨滴,对雷达波不会产生有效的回波,难于被气象雷达所检测。

(5) 对于其他气象目标的探测

暴雨区域、夹带雨滴的中度以上的湍流区域、表面包裹水层的冰雹及直径较大的干冰雹均能产生较强的雷达回波,能够被机载气象雷达有效探测。而直径较小的干冰雹、干雪花及晴空湍流区域等对于雷达波的反射能力较弱,难于被气象雷达检测。

(6) 探测地形

机载气象雷达对地形的识别和探测是通过地面目标对雷达信号反射特性的差别来实现的。地面的山川、平原、水面、城市建筑物等性质和形状等都存在差异,对雷达信号具有不同的反射能力,产生的回波信号强度不同。用不同颜色表示回波信号的强弱就能够形象地表现出飞机前下方地形情况,尤其是不同形状区域间的分界线比较明显。

6.11.3　气象雷达的工作方式

由于气象雷达种类繁多,不同型号的雷达工作方式不尽相同。这里介绍几种典型和常用的工作方式。

(1) 气象方式(WX)

气象方式是机载气象雷达的最基本工作方式,用来探测前方航线上的天气情况。显示器显示前方空中气象目标及其他目标的平面位置分布图形。天线波束在飞机前方扇形区域往复扫描,探测前方的气象目标,保证飞行安全。

(2) 地图方式(MAP)

地图方式是机载气象雷达的另一个基本工作方式。在此方式下,雷达显示器将显示飞机前下方地面的地表特征,如山峰、河流、湖泊、城市等地形轮廓图像。

(3) 测试方式(TEST)

测试方式主要目的是对雷达进行快速的性能检查,通过机内测试电路完成。在此方式下,显示器将显示气象雷达的自检测试图,了解雷达的性能状况。

(4) 准备方式(STBY)

有些气象雷达设有准备方式,使发射机中的高频功率振荡器及显示器有一定的加温准备时间。而采用全固态器件的雷达通常不需要设置准备方式。

(5) 湍流探测方式(TURB)

现代气象雷达一般都设有湍流探测方式,显示屏上用不同颜色显示湍流区。

(6) 气象与湍流方式(WX/T)

在此方式下,显示屏既显示 WX 方式下的信息,又叠加显示湍流区域。

(7) 轮廓(循环)方式(CYC)

此方式与 WX 方式基本相同,只是图像会按每一秒的间隔闪烁,相当于早期黑白气象雷达中的“轮廓”效应。

6.11.4 气象雷达的基本组成

机载气象雷达系统一般由收/发组件(R/T)、天线组件(ANT)和控制显示组件(CDU)三部分组成,如图 6.31 所示。

(1) 收/发组件(R/T)

气象雷达的发射电路和接收电路组成一个完整的组件——收/发组件,它是系统的核心组件,主要功能是产生射频脉冲信号,输往天线辐射,同时接收、放大和处理回波信号,提取目标信息,传送给雷达显示器。

(2) 天线组件(ANT)

现代彩色气象雷达普遍采用平板式阵列天线,以恒定的速率进行周期性的方位扫描,探测飞机航路及前方扇形区中的目标。天线还受到由垂直陀螺提供的姿态基准信号的作用,进行稳定修正运动。

(3) 控制显示组件(CDU)

雷达的控制显示组件由控制面板和显示器组成。其中显示器是气象雷达的终端设备,显示雷达接收机所检测出的目标信息;控制面板对雷达系统进行控制,如

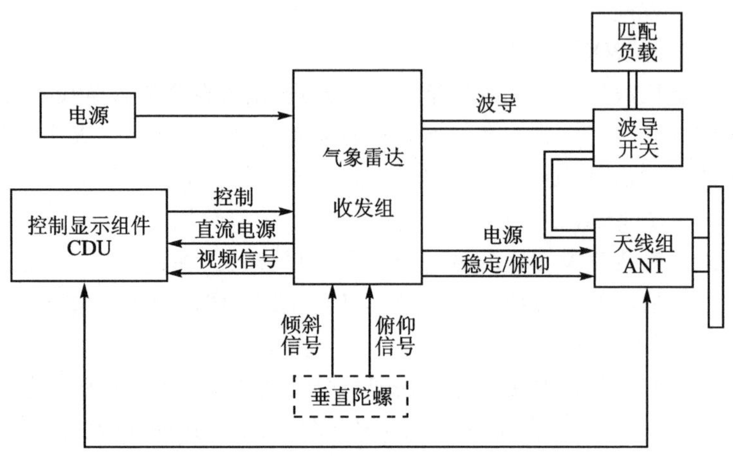

图 6.31　气象雷达系统组成

图 6.32 所示。

图 6.32　气象雷达控制面板

在装备电子飞行仪表系统(EFIS)的飞机上,气象雷达系统所提供的信息通常在电子水平状态指示器(EHSI)或导航显示器上进行显示。图中的气象雷达控制板中间是方式选择钮,可以选择包括前面所述的三种方式：WX、WX/T 和 MAP;控制面板的左上角是气象雷达的开关;左下方是雷达增益调节,可以调节雷达的灵敏度;右侧是雷达天线俯仰调节旋钮。

6.12　无线电高度表

无线电高度表是一种测距导航设备,利用普通雷达的工作原理,从飞机上向地面发射无线电波,地面作为反射体,接收回波测量飞机距地面的实际高度。无线电高度表的测量范围一般为 0～2 500 ft,在起飞和进近阶段使用,也称为低高度无线电高度表(Low Range Radio Altimeter,LRRA),飞机进行低空飞行时,尤其是在进近着陆时,对保障飞行安全起着重要的作用。

6.12.1 工作原理

气压高度表所测量的高度是通过测量大气压强间接测量的,根据所选择的基准面不同可以得到不同的高度。飞行中常用的包括绝对高度、相对高度、真实高度、标准气压高度。

- 绝对高度——以海平面为基准面,飞机重心到实际海平面的垂直距离。
- 相对高度——以机场的地平面或其他指定参考平面为基准面,飞机重心到该平面的垂直距离。如果这里的参考平面也选择为海平面,那么此时的绝对高度与相对高度是一致的。
- 真实高度——以飞机正下方地面目标的最高点与地面平行的平面作为基准面,飞机重心到该平面的垂直距离。也就是飞机与其下方地面最近物体的距离,如飞机与其下方的山峰、水面等的距离。
- 标准气压高度——以标准气压平面为基准面,飞机重心到该平面的垂直距离。标准气压平面是以标准海平面(760 mmHg)为基准的平面。

气压高度表在使用时需要根据不同飞行阶段和情况调整基准面,例如起飞和着陆时采用相对高度,巡航时采用标准气压高度。无线电高度表通过测量无线电波往返飞机与地面的时间来计算垂直距离,所以其测量的高度为真实高度。无线电波在空气中会直线传播,并且速度恒定接近于光速,所以可以通过测量无线电波的传播时间来测量距离。飞机上的发射机向地面发射无线电信号,该信号碰到障碍物会反射,然后接收回波。测量发射和接收的时间差(该时间差就是无线电波往返于飞机和地面的时间),然后与无线电波的传播速度相乘再除以 2,便可得到距离。而由于无线电波的传播速度非常快,所以一般是通过测量频率差的方式间接测量时间差。无线电高度表测量原理如图 6.33 所示。

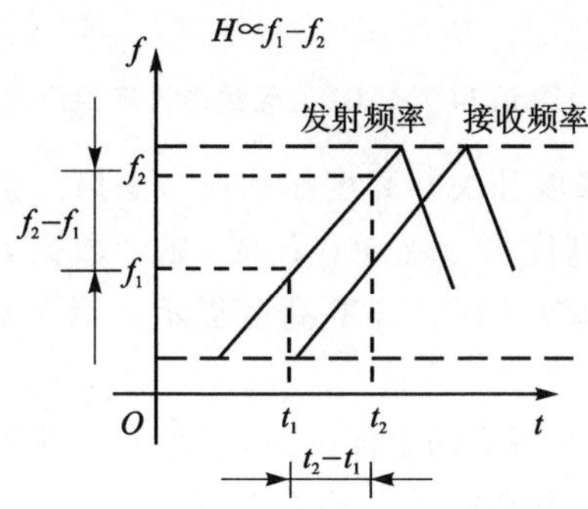

图 6.33 无线电高度表测量原理

发射机产生载波频率为(4 300±50) MHz 的恒幅、调频连续波射频信号,向下发射到地面,经地面反射回来的雷达回波由接收机天线接收。由于射频信号为调频波,频率在4 250～4 350 MHz 之间周期性变化,这样接收时刻的反射频率与回波信号频率不同，差值与电波往返飞机与地面距离成正比，即与飞行高度成正比。例如，无线电波的发射时刻为 t_1，此时的频率为 f_1，接收到回波的时刻为 t_2，回波的频率还是 f_1，但此时的发射频率已经按周期变化变成了 f_2，通过测量频率差可计算得到时间差，频率差与时间差成正比，时间越长，频率变化越大，这样就可以计算飞行高度。

6.12.2 系统组成与显示

无线电高度表通常由收/发机、指示器和收/发天线组成。收/发机用来测量飞机与地面间的实际高度，发射无线电波并接收从地面返回的信号，通过发射信号和接收信号的频率比较计算实际飞行高度。天线有两个：一个用于发射高频信号；一个用于接收高频信号。指示器用于显示无线电高度信息。在装有 EFIS 的飞机上，无线电高度在电子姿态指引仪(EADI)(见图 6.34)或主飞行显示器(PFD)上显示。

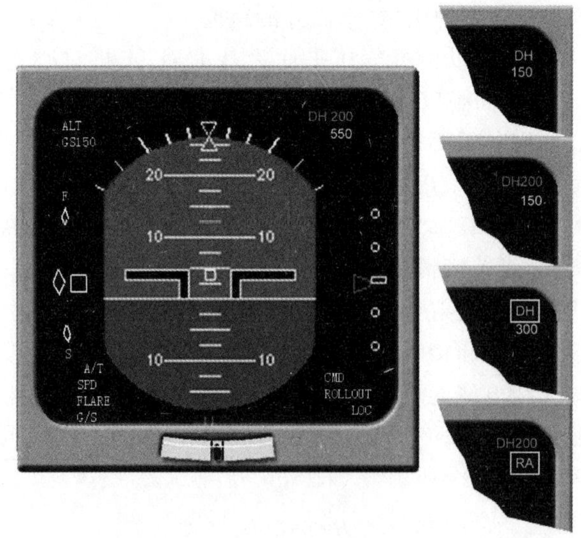

图 6.34 EADI 上无线电高度显示

在 EADI 上，无线电高度和决断高度显示在右上角。正常情况下，无线电高度为白色数字，单位为 ft。当高度大于 2 500 ft 时，显示数据处为空白。当飞机下降到 2 500 ft 时，EADI 左上角显示白色 ALT 高度提示。当飞机下降到 500 ft 或上升到 2 500 ft 时，高度提示消失。

决断高度显示在无线电高度的上面一行，字母 DH 开头，数字为绿色。当飞机下降到所选决断高度时，无线电高度数字由绿变黄。当出现黄色的方框加黄色的 RA 或 DH 字符时，表示无线电高度或决断高度失效。

当高度小于 2 500 ft 时，在地平仪底部会出现无线电高度，如图 6.35 中的箭头所示。

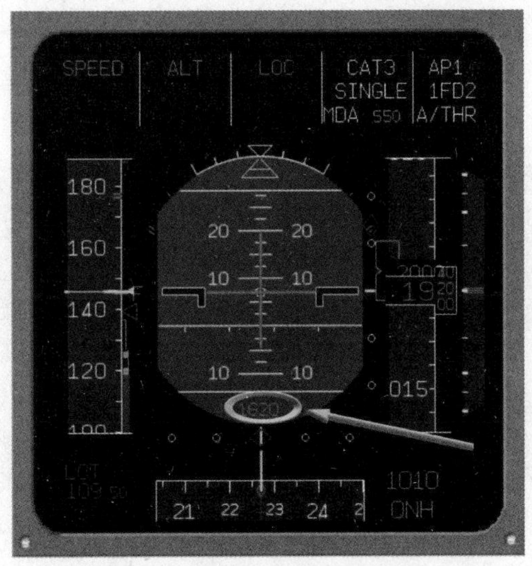

图 6.35　PFD 上显示无线电高度

6.13　飞行模拟实验

1. VOR 的使用

这里简单介绍 VOR 导航的使用方法，如图 6.36 所示。在首都机场附近有一个 VOR 台 SZY)，频率是 117.2 MHz。如果想从首都机场出发，沿直线飞往 SZY，那么可以从飞机位置与 VOR 台连一条直线作为预选航线，由于飞机的位置及 SZY 的位置是已知的，所以这条线的方向是可以计算出来的，实际航向为 315，也就是说，飞机在首都机场跑道上将机头指向航向 315，就是正对着 SZY VOR 台。

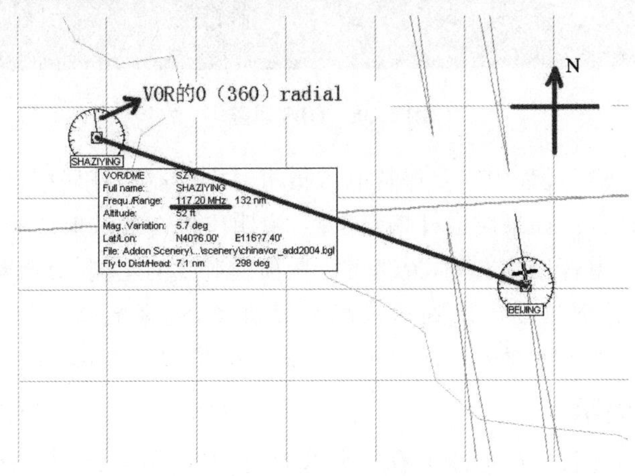

图 6.36　VOR 的使用

调整 VOR 接收频率到 117.2 MHz，这里使用一个无线电台即可，为了观察清楚，图 6.37 中将两个无线电台的频率都调整到 117.2 MHz，参考航线为 315，此时飞机沿着航向 315 飞就可以到达 SZY VOR 台。

图 6.37　VOR 频率调整

调整 OBS 旋钮，使航向偏离指针垂直，此时的航向就是飞机与 VOR 台连线的航向，如图 6.38 所示。

图 6.38　OBS 调整

设定好以后，飞行过程中只要保持航道指示器中的航道杆居中，就可以沿预选航线飞达 SZY VOR 台。如果航道杆偏到左侧，说明飞机在预选航线的右侧，应该向左修正；同样，如果航道杆偏到右侧，说明飞机在预选航线的左侧，应该向右修正。

另外，可以从首都机场出发到达天津滨海机场，选择航路中的任意两个 VOR 台，设定好频率，观察导航显示器的显示与飞机实际位置的关系。

2. ADF 的使用

例如从北京飞往长春的航线上有一个 NDB 台 LR，频率为 215 kHz，首都机场与 LR 连线方向为航向 38。调整接收机频率为 215 kHz，此时 ADF 指示器的指针指向航向 38，如图 6.39 和图 6.40 所示。

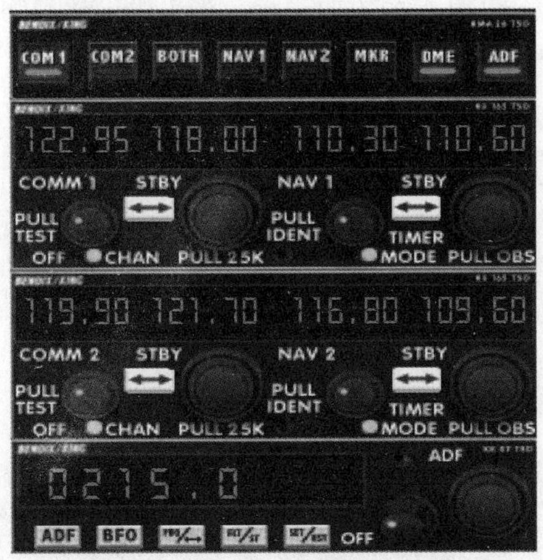

图 6.39　调整 NDB 接收机频率

图 6.40　ADF 初始指示

控制飞机让 ADF 指示器的指针始终保持居中，如图 6.41 所示，如果此时指针向

图 6.41　机头朝向 NDB 台时 ADF 的指示

右偏转说明机头朝向了 NDB 台的左侧，应该向右修正；反之，应该向左修正。这样就可以始终让机头朝着 NDB 台的方向飞行。当飞机飞越 NDB 台上空时，ADF 指针会迅速旋转 180°，由向台飞行变为背台飞行。

3. ILS 的使用

按照机场跑道频率设定好无线电台的频率，将飞机设置于跑道正前方 40 km 或更远的位置。当飞机截获 ILS 信号后，下滑指示器中的航道杆和下滑道杆会被驱动起来。通过操控飞机，让两个杆始终保持居中的位置，这样就可以保证飞机沿着 ILS 的无线电指引进行进近。当飞机经过外指标台(OM)时，蓝色的灯会亮起，经过中指标台(MM)时黄色的灯会亮起，经过内指标台(IM)时白色的灯会亮起。ILS 指点信标灯如图 6.42 所示。

图 6.42 ILS 指点信标灯

在控制板上选择气象方式(WX)，如图 6.43 所示，会看到飞机前方的天气情况。调整旋钮到 WX/TURB 挡，如果降雨区存在湍流，就会用紫色显示湍流区，如图 6.44 所

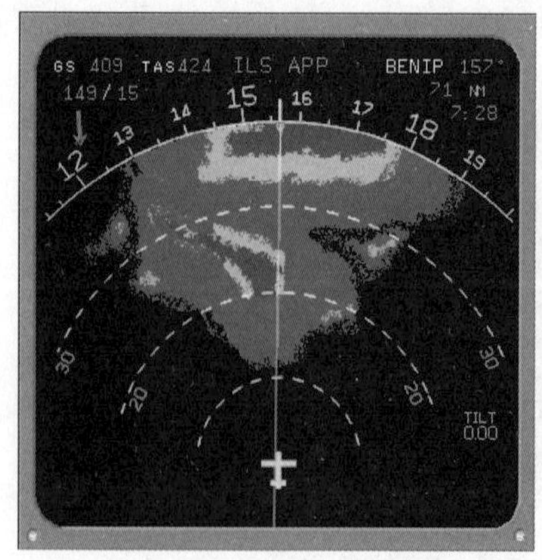

图 6.43 气象雷达气象方式

示。调整旋钮到 MAP 挡,会显示地面的情况(注意这时应让天线下行,让雷达波束照射地面),如图 6.45 所示。

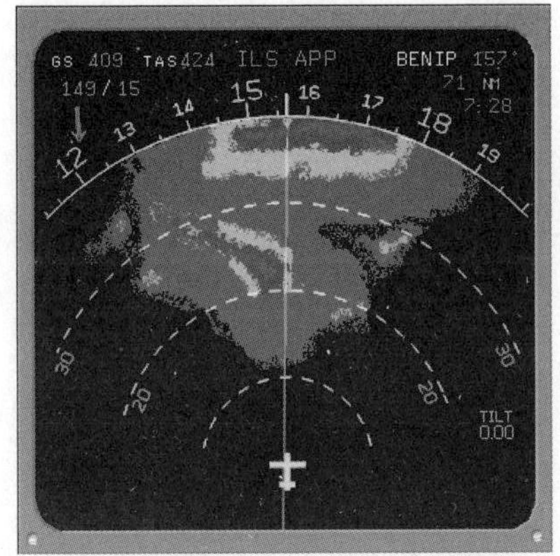

图 6.44 气象雷达湍流方式

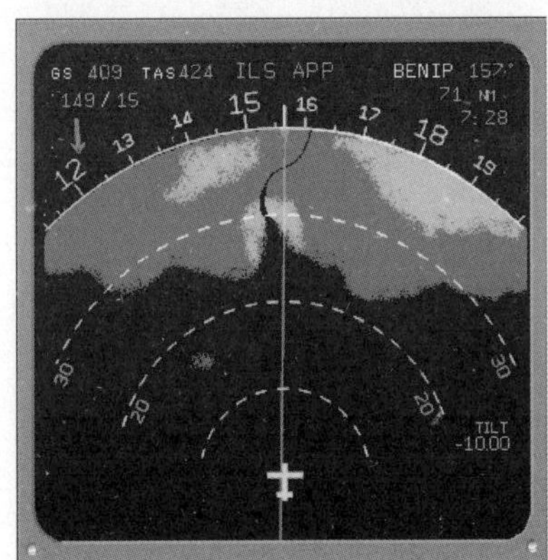

图 6.45 气象雷达地图方式

控制飞机飞行高度从 300 ft 开始下降,观察 PFD 上何时出现无线电高度,并比较无线电高度与气压高度的差别。平稳控制飞机着陆,观察此时无线电高度和气压高度的示值,分析二者不同的原因。

复习思考题

1. 与其他导航相比,从原理上惯性导航系统的优点是什么?
2. 简述 VOR 导航系统的基本功用。
3. 从原理上讲,ILS 和 GPS 属于什么导航系统?
4. 简述 ADF 的定位方法。
5. 航道指示器中航道杆偏左应如何修正?

6. 简述雷达测距的基本原理。

7. 彩色气象雷达为什么能够探测天气情况？

8. 简述无线电高度表的测量原理。

9. 简述多普勒效应。

10. 简述无线电波的特点。

参考文献

[1] (美)尼尔森. 飞行稳定性和自动控制. 顾均晓,译.北京:国防工业出版社,2008.

[2] AIR DATA COMPUTER, USED ON BOEING 707, 727-700, AND 737 OVERHAUL MANUAL,1973,3.

[3] 肖建德. 大气数据计算机系统. 北京:国防工业出版社, 1992.

[4] 王小谟,张光义.雷达与探测——信息化战争的火眼金睛.北京:国防工业出版社,2008.

[5] 何晓薇,徐亚军.航空电子设备.成都:西南交通大学出版社,2004.

[6] 以光衢,等.航空机载电子系统与设备.北京:北京航空航天大学出版社,1997.

[7] 贾玉红,等.航空航天概论.4版.北京:北京航空航天大学出版社,2017.

[8] 何晓薇,等.民用运输机航空电子系统.成都:西南交通大学出版社,2017.

[9] 马银才,张兴媛. 航空机载电子设备. 北京:清华大学出版社,2012.

[10] 程鹏. 自动控制原理. 北京:高等教育出版社,2003.

[11] 倪育德,卢丹,王颖,等. 导航原理与系统. 北京:清华大学出版社,2015.

[12] 何晓薇,向淑兰. Avionics for the Air Transport Pilot. 成都:西南交通大学出版社,2017.